Schriftenreihe Eigenschaften und Verwertung der deutschen Nutzhölzer

Herausgegeben von

Prof. Dr.-Ing. F. Kollmann

Eberswalde

Erster Band

Die Esche und ihr Holz

Springer-Verlag Berlin Heidelberg GmbH

1941

Die Esche und ihr Holz

Von

Dr.-Ing. F. Kollmann

Professor und Direktor des Mechanisch-technologischen
Instituts der Reichsanstalt für Holzforschung, Eberswalde

Mit 137 Textabbildungen und 2 Tafeln

Springer-Verlag Berlin Heidelberg GmbH
1941

ISBN 978-3-642-89059-8   ISBN 978-3-642-90915-3 (eBook)
DOI 10.1007/978-3-642-90915-3

Meiner Frau

Vorwort.

Umfassende monographische Darstellungen über einzelne Holzarten fehlten bisher im deutschen Schrifttum; zwar gibt es eine Reihe von Schriften über einzelne Nutzholzbäume, z. B. über Kiefer, Fichte, Rotbuche, aber sie behandeln immer nur einzelne, z. B. waldbauliche, ertragskundliche oder technologische Fragen. Der Versuch, vom Waldbaulichen und Biologischen ausgehend, die anatomischen, chemischen und physikalischen Eigenschaften planmäßig darzustellen und anschließend die Verwertung des Holzes zu erörtern, wurde bisher noch nicht unternommen. Dadurch entstand eine Lücke, die sich bei der gewaltig gesteigerten Bedeutung des Holzes als Roh- und Werkstoff mehr und mehr fühlbar machte und die auch wiederholt von Fachkreisen, seien es solche der Holzerzeugung, seien es solche des Holzverbrauchs, betont wurde. Den Anstoß, diese Lücke auszufüllen und eine erste Holzarten-Monographie vorzulegen, gab ein Auftrag des Reichsforstamts an den Verfasser, die Eigenschaften des deutschen Eschenholzes planmäßig zu erforschen. Dieser Auftrag wieder ging auf Zweifel der Praxis zurück, die nach der Normenarbeit für Werkzeug- und Axtstiele über die Zähigkeit von Eschenholz im Vergleich zu Hickory entstanden waren. Tatsächlich erwies sich auch die Esche für eine umfassende Klärung und Untersuchung all ihrer Eigenschaften als besonders geeignet, da sich an ihr die heute im Vordergrund des Interesses stehenden dynamischen Festigkeitseigenschaften besser als an anderen einheimischen Nutzhölzern erforschen lassen. Allerdings sind gerade die Gesetzmäßigkeiten für dynamische Festigkeit und Zähigkeit stärksten Streuungen unterworfen; mit Rücksicht darauf und um die unerläßlich enge Verflechtung der Großzahlforschung mit der biologischen Holzforschung ins rechte Licht zu rücken, wurden sehr große Untersuchungsreihen durchgeführt. Im Laufe der Bearbeitung wurden sie sogar gegenüber der ursprünglichen Planung noch weit vergrößert; so kam es, daß im Laufe von 4 Jahren rund 250000 Einzelmessungen an Eschenholz, das nach einheitlichen Gesichtspunkten Beständen im ganzen Altreichsgebiet entnommen worden war, durchgeführt wurden. Die unendlich mühsame Kleinarbeit, die damit verbunden war, hat durch diese lange Zeit mit allergrößter Gewissenhaftigkeit meine damalige Assistentin Frl. G. Just — jetzige Frau Liebegall — erledigt. Bei Sonderuntersuchungen haben mich weiter die Herren Dipl.-Ing. Keylwerth und Forstassessor Brunn, bei der statistischen Auswertung Herr Mathematiker Schulz, bei Anfertigung der Mikroschnitte Frau Dr. Antonoff, bei Herstellung der Handschrift und Sammlung des Schrifttums Frl. Hennig umfassend unterstützt, wofür ich auch an dieser Stelle bestens danke. Dem Verlag Julius Springer gebührt für die mustergültige Ausstattung mein warmer Dank.

Der schmale Band möge nun seinen Weg machen. Es steckt in ihm mehr Arbeit als in manchem dicken Buche. Kritik und Anregungen sind erbeten und werden bei der beabsichtigten Herausgabe weiterer Monographien, die teilweise in Zusammenarbeit entstehen sollen, von erheblichem Nutzen sein.

Im Felde, August 1940.

F. Kollmann.

Inhaltsverzeichnis.

Seite

1. Vorkommen und Waldbauliches.

a) Natürliche Verbreitungsgebiete.

Die Grenze des Verbreitungsgebietes der Esche (Schoenichen 1933, Rancken 1934) verläuft im Norden von Schottland zum Drontheim-Fjord, schließt in Schweden etwa Südnorrland ein und zieht sich durch die finnischen Provinzen Satakunta und Tawastehus bis zum Ladogasee (Rancken 1934). Sie geht also nicht sehr hoch nach Norden hinauf. Nach Halden (1928) und Moldenhauer (1932) stimmt sie in Schweden ziemlich genau mit der $+12^0$-Isotherme für August—September überein und liegt zwischen 61^0 $25'$ und 60^0 nördlicher Breite. Dengler (1935) nennt den 62.—63. Grad als Nordgrenze. Strauchförmig kommt sie in Norwegen sogar bis zum 69. Grad vor. Auch in Rußland fehlt die Esche in den nordöstlichen Teilen, desgleichen im Steppengebiet. Von der Krim springt sie nach dem Kaukasus über und findet sich in den nördlichen Teilen Kleinasiens. In Südeuropa reicht sie auf der Balkanhalbinsel bis zum Pindus, auf der Apenninhalbinsel bis zur Nordgrenze Kalabriens und auf der Pyrenäenhalbinsel bis zu der Linie mittleres Galizien—Kantabrisches Gebirge—Ebro.

Großdeutschland liegt somit vollkommen innerhalb des natürlichen Verbreitungsgebietes der Esche (Abb. 1). Sie stellt in der Regel hohe Ansprüche an Bodenfeuchtigkeit und Luftfeuchtigkeit. Die beste Entwicklung zeigt sie auf nährstoffreichem, lehmigem Untergrund (Burger 1930). Sie tritt teils einzeln, teils horstweise, seltener in kleinen Reinbeständen auf. In erster Linie spielt sie eine wichtige Rolle in den Auewäldern, wo sie Stellen mit starker, etwa meterdicker Schlickdecke bevorzugt (z. B. nach Schoenichen in den Donauniederungen Ungarns und Rumäniens, der oberen Rheinebene, in den Marschniederungen usw.). Aber auch außerhalb des eigentlichen Auewaldes findet man sie als Begleiterin von Wasserläufen sowie in gewissen Flachmoorwäldern, z. B. den staudenreichen Brennessel-Hopfen-Bruchwäldern. Im Nordosten (Ostpreußen, den baltischen Randstaaten und Rußland) tritt sie mit ausgezeichnetem Wuchs neben der Eiche hervor.

Eine besondere Wohnstätte hat die Esche weiter im Bergland in Schluchten, vorausgesetzt, daß ihr Lichtbedürfnis gestillt werden kann. Derartige Schluchtwälder finden sich beispielsweise im nördlichen Harzvorland, in der Schwäbischen Alb, im Bayerischen Wald und in den Alpen. Rauhe Gebirgslagen und Spätfrostgebiete — in der Jugend ist sie sehr frostgefährdet — meidet sie. Im Gebirge steigt sie deshalb nur bis zu mittleren Höhen empor, nach Schoenichen (1933) im Mittelgebirge im allgemeinen bis zu 700 m, im Bayerischen Wald bis zu 890 m, in den Bayerischen Alpen bis zu 1365 m, nach Fankhauser (1909) im Berner Oberland bis zu 1510 m, im Mittel-Wallis bis zu 1530 m (Hunziker 1912).

Oft wächst die Esche mit der Buche auf den besten Bruchböden zusammen. Sie findet sich dabei gewöhnlich auf verhältnismäßig trockenen, oft flachgründigen Kalkböden (z. B. auf den Muschelkalk-köpfen des westdeutschen Berglandes) sowie auf trockenen Felsböden, ja

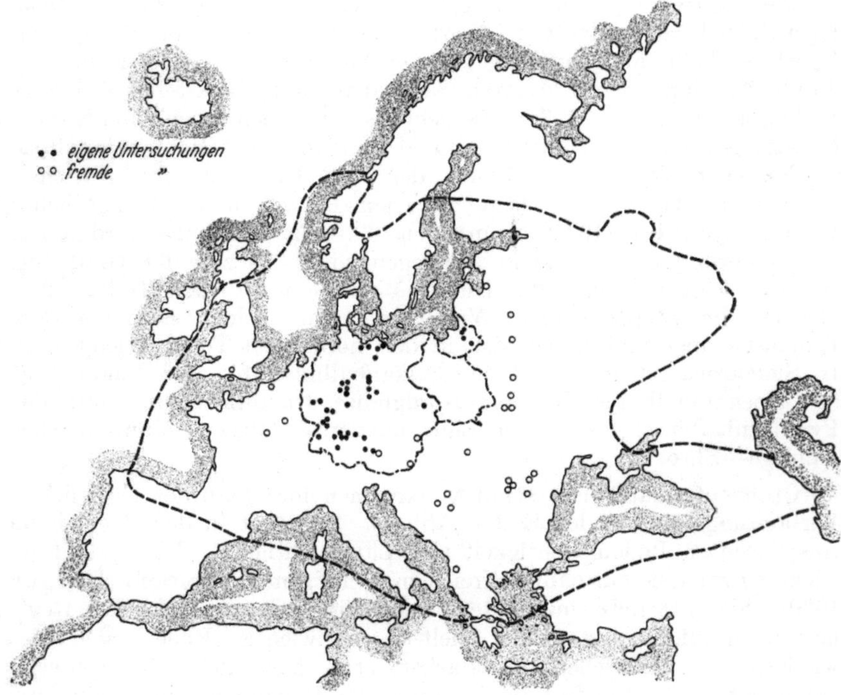

Abb. 1. Verbreitungsgebiet der Esche (Fraxinus excelsior L.) nach Schoenichen.

steinigen heißen Südhängen (Burger 1930). Ihre Wuchsfreudigkeit läßt allerdings gerade auf den trockenen Muschelkalkköpfen häufig nach. Immerhin ist der starke Gegensatz in den Lebensansprüchen über-raschend; er mag sich zum Teil daraus erklären, daß die Esche durch ihr tief in den Boden eingreifendes Wurzelwerk tiefliegende Wasseradern zu erschließen vermag, zum Teil vielleicht aus der Annahme einer be-sonderen Rasse. Bei vergleichenden Züchtungsversuchen von Münch und Dieterich (1925) erschien ursprünglich die Unterscheidung zweier Bodenrassen, der „Kalkesche" und der „Wasseresche" verfechtbar, wenn-gleich schon damals nach Dieterich morphologische und anatomische Merkmale nicht sicher zu finden waren. Versuche von E. Münch auf Wassereschenboden haben nach brieflicher Mitteilung ergeben, daß sich die Höhenwuchsunterschiede zwischen Kalk- und Wassereschen bereits bei 15jährigen Pflanzen vollkommen ausgeglichen haben.

Nicht unerwähnt darf neben der Waldesche die Garten- oder Parkesche bleiben. Sie wächst freistehend als Alleebaum in Parkanlagen oder um Gehöfte. Irgendwelche allgemeinen Angaben über die Bodenverhältnisse sind ebensowenig möglich wie eine — selbst angenäherte — Schätzung des Gesamtbestandes an Garteneschen. Trotzdem hat sie an der Nutzung Anteil und erfreut sich sogar einer besonderen Wertschätzung. Infolge ihrer Standortbedingungen, vor allem wohl infolge der ungehinderten, gleichmäßigen Kronenbelichtung bildet die Gartenesche sehr breite Jahrringe, die, wie im einzelnen noch nachgewiesen werden wird, ein ziemlich sicheres Merkmal für mechanisch hochwertiges Eschenholz sind. Hand in Hand damit geht das ebenfalls auf die Lebensverhältnisse zurückzuführende Auftreten besonders dickwandiger Holzfasern im Spätholz der Gartenesche. Bemerkenswert ist endlich, daß die Gartenesche zu kräftiger, verhältnismäßig früher, wenngleich nicht stark verfärbter Verkernung neigt, und daß der offenbar vorhandene Überschuß an Nährstoffen die Thyllenbildung fördert.

b) Vergesellschaftung.

In den Auewäldern findet sich die Esche meist zusammen mit Ahornen, während sie in den Lehmbrüchen des Nordostens, wie schon erwähnt, neben der Eiche, aber auch neben der Erle vorkommt (Greyerz 1874). Im Flachland Ostpreußens stockt die Esche ziemlich regelmäßig in den Wäldern vom „Linden-Fichten-Typus", in denen Hainbuche, Linde und Fichte vorherrschen, Stieleiche, Birke und Esche beteiligt sind. Auch beim Übertreten dieser Form in den Buchen-Hainbuchen-Eichen-Kiefern-Mischwald fehlt die Esche nur selten. Im Schluchtenwald sind Esche und Bergahorn vergesellschaftet, mancherorts auch mit Ulme gemengt. Mischbestände aus Esche, Spitzahorn, Linde, Eiche und Ulme kommen weiter auf dem fruchtbaren Geschiebelehm der Samlandküste vor. Häufig ist die Esche als Gesellschafterin in Buchenwäldern anzutreffen, so in Nordwestdeutschland und im Hegau; im Schwarzwald ist sie vielfach Bestandteil der Tannenwälder.

c) Verjüngung und Nachzucht.

Die Verjüngung der Esche geht oft natürlich vor sich; ihr Anflug reicht ziemlich weit (Hunziker 1913) und ist nach Dengler (1935) manchmal, namentlich auf Kalkböden, sehr dicht. Hier kann Gelegenheit zur Entnahme von Pflanzen gegeben sein, die dank ihrer guten Wurzelanlage sicher und glatt anwachsen. Gepflanzt werden Eschen meist als Loden (1 m) oder schwache Heister (etwa 2 m). Vom Anbau größerer reiner Horste ist mit Rücksicht auf die Gefahr der Bodenverwilderung abzuraten. Das Ausschlagvermögen am Stock und Stamm ist zunächst vorzüglich, läßt aber später nach.

Die Lebensansprüche der Esche lassen sich wie folgt zusammenfassen: Im allgemeinen leistet sie am meisten auf frischen, tiefgründigen, lockeren und nährstoffreichen Böden. Lockere Lehmböden, lehmige Sand- und Kalkböden werden dabei bevorzugt. Auf den besten Standorten finden sich oft Brennesseln, bei entsprechender Feuchtigkeit auch starke Gräser und saure Riedgräser. Auf Moorboden kümmert die Esche leicht, da sie stehende Nässe — z. B. auch lange andauernde Überschwemmungen während der Wuchszeit, vgl. auch S. 33 — nicht verträgt. Trotzdem vermag die Esche gleich Weide und Pappel ein Übermaß an Feuchtigkeit aufzunehmen, wenn die Wasser nicht stark versäuert und einigermaßen mineralisch kräftig sind (Lang 1926). Nach Höhnel (1884) haben Esche und Birke den höchsten Wasserverbrauch, dann folgen Rotbuche und Hainbuche, weiter Ulme und als letzte unter den Laubbäumen Ahorn und Eiche. Das Verhältnis des Wasserverbrauchs der Laubhölzer zu jenem der Nadelhölzer liegt etwa zwischen 10:1 und 6:1. Bei den über 3 Jahre ausgedehnten Versuchen Höhnels an jugendlichen Pflanzen ergab sich, auf 100 g Blattgewicht bezogen, in den drei Wachstumsfolgen im Durchschnitt für Esche ein Wasserverbrauch von 85,614 kg, für Birke 81,433 kg, Rotbuche 74,858 kg, Stieleiche 54,572 kg, Fichte 13,501 kg, Kiefer 9,426 kg.

Aber nicht nur in bezug auf Feuchtigkeit, sondern auch auf die chemische Bodenbeschaffenheit ist die Esche anspruchsvoll. Auf nährstoffarmen Ton- und Sandböden gedeiht sie ebensowenig wie auf sauren Moorböden. Wo die Esche überhand nimmt, beweist dies einen günstigen Bodenzustand. Wichtig ist dabei ihr mineralkräftiges Laub, besonders ihr hoher Phosphorsäuregehalt. Henry (1878) bestimmte in Eschenblättern 22,62% P_2O_5 der Gesamtasche, in Eichenblättern 12,39%, in allen übrigen untersuchten Laubhölzern aber nur zwischen 6 und 9%.

In den Ansprüchen an die Bodenfrische bestehen die erwähnten erheblichen Unterschiede zwischen Aue- und Gebirgsesche. Bei großer Bodenfrische wird sehr hohe Sommerwärme ertragen, während die Esche sonst luftfeuchtes Waldklima liebt und geringe Luftwärme verlangt. Gegen Spätfrost ist die Esche überaus empfindlich, wobei der Wipfeltrieb mehr gefährdet ist als die beiden sich später ausbildenden Seitentriebe. Wenig Gefahren bringen Schnee- und Eisanhang. In der Jugend ist die Esche sehr schattenfest, doch nimmt ihr Lichtbedürfnis mehr und mehr zu, so daß sie sich aus einer Halbschattenholzart zu einer Lichtholzart entwickelt. Ihre Krone ist dann ziemlich schütter. Die Esche ist außerordentlich raschwüchsig. Bei den Erhebungen von Flury (1895) im Versuchsgarten der Schweizer Forstlichen Versuchsanstalt auf dem Adlisberg bei Zürich ergaben sich folgende Durchschnitthöhen der mittelgroßen Versuchspflanzen in den ersten Lebensjahren:

Lebensjahr	1	2	3	4	5	6
Höhe in cm	7	18	41	57	102	121

Die Mittelhöhe der Gruppe der großen Pflanzen betrug nach 6 Jahren 175 cm; nach Ney (1885) ist die größte erreichte Höhe nach 5 Jahren 180 cm, nach Bühler (1918) die mittlere Endhöhe nach 11 Jahren 286 cm. Die Esche ist demnach in der Wüchsigkeit, günstige Standortsverhältnisse vorausgesetzt, etwa der Schwarzerle und Akazie gleichzusetzen und wird nur noch von Birke und Weißerle übertroffen. Sie bleibt auch im späteren Lebensalter raschwüchsig. Zwischen dem 20. und 40. Jahr kann man mit durchschnittlich $^1/_2$ m Höhenwuchs im Jahre rechnen. In der Folge nimmt die Wuchskraft ab, hält aber doch bis über das

100. Jahr hinaus an (vgl. S. 11). Der bedeutendste Dickenzuwachs liegt meist zwischen dem 40. und 60. Lebensjahre. Auf gutem Boden kann die Esche bis zu 250 Jahre alt werden.

Nach plötzlicher Freistellung leidet die Esche unter Rindenbrand, auch ist sie sehr empfindlich gegen Hitze, Dürre und Rauchgase. Gefährlich wird ihr weiter Wildverbiß, bei Heisterpflanzung oft Ameise und Mollameise sowie im Auewald der Hopfen, der sich an den Stämmen emporrankt und sie umbiegt. Zwieselwuchs, der bei ihr häufig auftritt, ist darauf zurückzuführen, daß entweder Spätfrost oder die Zwieselmotte (Prays curtisella) den Wipfeltrieb beschädigen (s. S. 59).

Als geeignete Beimischung auf Aueböden ist die Feldulme, auf feuchten Humusböden die Weißerle anzusehen (Schreiber 1931). Mannbar wird die Esche im Freistand nach 20...30 Jahren, im Bestandesschluß nach 40...45 Jahren (Swart 1929). Die Blütezeit ist im April oder Mai, der Laubausbruch Ende April bis Anfang Juni; männliche Bäume haben viel dichtere, reichere Blütenbüschel als weibliche oder polygame. Die Fruchtreife fällt auf August (Ende Juli) bis Oktober; der Fruchtabfall erstreckt sich über den Winter bis zum Frühjahr. Samenjahre kehren alle 2...3 Jahre wieder. Je später die Früchte gepflückt werden (Nachwinter), desto günstiger ist nach Cieslar (1920) das Saatergebnis; zu beachten ist, daß die Früchte erst im 2. Jahre nach der Aussaat auskeimen. 1 hl geflügelter Eschenfrüchte wiegt 15...17 kg. Je Kilogramm hat man mit 13000...15000 Flügelsamen zu rechnen, das ist bei einem Durchschnitt von 14000 Früchten ein Tausendkerngewicht von 70 g. Die Samen haben durchschnittlich etwa 60...70 Keimprozente und bewahren ihre Keimkraft 1...3 Jahre. Über die Keimungsphysiologie des Eschensamens liegen Sonderarbeiten vor (Sarauw 1894, Lakon 1911). Bei der Aussaat benötigt man je ar etwa 1,5...2 kg Samen. Gegen Spätfröste werden die Keimlinge durch Gitter oder Äste geschützt. Zu Alleen, zur Pflanzung an Bachrändern, zu Oberholz im Mittelwald sowie in sehr gras- und unkrautwüchsigen Auewaldungen werden gelegentlich stärkere Heisterpflanzen benötigt. Man verschult zu diesem Zwecke dreijährige, meist schon etwa meterhohe Pflanzen nach entsprechendem Wurzelschnitt weitere 3 Jahre unter sorgfältiger Auswahl der Besten und erhält so bis zu 3 m hohe Heister.

2. Entstehung, Zuwachs, Nutzholzanfall und Verbrauch.

a) Längenwachstum.

Betrachtungen über die Wuchsleistung eines Baumes müssen zweckmäßigerweise bei dem zeitlichen Ablauf der Holzbildung innerhalb eines Jahres beginnen. Über das Längenwachstum sind verhältnismäßig einfache Aussagen zu machen. Die Messungen von Flury über den Höhenwuchs der Esche während der ersten 9 Lebensjahre wurde bereits früher (s. S. 4) mitgeteilt. Aufschlußreicher sind die Untersuchungen an Eschenbeständen von Schwappach (1889), Endres (1889), Schneider (1896), Heck (1904), Bertog (1900), Hähnle (1900) und

Wimmenauer (1919). Die Ergebnisse in Form von Höhenkurven geben Abb. 2 und 3 wieder. Erläuternd sei zu Abb. 2 bemerkt, daß die Eschen aus Kastenwörth bei Karlsruhe aus Mittelwaldungen mit 30jährigem

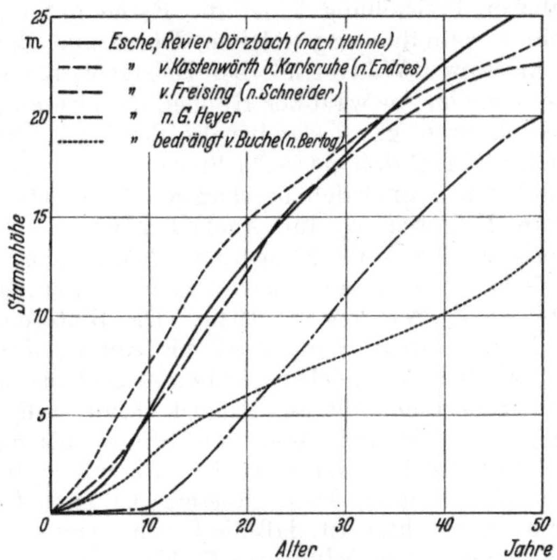

Abb. 2. Höhenwuchs in verschiedenen Beständen.

Unterholzumtrieb stammten, und daß ihre Höhenentwicklung durch periodischen scharfen Freihieb ungünstig beeinflußt wurde. Der ver-

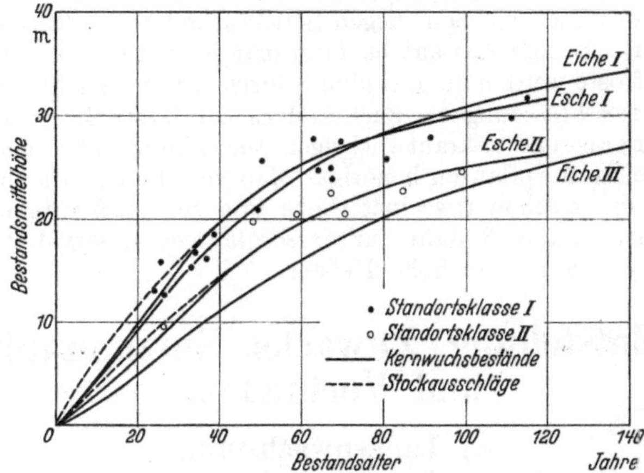

Abb. 3. Höhenwuchs von Eschen verschiedener Standortsklassen im Vergleich zu Eichen.

zögernde Einfluß des Freistandes auf den Höhenwuchs kommt in dem plötzlichen Herabsinken der Kastenwörther Kurve unter die Mittelwertkurve von Dörzbach bei Schwäbisch-Hall zum Ausdruck. Auch das Nachlassen des Höhenwuchses der Eschen bei Freising (nach den Messungen Schneiders) läßt vielleicht auf eine besonders lichtfreundliche Erziehung des dortigen Eschenhorstes schließen. Wie sehr aber anderseits

Kronenbedrängung den Höhenwuchs hemmt, zeigt die Kurve von
Bertog, die durch Stammanalysen an 6 Eschenstämmen im 50. Jahre
gewonnen wurde, die in einem 48jährigen Buchenbestand II. Standortsklasse erwuchsen und von letzterem stark bedrängt wurden.

Die in Abb. 3 eingetragenen Kurven von Wimmenauer lassen erkennen, daß Kernwüchse und Stockausschläge nur bis zum 40. Jahre
im Höhenwuchs nennenswert verschieden sind. Ein Vergleich mit dem
Höhenwuchs von Eichen I. und III. Standortsklasse zeigt, daß die Esche
letzteren in der Jugend im Höhenwuchs überlegen ist, aber mit 70 bis
80 Jahren von den Eichen eingeholt und überholt wird.

Allgemein betrachtet haben die Höhenzuwachskurven den kennzeichnenden S-förmigen Verlauf (Büsgen-Münch 1927). Man ersieht
daraus, daß der Höhenzuwachs erst langsam, dann rascher zunimmt,
bei der raschwüchsigen Esche schon mit 15...20 Jahren mit bis meter-
langen Trieben die größte Wüchsigkeit erreicht, um dann mit zunehmen-
der Baumhöhe erst allmählich, dann schneller abzusinken. Für die
schließlich erreichte Baumhöhe entscheidet sehr viel weniger das Jugend-
wachstum als die Nachhaltigkeit des Wachstums im Alter. Das unter-
schiedliche Verhalten in der Jugend ist äußeren Verhältnissen, darunter
der Erziehungsweise, zuzuschreiben. Bemerkenswert ist bei den Untersuchungen von Schneider noch, daß bei den Bestandeseschen der
Höhenzuwachs durchweg rascher anstieg als bei einer ebenfalls untersuchten Aueesche. Allerdings ist es fraglich, ob sich dieser Einzelfall
verallgemeinern läßt, zumal er auch besondere Regelwidrigkeiten auf-
zeigte. Der Höhenzuwachs der Aueesche erreichte nämlich zwischen
10 und 15 Jahren einen ersten Gipfelwert, um dann bis zum 35. Jahre
wieder abzufallen. Vermutlich infolge wirtschaftlicher Eingriffe in das
Unterholz schwang sich die Aueesche aber dann wieder bis zu dem
schon einmal erreichten Bestwert von 60 cm jährlichen Höhenzuwachs
empor.

Neben inneren Ursachen wirken auf das Höhenwachstum die Stand-
ortgüte und das Klima ein. Dabei richtet sich die Länge eines Höhen-
triebes hauptsächlich nach der Menge der im vorangegangenen Jahre
angesammelten Rückgriffstoffe. Auch das Verhältnis von Licht und
Schatten spielt eine wesentliche Rolle; die jugendliche Esche ist hier
nach Boysen-Jensen (1910) sehr empfindlich und wird in dieser Hinsicht nur durch Erle und Birke übertroffen. Die Zweigentwicklung der
Esche geht anfangs progressiv, später nahezu geradlinig vor sich (Büsgen
1916, Jaccard 1925).

b) Dickenwachstum.

Wesentlich mehr Schwierigkeiten als das Längenwachstum bereitet
das Dickenwachstum einer planmäßigen Erforschung. Eine Erörterung
und kritische Beurteilung der einzelnen Möglichkeiten muß im Rahmen
dieser Arbeit unterbleiben. Die besten Ergebnisse dürfte das von H.P.
Brown (Syracuse, N.Y.) zuerst angegebene Verfahren liefern, einem
lebenden Stamm in bestimmten Zeitabständen während der Wuchszeit
mittels eines Stecheisens kleine Proben zu entnehmen. Von diesen

werden dann Mikroschnitte angefertigt, und daran wird die Bildung des Jahrrings untersucht. Lodewick (1925), Hanson und Brenke (1926) und Chalk (1930) haben mit diesem Verfahren wertvolle Beiträge zur Bildung des Eschenholzes geliefert. Während das Längenwachstum des Baumes sich auf einige Wochen erstreckt, findet bei den ringporigen Hölzern, zu denen die Esche zählt, das Dickenwachstum während etwa $4^1/_2$ Monaten statt. Verschiedene Arten der Esche verhalten sich zwar in geringfügigem Maße verschieden, aber bei keiner geht der Laubausbruch der beginnenden Tätigkeit des Kambiums, die den Holzzuwachs veranlaßt, voraus. Da an der Aufbauarbeit also zunächst eine Mitwirkung der Krone durch Assimilation nicht in Frage kommt, muß das Kambium anfänglich offenbar auf irgendwelche Speicherstoffe zurückgreifen. Bei den Versuchen von Chalk begann

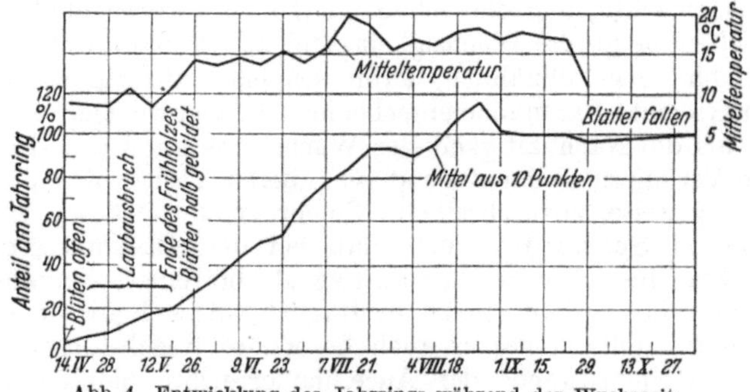

Abb. 4. Entwicklung des Jahrrings während der Wuchszeit.

das Dickenwachstum in allen Teilen des Stammes 1 Woche bevor sich die Blütenknospen öffneten, und 3 Wochen bevor die Blattknospen zu schwellen begannen. Die meisten Blattknospen sprangen, wie auch Abb. 4 zeigt, zwischen 21. April und 5. Mai auf (die Messungen wurden 1926 in der Nähe von Oxford durchgeführt); zu dieser Zeit waren bereits 5...9% des neuen Jahrrings gebildet. Ende Mai waren die Blätter ungefähr halb entwickelt, während vom Jahrring aber erst etwa 30% zugewachsen waren; allerdings war das Frühholz schon Mitte Mai vollendet. Mitte August hörte das Dickenwachstum auf, es fand keine weitere Zellteilung mehr statt. Die Blätter fielen im Oktober ab. Eine ausgeglichene Darstellung des zeitlichen Verlaufes des Holzwachstums bringt Abb. 5. Zu erwähnen ist, daß die Verhältnisse bei zerstreutporigen Hölzern, z. B. bei Rotbuche, grundsätzlich anders liegen, und daß hier die Holzbildung erst mit einem gewissen Belaubungsgrad der Kronen einsetzt. Bei den Nadelhölzern hingegen scheinen die Hölzer mit ausgeprägter Farbkernbildung, darunter Kiefer und Douglasie, sich ähnlich wie die ringporigen Laubhölzer zu verhalten (Burger 1925).

Am größten ist die Geschwindigkeit des Dickenzuwachses bei der Esche nach Chalk in der letzten Juni- und der ersten Julihälfte; während dieses Zeitraumes setzt sie etwa 42% der Jahrringbreite an (bei der Douglasie fiel der verhältnismäßig stärkste Zuwachs in die gleiche Zeitspanne, betrug aber insgesamt nur 33%). Bemerkenswert sind auch

die Untersuchungsergebnisse über die Entstehung der Frühholzgefäße.
Zunächst sind unter den Zellen des Kambiums die, welche die Gefäße
hervorbringen, von jenen, welche Holzfasern erzeugen, nicht zu unterscheiden. Aber unmittelbar nachdem ein junges Gefäß vom Kambium
abgeteilt wird, vergrößert es sich sehr rasch und drängt die benachbarten

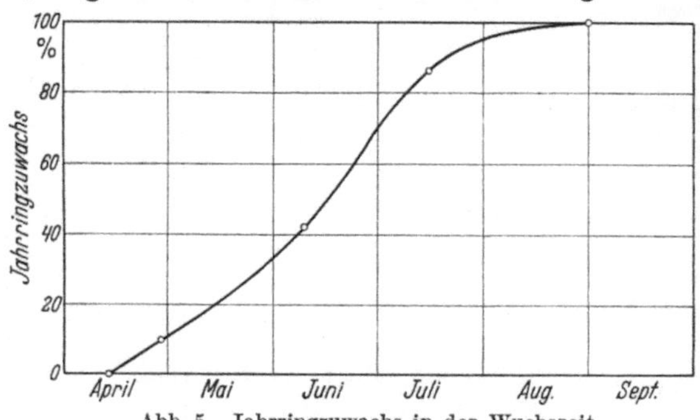

Abb. 5. Jahrringzuwachs in der Wuchszeit.

Gewebe zur Seite. Allerdings findet die lebhafte Ausdehnung nicht
gleichmäßig nach allen Richtungen, sondern vorwiegend tangential, also
dem Kambium gleichlaufend, statt. Das Gefäß ist dann länglich oval,
und erst, wenn es in tangentialer Rich-
tung seinen größten Durchmesser erreicht
hat, dehnt es sich auch radial, bis es annähernd rundlichen Querschnitt oder
sogar meist radial etwas größeren Achsendurchmesser erreicht hat. Chalk hält es
für möglich, daß diese Unregelmäßigkeit in
der Formbildung mit eine der Ursachen
für Zelleinbrüche beim Trocknen ist. Dabei verläuft die Ausbildung der Gefäße
auch zeitlich betrachtet nicht sehr gleichmäßig. Es kann vorkommen, daß an
einem bestimmten Zeitpunkt neben einem
völlig fertigen ein erst wenig entwickeltes
Frühholzgefäß liegt; im Mittel erhält man
aber für die Gefäße der ersten Reihe
eine klare Beziehung zwischen Durchmesser und Wuchszeit und sieht (Abb. 6),
daß die Größtwerte in etwa 5...7 Wochen
erreicht werden, wobei die auf der Nord-

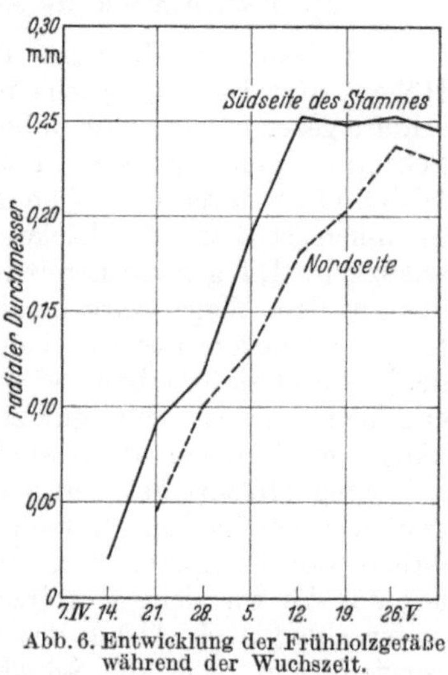

Abb. 6. Entwicklung der Frühholzgefäße
während der Wuchszeit.

seite des Stammes liegenden Gefäße nicht nur etwas später gebildet
werden, sondern auch nicht zu gleichen Endabmessungen gelangen.
Die von Lodewick bei Fraxinus americana beobachtete Ruhepause
in der Holzbildung zwischen Früh- und Spätholz (die auch bei Nadelhölzern bekannt ist) konnte Chalk weder bei Fraxinus excelsior noch
bei Fraxinus oxycarpa feststellen.

Praktisch bedeutungsvoll ist der Durchmesserzuwachs auf verschiedenen Altersstufen; er läßt sich durch unmittelbare Messung am stehenden

Baum einfach ermitteln, bedingt weitgehend den technischen Gebrauchs-
wert der Stämme und steht mit dem Flächenzuwachs in engstem Zu-

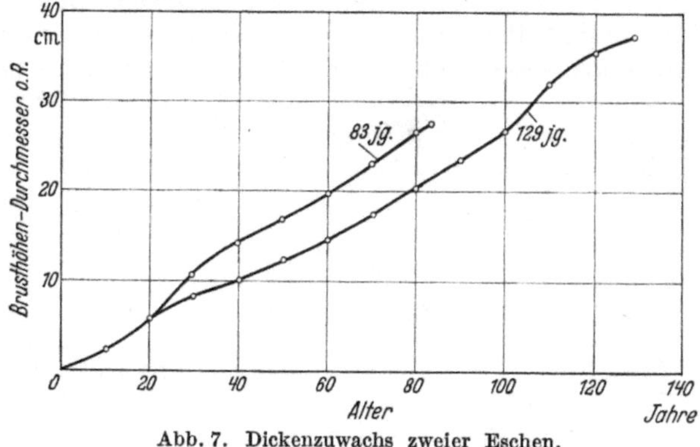

Abb. 7. Dickenzuwachs zweier Eschen.

sammenhang. Abb. 7 gibt ein Beispiel für den Dickenzuwachs von zwei
in Litauen erwachsenen Eschen (nach Weber 1918).

c) Raumzuwachs an Holz, Holzmasseerzeugung.

Der Raumzuwachs eines Baumes an Holz wird jährlich durch den
Höhen- und Dickenzuwachs bestimmt. Wie im vorhergegangenen Abschnitt gezeigt wurde, ist dabei der Dickenzuwachs wesentlich stärkeren
Schwankungen unterworfen als der Höhenzuwachs (vgl. auch S. 6).
Während letzterer im hohen Alter immer auf ganz kleine Beträge ab-
gesunken ist, kann der Dickenzuwachs nochmals zu erheblichen Spitzen
ansteigen. Die genaue Ermittlung des Raumzuwachses ist schwierig und
nur auf dem Wege weitgehender Zerlegung des Stammes möglich. Vom
forst- und holzwirtschaftlichen Standpunkt aus interessiert die während
des Bestandeslebens bzw. während eines Jahres gebildete Derbholzmenge
erheblich. Sie ist nicht nur zur Klärung vieler biologischer Zusammenhänge, sondern vor allem auch für die Beurteilung der Leistungsfähig-
keit einer Holzart auf verschiedenen Standorten und letzten Endes für
den wirtschaftlichen Nutzen entscheidend. Üblicherweise geht man
dabei vom Festmeterertrag aus, der in den Ertragstafeln niedergelegt
ist; um die wirkliche Holzerzeugung zu erhalten, muß man diese Fest-
meterzahlen nach Abzug des Rindenanteils mit den Raumdichtezahlen
vervielfachen. Auf die Schwierigkeiten, die sich aus der Verschiedenheit von Rindenanteil und Raumdichtezahl nach Stammklassen usw.
ergeben, kann in diesem Zusammenhang nicht eingegangen werden,
jedoch sei die Bestleistung für Esche nach Wimmenauer (1919) Zahlen
für andere Laubhölzer und Nadelhölzer — Tanne nach Eichhorn,
Fichte und Kiefer nach der Ertragstafel der Württembergischen Forstlichen Versuchsanstalt, Buche, Eiche, Birke und Erle nach Schwappach;
die ganze Zusammenstellung aus Trendelenburg (1939) — gegenübergestellt (Zahlentafel 1).

Zahlentafel 1. Jährliche Holzmasseerzeugung von Esche im Vergleich zu anderen Holzarten.

| Holzart | Höhe des Hauptbestandes | Mittendurchmesser | Rindenanteil | Gesamtwuchsleistung an Derbholz | | Raumdichtezahl | Jährliche Holzerzeugung |
| | | | | mit Rinde | ohne Rinde | | |
	m	cm	%	fm	fm	kg/fm	kg je ha
I. Standortsklasse im Alter von 80 Jahren:							
Esche . . .	28,0	31,0	10	504	454	600	2720
Erle . . .	27,7	36,0	10	719	647	430	2780
Birke . . .	26,0	32,0	10	389	350	510	2230
I. Standortsklasse im Alter von 100 Jahren:							
Fichte . .	35,5	42,1	10	1570	1413	390	5510
Tanne . . .	31,8	40,9	10	1506	1356	370	5020
Kiefer . . .	30,5	37,3	13	828	721	420	3030
Buche . . .	32,0	33,7	7	929	864	570	4920
Eiche . . .	26,7	34,9	15	706	600	570	3420

Die Übersicht zeigt, daß erhebliche Unterschiede in der jährlichen Holzmasseerzeugung bestehen, und daß die Esche gewichtsmäßig nur etwa halb so viel Holz erzeugt wie die Fichte und nur etwa 55% so viel wie die Buche (Lothigius 1927, Boysen-Jensen und Müller 1910, 1925...1930, Petre 1936).

Die Umtriebszeit der Esche liegt im allgemeinen zwischen 80 und 120 Jahren. Auf besonders geeigneten Standorten liefert die Esche aber

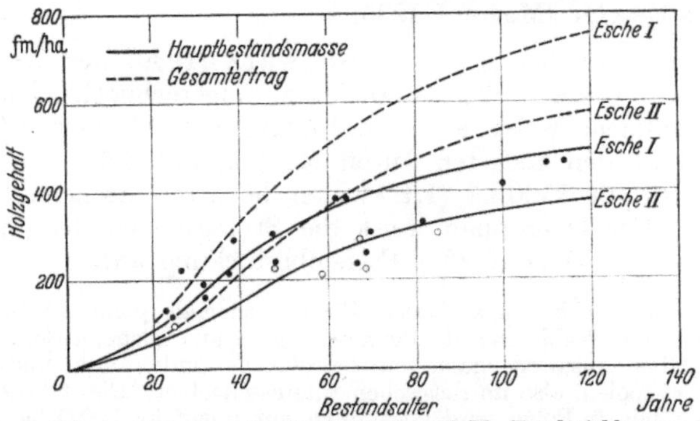

Abb. 8. Raumzuwachs für Esche I. und II. Standortsklasse.

schon mit 60...80 Jahren sehr wertvolles Nutzholz. Für Mischbestände auf Böden III. Klasse gibt Kottmeier (1927) einen mittleren Holzgehalt von 350 fm je ha Fläche. Die Abhängigkeit des Holzgehalts vom Bestandesalter auf Standortsklasse I und II bringt Abb. 8 nach Wimmenauer (1919). Der durchschnittliche jährliche Zuwachs liegt bei Standortsklasse I für 40...70jährige Bäume bei 8,4 fm/ha, für 80...100 Jahre bei etwa 7,4 fm/ha und für 110...120 Jahre bei 6,5 fm/ha, für Standortsklasse II sind die entsprechenden Zahlen 5,9 fm/ha, 5,8 fm/ha und 5,1 fm/ha.

d) Nutzholzerzeugung und -verbrauch.

Genaue statistische Unterlagen über den Anteil des Eschenholzes an der deutschen Waldfläche sowie über die jährliche Ernte an Eschenholz fehlen. Die Esche wird vielmehr zu den harten Laubhölzern (mit Buche, Hainbuche, Ulme, Ahorn) gezählt und erscheint mit diesen zusammen in den Aufstellungen. Ihr Anteil am deutschen Wald ist aber sehr gering. Einen freilich nur groben Anhalt gibt die Sortenpreisnachweisung der Preußischen Forstverwaltung, in der die nach dem Meistgebot verkauften Stammhölzer von 30...39 cm Mittendurchmesser aufgeführt sind, soweit von den bezeichneten Sorten in dem einzelnen Forstamt im ganzen mindestens 50 fm Nutzholz verkauft sind. Im 10jährigen Durchschnitt von 1926 bis 1935 betragen diese Mengen bei

Eiche	23 847 fm	Esche	1 072 fm
Buche	91 237 ,,	Ulme	897 ,,
Hainbuche	343 ,,	Ahorn	117 ,,

Da in vielen Revieren von den Nebenholzarten jährlich weniger als 50 fm je Sorte eingeschlagen werden, ist die Übersicht für die Nebenholzarten zu ungünstig.

In den bayerischen Staatsforsten wurden im Wirtschaftsjahr 1933/34 an Nutzholz in Form von Abschnitten 791 fm Hainbuche, 1622 fm Esche und 416 fm Bergahorn, Ulme, Akazie, Elsbeere und Wildobstarten gegenüber 34 282 fm Eichen- und 80 840 fm Buchennutzholz bei größeren Verkäufen abgesetzt (Mantel 1935).

In der Ostmark beträgt nach Schwarz (1939) der Eschenanteil 0,4% (12 000 ha auf volle Bestockung umgerechnet). Die absolut größte Eschenfläche weist der Verwaltungsbezirk St. Pölten/Land mit 2400 ha (2,4%), den höchsten Anteil Mödling mit 6,6% auf. Niederdonau besitzt mit 7700 ha (1,1%) den höchsten Eschenanteil unter den Gauen. Für Oberdonau weist die Statistik 2000 ha (0,5%) und für Steiermark 1400 ha (0,2%) Eschenbestockung auf.

Erwähnt seien auch einige Zahlen für das ehemals polnische Staatsgebiet. Dortselbst tritt die Waldesche als Beimischung in aus Eiche, Erle, Weißbuche, Ahorn und Ulme zusammengesetzten Laubholzbeständen auf, und zwar am häufigsten in Ostpolen, also im russischen Interessengebiet. Die reduzierte Fläche der Eschenbestände in Polen wird zusammen mit ungefähr 16 021 ha angegeben, davon an hiebsreifen und angehend haubaren Beständen (60...120jährig) nur 4489 ha. In den polnischen Staatsforsten betrug die Erzeugung an Eschenholz im Wirtschaftsjahr 1934/35 insgesamt 38 348 fm Derbholz, davon 10 448 fm Nutzholz, das sind 27,24%. Im Wirtschaftsjahr 1935/36 ergab sich die Derbholzmasse zu 22 001 fm, davon 8031 fm Nutzholz, entsprechend 36,50%. Dabei belief sich die berechnete Waldfläche der Esche in den polnischen Staatsforsten auf insgesamt 4232 ha, in den Privatforsten mit mehr als 150 ha auf rund 11 799 ha. Man kann somit bei einer Durchschnitts-Nutzholzausbeute von 30% die normale Eschenholzerzeugung im ganzen ehemaligen Polen auf 20 000 m³ schätzen. Hierzu käme noch eine gewisse Menge durch Fällen der Gartenesche. Die Ausfuhr Polens an Eschenholz hatte sich in den letzten Jahren erheblich verringert: Während sie 1936 noch 20 723 fm betrug, war sie 1937 auf 17 587 fm und 1938 auf 9044 fm gesunken.

Schließlich sei ein kurzer Blick auf die Versorgung der deutschen Holzwirtschaft mit Eschenholz geworfen[1]. Abb. 9 ist hier sehr aufschlußreich. Man sieht, daß Lagervorräte und Zugang beim Eschenholz eine sehr starke jahreszeitliche Bewegung haben. Als Folge des gewöhnlich in den Monaten Dezember bis März liegenden Einschlags steigen

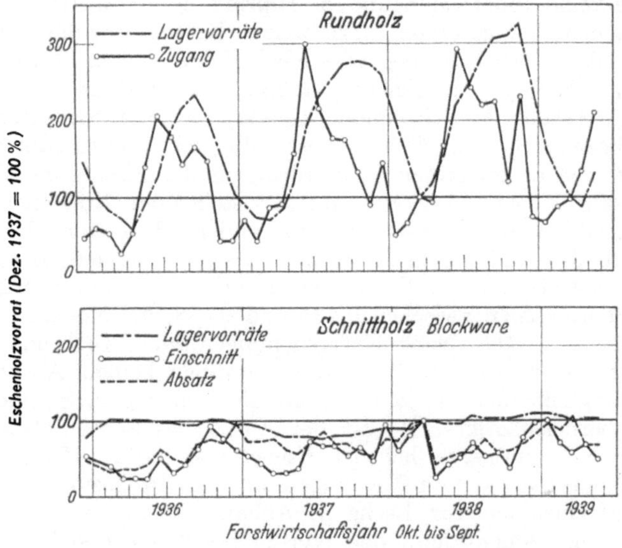

Abb. 9. Versorgung der deutschen Holzwirtschaft mit Eschenholz.

die während der vorhergegangenen zweiten Jahreshälfte erschöpften Rundholzvorräte wieder rasch an. Mit einer gewissen Phasenverschiebung, die sich aus technischen Gründen (z. B. der Abfuhr im Walde usw.) erklärt, füllen sich während und nach dem Einschlag die Rundholzbestände wieder auf. Beachtlich ist dabei, daß sich die Vorräte an Eschenrundholz im Laufe der letzten Forstwirtschaftsjahre im Durchschnitt erhöht haben. Daraus erklärt es sich auch, daß die Lagervorräte an Schnittholz trotz einer gewissen Knappheit im Jahre 1937 in den Jahren 1938 und 1939 wieder die Höhe des Jahres 1936 erreicht haben.

3. Wuchseigenschaften.

a) Schaftform.

Im Bestandesschluß bildet die Esche einen bis hoch hinauf astreinen, vollholzigen, geraden Schaft. Sie erreicht Höhen von etwa 17...35 m und (nach Klein 1926) bis zu 1,7 m Durchmesser. Badoux (1910) stellte eine Liste besonders großer Eschen zusammen. Es ergaben sich — berechnet aus dem Stammumfang in Brusthöhe — als größte

---

[1] Vgl. die Lage der Holzwirtschaft zu Beginn des Forstwirtschaftsjahres 1939, Wirtschaft und Statistik Bd. 18 (1939) S. 986f. Zusätzliche Aufschlüsse verdanke ich dem Statistischen Reichsamt, wofür ich meinen verbindlichsten Dank ausspreche.

Durchmesser für die Schweiz 1,3...1,4 m, für Baden (Hierahof) 1,39 m, Pommern (Schmatzin) 1,46 m, Schlesien (Kammerwaldau) 1,33 m, Provinz Posen (Slawno) 1,61 m (1 m über dem Boden) und Belgien (Theux) 1,04 m. Die Brusthöhendurchmesser von Eschennutzholz liegen ohne Rinde in der Regel zwischen 25 und 50 cm. Bei Freistand neigt die Esche, wie keine andere einheimische Holzart, zum Gabelwuchs und zur Bildung einer tief angesetzten stark astigen Krone. Für die Schaftformzahl, d. h. das Verhältnis des wirklichen Inhalts eines Stammes zum Inhalt einer Walze von gleicher Grundfläche und Höhe, bestätigte Schneider (1896) das allgemeine Gesetz, daß die Schaftformzahlen von einer beachtlichen Größe in frühester Jugend bis etwa zum 30. Jahre sinken und von da an infolge Empordringens der Krone und Eintreten des Schlusses wieder stetig steigen. Mit steigender Höhe nehmen die Schaftformzahlen für die Esche wie für andere Holzarten ab. Bei den von Schneider untersuchten Bestandeseschenstämmen, deren Form allerdings im Zeitpunkt der Fällung noch in der Besserung begriffen war, lagen die Formzahlen zwischen 0,431 und 0,538, bei einem Aueeschenstamm nur bei 0,306. Nach Untersuchungen von Pfeil und Hartig (in Gayer-Fabricius 1935) — die allerdings keinen Anspruch auf hohe Genauigkeit machen können, da sie weder den Standort noch das Alter berücksichtigten — ist der Anteil des Schaftholzes an der oberirdischen Baummasse bei der Esche etwa 60%. Wimmenauer (1919) hat auf Grund von Messungen an 129 Probestämmen Schaft- und Baumformzahlen für Esche in Abhängigkeit von der Höhe berechnet, die in Zahlentafel 2 den Werten für Buche und Kiefer gegenübergestellt sind.

Zahlentafel 2. Schaft- und Baumformzahlen für Esche,
Buche und Kiefer.

Höhe	Esche		Buche		Kiefer	
m	Schaftformzahl	Baumformzahl	Schaftformzahl	Baumformzahl	Schaftformzahl	Baumformzahl
10	0,540	0,650	0,544	0,696...0,658	0,489	0,690...0,600
15	0,480	0,576	0,500	0,640...0,600	0,452	0,530...0,560
20	0,468	0,561	0,487	0,589...0,594	0,431	0,480...0,510
25	0,458	0,549	0,481	0,572...0,596	0,420	0,450...0,480
30	0,448	0,538	0,474	0,569...0,602	0,413	0,430...0,460

Schaftformzahlen, die Schuberg (1888) bestimmte, bewegen sich in ähnlichen Grenzen.

Die Rinde ist etwa bis zum 40. Jahre glatt, grünlichgrau, bildet aber später eine durch dichte, flache Risse in länglich rhombische Felder geteilte schwarzbraune Borke. Die mancherorts sehr häufigen rindenlosen Stellen sind die Folge einer krebsartigen Erkrankung (s. S. 59). Der Rindenanteil, bezogen auf den Rauminhalt des berindeten Schaftes, beträgt nach A. Schwappach (1889) und U. Müller (1923) 12...14%; niedrigere Zahlen, nämlich 9,1...11,7%, hatte F. Schneider (1896) gefunden.

b) Jahrringbreite und Spätholzanteil.

Bei 1526 untersuchten Proben (Stäben mit $2 \cdot 2$ cm² Querschnitt) wurde von mir die in Abb. 10 dargestellte Verteilung der mittleren Jahrringbreite von Waldeschenholz gefunden. Man ersieht daraus, daß die Jahrringbreite bei der Waldesche 0,25 bis zu 9 mm betragen kann, und daß der häufigste Wert etwa bei 1,75 mm liegt. Die Kurve ist stark unsymmetrisch ausgebildet; nach links ist der Abfall wesentlich steiler als nach rechts. Dies besagt, daß Feinringigkeit bei der Esche verhältnismäßig seltener anzutreffen ist als Grobringigkeit. Bei dem großen Anteil frei oder zum mindesten nur in sehr lockerem Schluß stehender Eschen am Untersuchungsstoff ist dieses Ergebnis nicht ver-

wunderlich; es läßt sich auf die Verhältnisse des durchschnittlich für gewerbliche Zwecke verfügbaren Eschenholzes ohne weiteres übertragen. Bei Untersuchungen von Krzysik (1938) und Zielinski (1938) wurden ähnliche Ergebnisse gefunden; bei der in polnischen Waldbeständen aufgewachsenen Waldesche betrug die durchschnittliche Jahrring-

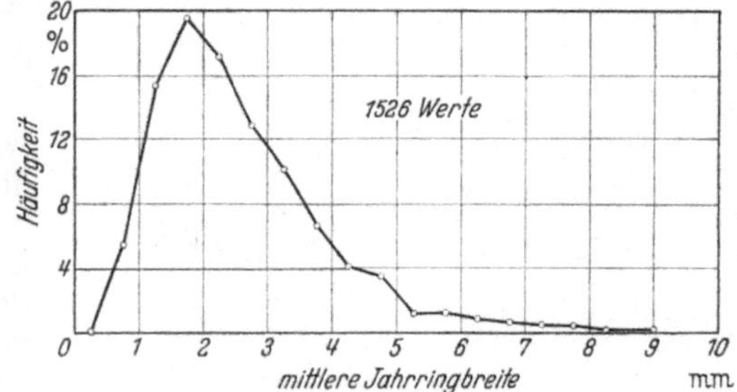

Abb. 10. Häufigkeitsverteilung der mittleren Jahrringbreite von Waldeschen.

breite 1,81 mm, bei der aus Parkanlagen, Gärten oder von Straßenrändern stammenden Gartenesche 4,67 mm. Zweckmäßig läßt sich aus Abb. 10 noch folgendes schöpfen: Nur etwa 6% der Eschenproben haben eine mittlere Jahrringbreite unter 1 mm, etwa 35% zwischen 1 und 2 mm, rund 47% zwischen 2 und 4 mm und rund 12% mehr als 4 mm.

Da die Proben alle annähernd in gleicher Stammhöhe entnommen waren, geben die Zahlen keinen Aufschluß über den Zusammenhang von Ringbreite und Stammhöhe. Hierfür macht aber Schneider (1896) folgende Angaben: Bei den Bestandeseschen nimmt die Jahrringbreite im allgemeinen, namentlich im jüngeren Alter und in der Krone, von unten nach oben zu, von innen nach außen ab. Für die Ringe der in der Krone gelagerten obersten Stammteile fand er fast durchweg sehr große Maße. Die Aueesche weicht teilweise von der Regel ab; die Ringbreite sinkt mit der Höhe und mit wachsendem Alter im astfreien Schaft. In der Krone hingegen verzeichnete Schneider eine Zunahme von innen nach außen. Nach Untersuchungen von Clarke (an 4 Stämmen, die in Auewäldern erwachsen waren, Nov. 1932) nimmt die Jahrringbreite im allgemeinen vom Erdstamm gegen den Gipfel zu ab. Zum gleichen Ergebnis gelangte ich bei drei Aueeschen aus dem Forstamt Speyer (vgl. das Stammwuchsbild S. 73).

Besonders aufschlußreich zur Beurteilung der Lebensverhältnisse, die in der Hauptsache durch Standort, Klima und Jahreszeit bedingt sind, ist der zeitliche Verlauf von Jahrring- und Spätholzbreite. Beide hängen neben den erwähnten Umwelteinflüssen auch von inneren Gesetzmäßig-

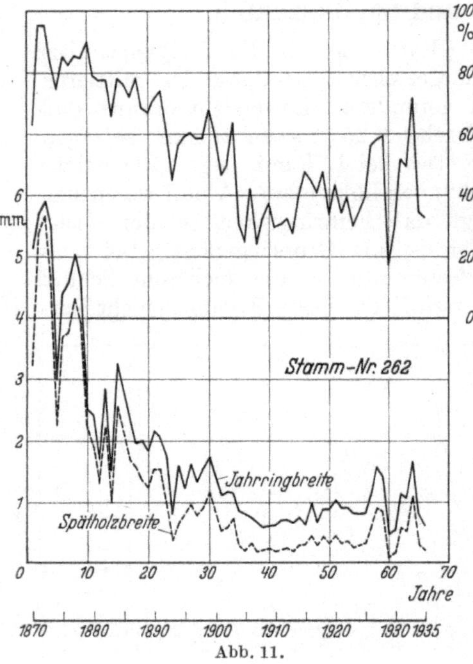

Abb. 11.

keiten ab. Im einzelnen herrscht darüber noch wenig Klarheit (vgl. Trendelenburg 1939). Bei den Laubhölzern werden die Untersuchungen auch dadurch erschwert, daß eine scharfe Abgrenzung von Früh- und Spätholz selbst bei Ringporigkeit auf gewisse Schwierigkeiten stößt. Trotzdem soll an Hand einiger Beispiele ein Beitrag zu dem Fragenbereich geliefert werden.

Für eine größere Anzahl von untersuchten Eschenholzscheiben wurde der Verlauf der Jahrringbreite, der absoluten Spätholzbreite und der Spätholzprozente über dem Alter aufgetragen. Dabei ergaben sich folgende Gesetzmäßigkeiten:

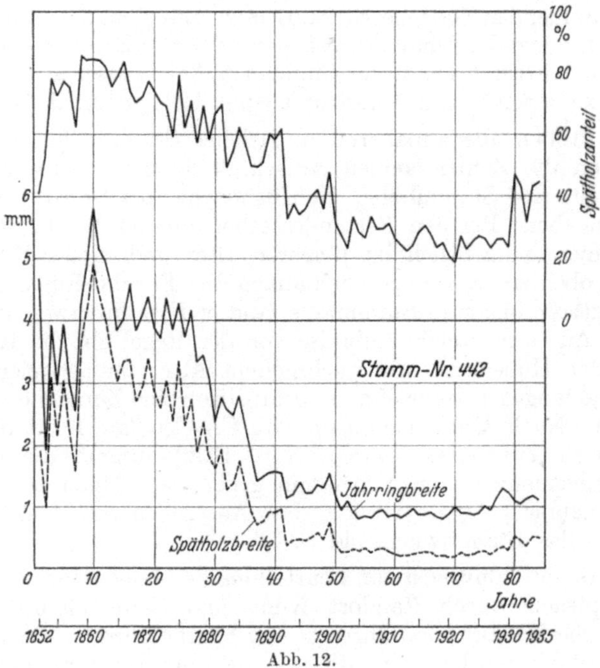

Abb. 12.

1. Die Esche neigt als raschwüchsige Lichtholzart, entsprechende Standorte vorausgesetzt, dazu, in den ersten Lebensjahren sehr breite Jahrringe (> 5 mm) zu erzeugen. In der Folge nimmt die Ringbreite zuerst rasch, dann langsam ab. Etwa vom 40. Jahre an ändert sie sich im mehrjährigen Mittel nicht mehr wesentlich (Abb. 11, 12).

2. Eschenholz, das in der ersten Jugend nur mittelbreite Jahrringe bildet, zeigt im allgemeinen eine größere Gleichmäßigkeit, d. h. die Jahrringbreite nimmt von Anfang an nur langsam ab (Abb. 13, 14).

3. Holz, das in der Jugend besonders schmale Ringe aufweist, zeichnet sich im höheren Alter oft durch Spitzen in der Jahrringbreite aus, wie sie auf gleichen Altersstufen nach großem Zuwachs in der Jugend nicht mehr vorzufinden sind (Abb. 15, 16). Die Zuwachsspitzen dürften

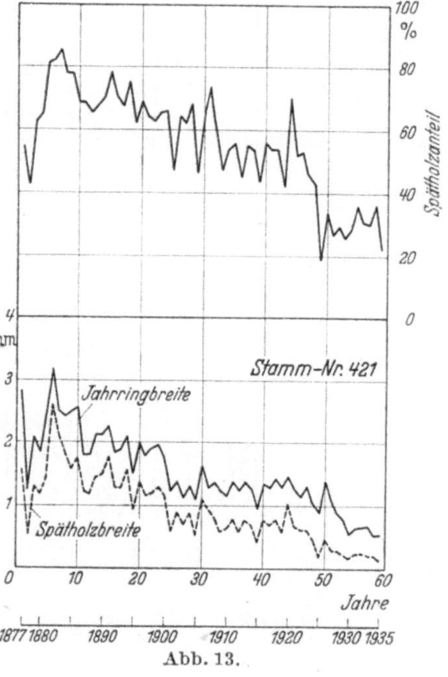

Abb. 13.

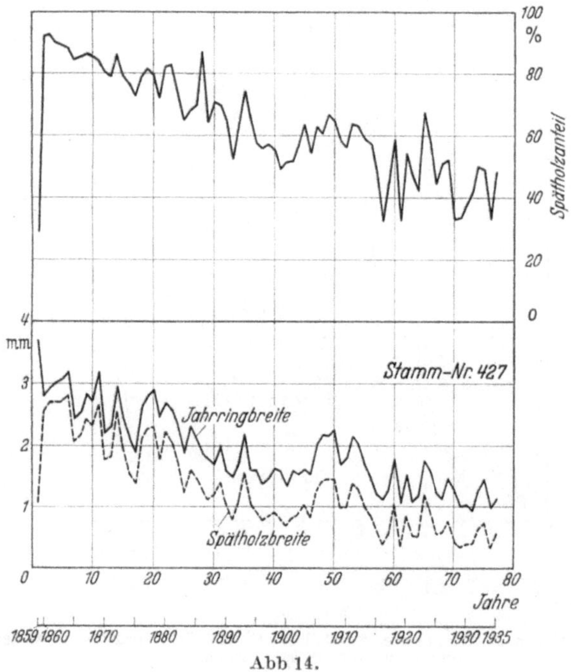

Abb 14.

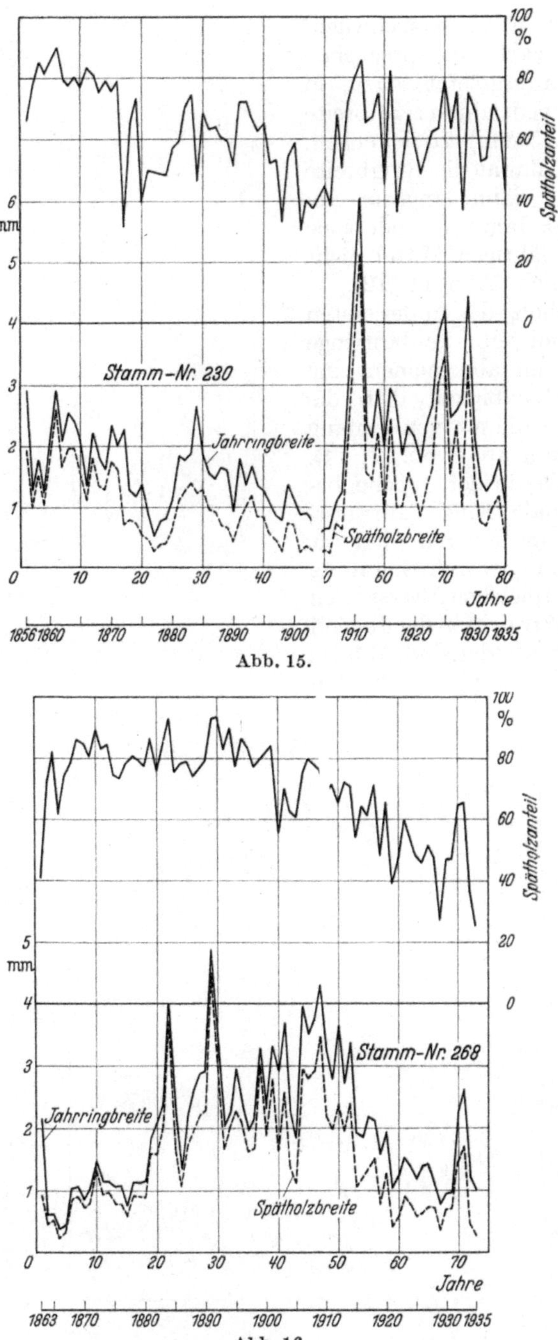

Abb. 11...16. Verlauf von Jahrringbreite, Spätholzbreite und Spätholzanteil über dem Alter für einige charakteristische Stämme.

dabei in erster Linie durch Freistellung der Kronen, in gewissen Fällen aber auch durch klimatische Einflüsse oder durch Erschließung besonders günstiger Bodenschichten bedingt sein. Stämme, deren Jugendentwicklung durch Kronenbedrückung oder schlechte Ernährung gehemmt war, und deren „Wachstumsalter" damit als niedrig anzusehen ist, können unter diesen Umständen eine plötzliche zweite Jugend erleben. Die meist regelwidrigen Umstände, die diese zweite Jugend bewirken, kommen aber oft in bedenklichen Sprüngen der Jahrringbreite zum Ausdruck, und fast stets folgen auf sehr breite Ringe sehr schmale mit niedrigem Spätholzanteil als Zeichen der Erschöpfung oder Abwehr. Auch eine gewisse Periodizität ist häufig nachweisbar. Spitzen und Täler der Jahrringbreite wechseln in kurzen zeitlichen Abständen, meist sogar von Jahr zu Jahr ab. Die Höchstwerte der Ausschläge der aufeinanderfolgenden Perioden nehmen dabei allmählich ab.·

Physikalisch betrachtet deutet dies darauf hin, daß die betreffenden Wachstumsstörungen gewissermaßen als freie Schwingung angesehen werden können, die durch einen einmalig erteilten Energiebetrag — etwa den Reiz eines klimatisch besonders günstigen Jahres, einen Nahrungsüberschuß oder plötzliche Kronenfreistellung — angeregt wurde. Die Dämpfung dieses biologischen Schwingungsgebildes hängt von so vielen inneren und äußeren Umständen ab, daß über ihre Größe nähere Angaben ausgeschlossen sind. Immerhin bleibt zu sagen, daß auch eine außerordentlich starke Dämpfung, d. h. eine Unterdrückung der Schwingung nach dem ersten Ausschlag möglich ist; hierzu bedarf es aber anscheinend sehr gewaltsamer äußerer Kräfte, etwa eines Dürrejahres in unmittelbarer Folge auf ein niederschlagreiches Jahr. Die Folgen solcher jäh gebremsten Wachstumsvorgänge können für den pflanzlichen Organismus schwerwiegend sein: Der Stamm übersteht manchmal die Erschütterung nur schwer, er kränkelt; die Jahrringbreite nach der Störung liegt dann erheblich unter dem Durchschnitt vor der Störung, ja der Zuwachs kann praktisch fast ganz aufhören.

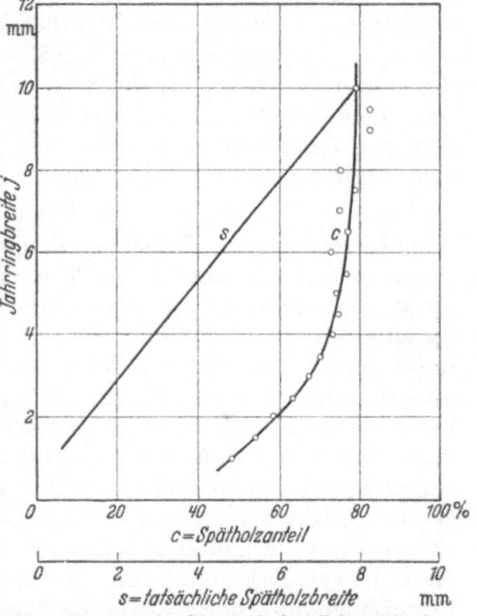

Abb. 17. Zusammenhang zwischen Jahrringbreite und Spätholzanteil von Eschenholz. (Nach Clarke.)

4. Trägt man die Absolutwerte der Jahrringbreite und der Spätholzbreite über dem Alter auf, dann laufen beide Linienzüge bis zu einem gewissen Grade parallel.

Einen besseren Überblick erhält man, wenn man den verhältnismäßigen Spätholzanteil über dem Alter aufzeichnet (vgl. Abb. 11...16). Man sieht jetzt, daß die Spätholzprozente in der Regel um so größer sind, je breiter die Jahrringe sind. Physiologische Gründe, d. h. die Rücksicht auf den notwendigen freien Querschnitt der saftführenden Gefäße, schreiben allerdings einen oberen Grenzwert des Spätholzanteils vor; er scheint bei der Esche für das Mittel einiger aufeinanderfolgender Jahrringe bei etwa 80% zu liegen. Wichtig ist weiter, daß für Jahrringe

mit mehr als 6 mm Breite der mittlere Spätholzanteil ziemlich gleich
bleibt, daß also hier die Ringbreite und die absolute Spätholzbreite
annähernd verhältnisgleich sind. Erst bei schmäleren Jahrringen unterhalb von 4 mm nimmt der Spätholzanteil rasch ab.

Clarke (Juni 1934) hat auf Grund seiner Untersuchungen an Eschenholz für den Zusammenhang zwischen Jahrringbreite j und Spätholzanteil c Abb. 17 entworfen. Die absolute oder tatsächliche Spätholzbreite s läßt sich aus dieser Kurve berechnen, da gilt $s = c \cdot j$. Man
sieht unschwer, daß der Zusammenhang zwischen Spätholzanteil und
Jahrringbreite durch eine Parabel höherer Ordnung geregelt wird (in
Abb. 17 gilt angenähert $c = 0{,}53 \cdot j^{0,18}$). Aus ihrer Gleichung läßt
sich für s als Veränderliche von j ebenfalls eine Parabel ableiten, und
zwar eine Parabel, deren Exponent nahe an 1 liegt, deren Verlauf in
dem praktisch vorkommenden Bereich also mit guter Annäherung durch
eine Gerade ersetzt werden kann.

Für den großen mir zur Verfügung stehenden Zahlenstoff wurde
Abb. 18 gezeichnet. Dabei wurden zunächst sämtliche Meßpunkte eingetragen und im Anschluß daran für Klassen der mittleren Jahrringbreite von jeweils 0,5 mm die ausgewogenen Mittelpunkte der zugehörigen
Spätholzanteile bestimmt. Auf diese Weise entstand der eingetragene
Linienzug A, der sich unschwer nach der Methode der kleinsten Fehlerquadrate durch eine stetige Kurve ausgleichen ließe. Da bei biologischen
Untersuchungen aber mathematische Beziehungen in der Regel nicht
mehr und nichts Genaueres aussagen als Linienzüge, wie der in Abb. 18
eingezeichnete gebrochene, wurde von einer weiteren Auswertung abgesehen. Übertragen wurde hingegen aus Abb. 17 strichpunktiert die
Kurve für in England gewachsene Fraxinus excelsior. Man sieht, daß
diese Kurve nahezu als die gesuchte stetige Kurve gelten kann, ein
Beweis nicht nur für die Zuverlässigkeit der beiderseitigen Untersuchungen,
sondern auch für das arteigene, vom Standort unabhängige Verhalten
des Eschenholzes in bezug auf Jahrringbreite und Spätholzanteil. Bei
Betrachtung der ganzen Frage muß man, wie immer für Holz, neben der
Mittelwertkurve die Streuung berücksichtigen. Diese ist beträchtlich;
aber trotzdem sieht man, daß mit wachsender Jahrringbreite die im
Hinblick auf Wichte und Festigkeit unerwünschten niedrigen Spätholzprozente sicher wegfallen; nur bis zu 2,5 mm Jahrringbreite finden sich
weniger als 40% Spätholz, oberhalb von 5 mm ist der Spätholzanteil
auf jeden Fall größer als 60%. Viel weniger eindeutig ist es, vom Spätholzanteil auszugehen; beispielsweise können zwischen 50 und 55 Spätholzprozente bei Jahrringbreiten von 0,5...5 mm vorkommen.

Dieser Unterschied gibt zugleich einen Hinweis darauf, daß es bei
biologisch-statistischen Forschungen nicht gleichgültig ist, ob man die
Zusammenhänge zweier Veränderlichen von der einen oder der anderen
aus betrachtet. Man muß vielmehr immer von jener Veränderlichen
ausgehen, die von übergeordneter Bedeutung ist. Mit anderen Worten
heißt das, man muß überlegen, welches die beeinflussende und welches
die beeinflußte Größe ist und darf nur von ersterer aus Schlüsse ziehen.
Folgendermaßen ist dies zu verstehen: Es wäre sinnlos, zu einem

bestimmten Spätholzanteil eine Jahrringbreite zu suchen, da der Spätholzanteil ein Bestandteil des Jahrrings, dieser also von übergeordneter

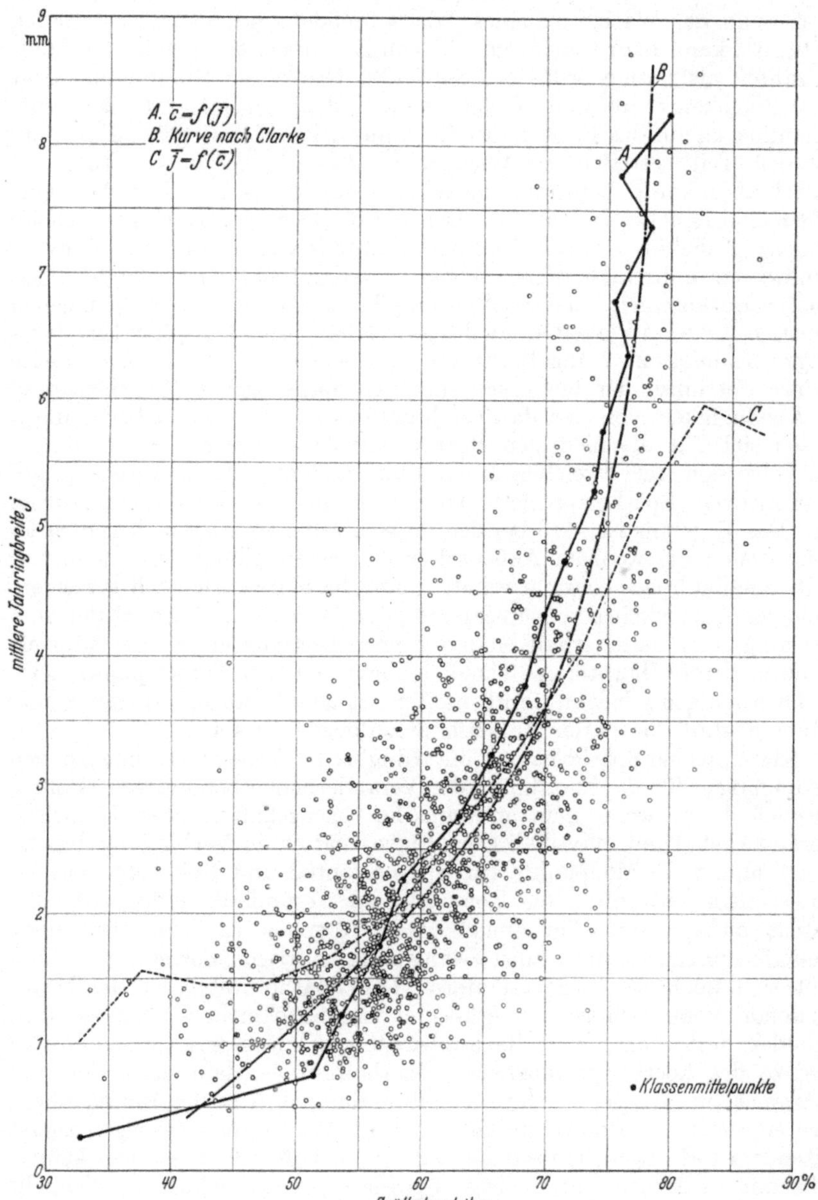

Abb. 18. Auswertung eigener Messungen von Jahrringbreite und Spätholzanteil und Vergleich mit Messungen von Clarke (s. Abb. 17).

Bedeutung ist. Dabei ist der Jahrring in seiner Folge von Früh- und Spätholz ein Ganzes, an dessen Bildung das Spätholz nur teilhat;

an die vorausgehende Erzeugung des Frühholzes schließt sich die Entstehung des Spätholzes. Der Jahrring beginnt mit der ersten Frühholzzelle, umfaßt das ganze Frühholz und im Anschluß daran das Spätholz. Erst wenn das Wachstum eines Jahres beendet und ein neuer Jahrring fertig ist, kann man fragen, in welchem Zusammenhang steht der Spätholzanteil als untergeordnete, beeinflußte Größe zur Ringbreite. Geht man umgekehrt vor und schließt vom Teil auf das Ganze bzw. vom Beeinflußten auf das Beeinflussende, dann wirken sich Regelwidrigkeiten, die den Teil betreffen, in Wirklichkeit das übergeordnete Ganze im Mittel aber kaum berühren, meist sehr stark aus und täuschen eine allgemeine Regelwidrigkeit vor. Der in Abb. 18 eingetragene gestrichelte Linienzug, der für Klassen des Spätholzanteils von 5 zu 5% die Schwerpunkte der Jahrringbreiten verbindet, verdeutlicht das Gesagte. Beispielsweise kommen hohe Spätholzanteile von 75...80% als, wenngleich günstige Regelwidrigkeiten auch bei verhältnismäßig schmalen Jahrringen bis herab zu 2 mm Breite vor. Die Folge ist, daß die gestrichelte Kurve tief unter der biologisch sinnreich ausgezogenen (Spätholzanteil in Abhängigkeit von der Jahrringbreite) liegt. Ähnliche Überlegungen lassen sich für die niedrigen Spätholzanteile anstellen. So trifft man als Folge von irgendwelchen inneren und äußeren Wachstumsstörungen sehr niedrige Spätholzprozente vereinzelt auch bei breiten Jahrringen an. Das Ergebnis ist, daß bei den an sich seltenen sehr niedrigen Spätholzanteilen die wenigen Außenseiter in breiten Jahrringen ein unverhältnismäßig hohes Gewicht erhalten und die Kurve erheblich verzerren. Geht man umgekehrt vom übergeordneten Begriff, hier also wieder vom Jahrring aus, dann erhält man in einer bestimmten Klasse so viele Punkte, deren Hauptmasse ziemlich dicht um den Schwerpunkt liegt, daß die wenigen schlechten Außenseiter geringe Störungen bringen, zumal ihrem Einfluß die guten Außenseiter entgegen wirken.

Klarer als bei Spätholzanteil und Ringbreite werden diese einengenden Bedingungen für die Zuordnung der Veränderlichen bei anderen Größen, nämlich dann, wenn man anatomische Eigenschaften (also biologisch Veränderliche) mit physikalischen Eigenschaften in Verbindung bringt. Trägt man z. B. Meßpunkte für Spätholzanteil und Rohwichte auf, so ist es allein vernünftig, die Rohwichte als Veränderliche des Spätholzanteils aufzufassen. Ein umgekehrtes Vorgehen ist nach dem oben Gesagten unzulässig und führt zwangläufig zu irrigen Folgerungen. Dies läßt sich noch wie folgt erläutern: Der Spätholzanteil ist die beeinflussende Veränderliche. Je größer er ist, desto mehr Holzmasse wird gebildet, desto höher muß die Rohwichte sein. Geht man an die untere Grenze des überhaupt möglichen Spätholzanteils, dann muß dem ein entsprechend geringer Gehalt an Zellwandungsstoff in der Raumeinheit, also eine niedrige Rohwichte entsprechen. Würde man hingegen zuerst besonders tiefe Rohwichtezahlen wählen, so läßt sich aus ihnen keinesfalls mit Sicherheit auf niedrige Spätholzprozente schließen, vielmehr können auch ganz andere Umstände einzeln oder gemeinsam (etwa besonderer Gefäßreichtum und Dünnwandigkeit der Organe, aber auch krankhafte Ursachen wie fortgeschrittener Pilzbefall) die ungewöhnlich kleine Rohwichte bedingen.

Die für den Spätholzanteil von Waldesche entworfene Häufigkeitskurve zeigt Abb. 19. Man kann als Dichtemittel etwa 56,5% entnehmen.
Gemäß Abb. 17 entspricht diesem Spätholzanteil eine Jahrringbreite
von 1,75 mm. Diese Ringbreite läßt sich aber auch als häufigste aus
Abb. 10 unmittelbar abgreifen. Die Ergebnisse der voneinander un-
abhängigen Messungen bestätigen sich also gegenseitig. Es wurde schon
hervorgehoben, daß die verhältnismäßig geringe mittlere Jahrringbreite

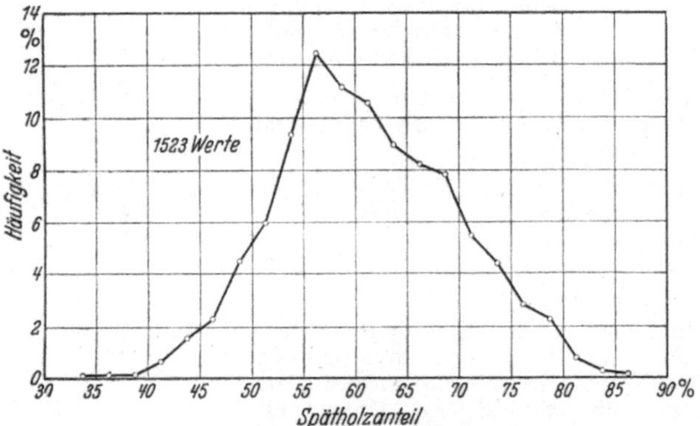

Abb. 19. Häufigkeitsverteilung des Spätholzanteils von Waldeschen.

darauf zurückzuführen ist, daß der weitaus überwiegende Teil des untersuchten Eschenholzes aus Waldbeständen stammte; wären Allee-, Garten-
oder Parkeschen in größerer Zahl geprüft worden, dann hätte sich das
Bild nach der Seite breiterer Jahrringe verschoben. Auf ähnliche polnische Mitteilungen wurde bereits hingewiesen, aber auch englische
Arbeiten sind in diesem Zusammenhange zu erwähnen. Die wichtigsten
Ergebnisse bringt Zahlentafel 3.

Zahlentafel 3 zeigt die Bedeutung des Bestandesschlusses bzw. der
Kronenentwicklung auf die mittlere Jahrringbreite. Daneben ergibt
sich aus ihr der mehr oder minder starke Einfluß der Bodenbeschaffenheit, insbesondere seiner Feuchtigkeit. Um hier Klarheit zu schaffen,
wurden für das von mir untersuchte Eschenholz die auf besonders feuchten
anmoorigen Bruchböden erwachsenen Eschen den in Auewäldern stocken-
den gegenübergestellt. Die Lebensbedingungen hatten also eine gewisse
Ähnlichkeit, zum mindesten dürfte in beiden Fällen der Lichtgenuß
der Kronen im Durchschnitt derselbe gewesen sein; in den Bruchböden
ist aber gewöhnlich ein Überschuß an Feuchtigkeit — häufig sogar an
stagnierender Nässe — vorhanden, welchen die Esche sehr schlecht verträgt, während die Auewälder einen frischen, unter Umständen sogar
nassen, aber nie sumpfigen Boden haben. Vergleicht man nun für beide
Fälle die Häufigkeitskurven der Jahrringbreite, so ergibt sich ein sehr
bemerkenswertes Bild: die grundsätzliche Ähnlichkeit der Lebensbedingungen wirkt sich dahingehend aus, daß Mindestwerte und häufigster Wert (Dichtemittel) der Jahrringbreite für die Esche auf beiden
Böden die gleichen sind (Abb. 20). Die Dichtemittel stimmen zugleich
überein mit jenen für das Gesamtkollektiv des geprüften Eschenholzes.

Zahlentafel 3. Mittlere Jahrringbreite und Spätholzanteil von Fraxinus excelsior auf englischen Standorten. (Nach S. H. Clarke, Princes Risborough.)

Standort	Boden	Waldbauliches	Mittlere Jahrringbreite mm	Mittlerer Spätholzanteil %	Alter des untersuchten Baumes Jahre
Ryston, Norfolk	Gut entwässert, brauner sandiger Lehm, in 60 cm Tiefe grauer Sand	Eschenbestand mit Weiden-Unterwuchs, gleichmäßig entwickelte Kronen	4,4	66	51
Goodwood, Sussex	Leichter Ton, verschieden tief, über Kalk	Offener, vernachlässigter Bestand	3,22	62,5	47
Mapledurwell, Hampshire	Sehr feucht, 15 cm schwärzliche, humose Erde über steifem braunem Lehm, darunter Kalk	Hochwaldartiger Bestand	2,74	61,9	88
Stockenhall, Lincolnshire	Sehr feucht, Oberschicht (5 ... 15 cm) schwärzlicher Kalk, darunter 30 ... 60 cm gelblicher Kalk, darunter bräunlicher Kalk	Eiche vorherrschend, dichter Schluß, Kronen etwas beengt, Unterwuchs Hasel, Ahorn	2,3	59	78
Sandbeck, Yorkshire	Gut entwässert, 2,5 cm lockerer Humus, darunter 30 cm braune, humose Erde über rotem Ton	Mischwald aus Ulme, Eiche, viel Esche (letztere bis 30 m hoch), Kronen gut entwickelt	1,90	53,7	105
Dawland, Yorkshire	Schlecht entwässert, 7,5 cm schwarzer Torf, 5 cm schwerer, blau-gelb gesprenkelter Ton über feinem rot-gelben Sand	Hochwaldartiger Bestand, Esche, gelegentlich Kirsche, unterdrückt Birke und Erle, Kronen bedrängt, mangelhaft durchforstet	1,59	48,1	103
Badminton, Gloucester	Gut entwässert, 2,5 cm Humus, 46 cm brauner lehmiger Ton, 90 cm gelb-weiße Steine mit Sandgrieß vermischt	Eiche-Esche, Kronen zeitlebens beengt, dichter Hasel-Unterwuchs	1,46	52,3	109

Während aber die Kurve für das Holz von anmoorigen Bruchböden ziemlich symmetrisch verläuft und keine größeren mittleren Jahrringbreiten als 4,75 mm aufweist, ist die für das Holz aus Auewäldern stark rechtsseitig asymmetrisch, d. h. die unter dem Gesichtswinkel des Massenzuwachses und der Holzgüte besonders wertvollen breiten Jahrringe werden noch in verhältnismäßig großer Zahl hervorgebracht. Die Kurve besitzt sogar noch einen zweiten Gipfelwert, der bei etwa 3,25 mm liegt und weist Jahrringbreiten bis zu 8,75 mm auf. Aufschlußreich ist ferner die in Abb. 20 aufgenommene Häufigkeitskurve für Eschenholz aus Eschen-Ahorn-Schluchtwäldern; sie besitzt zwei sehr scharf ausgeprägte Gipfel, ist also durch Überlagerung zweier normaler Häufigkeitskurven entstanden. Der linke Kurventeil mit besonders nahe bei 0 mm Jahrringbreite liegendem Ansatz hat den Scheitelwert wie die oben besprochenen bei 1,75 mm, während der zweite Gipfel bei 3,25 mm liegt. Zwanglos läßt sich erklären, warum diese doppelgipflige Kurve gerade für das Holz von Schluchtwäldern gefunden wurde. Hier liegen schon von Natur aus zwei sich nahezu widersprechende Bedingungen vor: in den Senkungen der Schluchten sind die Kronen in der Regel stark beengt, wozu sich eine erhebliche natürliche Schattenwirkung gesellt, während auf den Hängen, besonders auf Südhängen, der Lichtgenuß ein bedeu

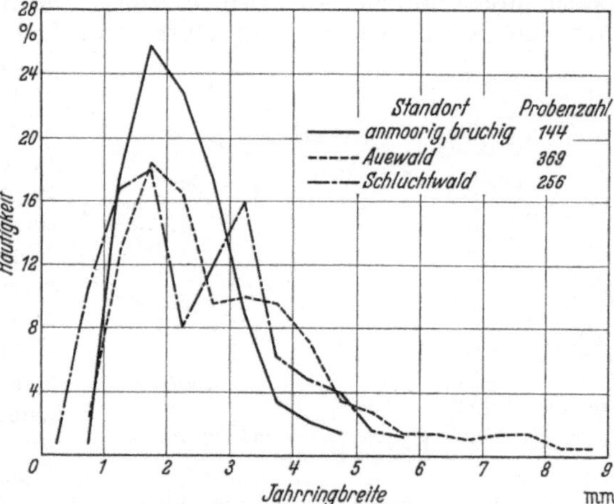

Abb. 20. Häufigkeitsverteilung der Jahrringbreite für Eschen verschiedener Standorte.

tend größerer ist. Eine statistische Untersuchung der mittleren Jahrringbreite von Eschenholz aus Schluchtwäldern muß deshalb zu dem vorliegenden Bild führen, wenn auch bei Prüfung von einzelnen Stämmen sich die Ergebnisse durch Standortauswirkungen verwischen, ja sogar umkehren können.

Bei allen Untersuchungen von Jahrringbreite und Spätholzanteil ergibt sich die praktisch wichtige Frage, inwieweit diese Eigenschaften als Weiser der Rohwichte oder der Festigkeit, d. h. der Holzgüte, anzusehen sind; in dem Abschnitt über die Wichte und Festigkeit des Eschenholzes wird ausführlich davon gesprochen werden.

c) Kern und Splint.

Die Verkernung des Eschenholzes setzt mit 60...70, unter Umständen schon mit 40 Jahren ein. Das Kernholz läßt sich unter dem Mikroskop an den Thyllen in den Frühholzgefäßen feststellen; allerdings gehört die Esche (gleich Pappel, Weide und Roßkastanie) zu jener Gruppe von Kernhölzern, die nur wenig bis mäßig viele Füllzellen aufweisen. Schneider (1896) fand sogar bei seinen Untersuchungen überhaupt keine Thyllen im Kern. Dazu kommt, daß sich zwischen Kern und Splint der Esche Zonen finden, in denen die Thyllen wechselnd häufig sind, so daß hier eine klare Scheidung sehr schwierig ist. Auseinanderzuhalten

sind bei der Esche grundsätzlich zwei verschiedene Formen der Verkernung. Der kennzeichnende braune Kern, der eine dunkel (oft fast
schokoladenbraun) gefärbte, mittig im Stamm verlaufende Säule bildet
und im frischen Zustand dunkler ist als im trockenen, umfaßt immer
das Mark, hat mehr oder minder kreisförmigen Querschnitt, folgt aber
in seinen Grenzen keineswegs stets den Jahrringgrenzen, sondern geht
oft unregelmäßig darüber hinaus. Nur bei der amerikanischen Esche
(Fraxinus americana) schließt der rotbraune Kern häufig mit einem
bestimmten Jahrring ab (Janka 1911). Im Wurzelstock schnürt diese
Art von Kern sich ein und läuft etwa keil- oder spindelförmig aus
(Schneider 1896, Oberli
1937), auch greift er über
kurze Strecken vom Stamm
in die Äste über (Clarke,
Sept. 1934). Die zweite Form
der Kernbildung wird durch
Wunden, z. B. infolge Insektenangriff oder Fauläste, veranlaßt. Dieser Wund- oder
Schutzkern ist in physiologischer und anatomischer Beziehung dem Farbkern wohl
sehr nahe verwandt; im
Eschenholz ist er gewöhnlich

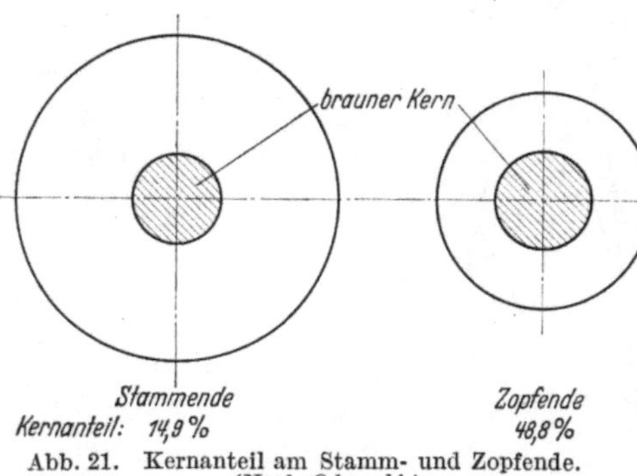

Abb. 21. Kernanteil am Stamm- und Zopfende.
(Nach Oberli.)

etwas heller gefärbt als der Farbkern. Von der Verletzung ausgehend
erstreckt er sich über eine beschränkte Entfernung im Holz, scheint
aber den mittigen Farbkern nicht zu vergrößern.

Die Ursachen für die Bildung des walzenförmigen mittigen Kerns
sind noch unklar, jedoch wird vorherrschend angenommen, daß es sich
um keine normale Erscheinung handelt. Pilzansteckung läßt sich nicht
nachweisen und kann damit als Grund ausgeschlossen werden. Zwischen
den wäßrigen Auszügen der äußeren und inneren Holzteile fehlen die
klaren Unterschiede, die bei Farbkernhölzern wie Eiche, Walnuß, Robinie
vorhanden sind. Die Esche hat diese Eigenschaft gemeinsam mit den
Hickoryarten, gleich denen ihr Splint meist sehr breit bleibt (Abb. 21).
Ein Vergleich beider Holzarten in bezug auf Verkernung liegt nahe.
Ähnlich sind auch die Anschauungen über die technologische Bedeutung
des Kernes. Bei der Esche wie bei den Hickoryarten soll das helle Splintholz dem dunklen Kernholz erheblich überlegen sein. G. Janka (1911)
schreibt z. B.: „Jungeschenholz ist zäher als das Holz der Alteschen,
was im Extremfall schon daraus erhellt, daß das Gertenholz der Esche
von äußerster Zähigkeit ist. Die Kernbildung macht das Eschenholz
spröde und brüchig, die Eigenschaft der Zähigkeit geht dem Kernholz
verloren; große Zähigkeit besitzt nur das weiße Splintholz. Darum
wird auch jüngeres bis 70jähriges Eschenholz, das noch keinen oder nur
wenig Kern gebildet hat, dem älteren vorgezogen, abgesehen davon,
daß das braune Kernholz der Esche einen Schönheitsfehler darstellt."
Ähnlich äußert sich L. Hufnagl (1922): „Jüngeres, bis 70 Jahre altes,
weißes Eschenholz wird immer bevorzugt...... Der dunklere Kern ist

weniger elastisch und biegefähig." Auf diesen Anschauungen fußen
auch die Handelsbedingungen für Esche; so schreiben die Bedingungen
für den Handel in Hölzern aller Art an der Wiener Börse (1926) für
Eschenholz I. Klasse vor, daß die dunkle Kernfarbe am Zopf nicht mehr
als 30% des Zopfdurchmessers betragen darf und das Schnittholz I. Klasse
bis zur Dicke von 50 mm kernfrei geliefert werden muß, während bei
Dicken über 50 mm 25% Kernholz festen Gefüges gestattet sind. Im
Schrifttum finden sich viele sinngemäße Angaben für die Hickoryarten,

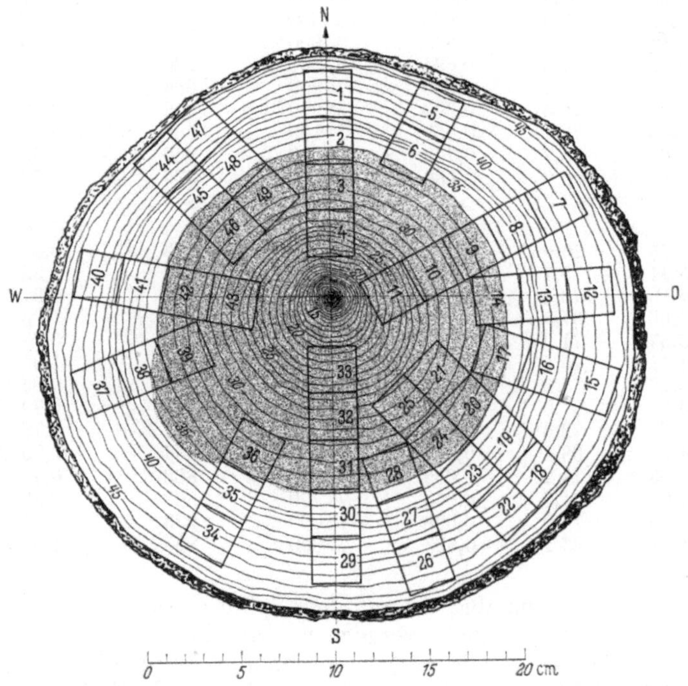

Abb. 22. Probeentnahme zur Bestimmung der Eigenschaften von Kern- und Splintholz.

die aber auf Grund umfangreicher Untersuchungen als Vorurteile zu
bezeichnen sind. Record (1934) weist unter Benutzung der einschlägigen
Sonderarbeiten von Boise und Newlin (1910), Detwiler (1916) und
Hatch (1911) darauf hin, daß dieses Vorurteil insofern ungerechtfertigt
ist, als die Rohwichte und die Freiheit von Fehlern die Festigkeitseigenschaften bestimmen. Dazu kommt, daß das Splintholz der Hickories
infolge seines Gehaltes an Stärke gern von Lyctusarten befallen wird.
Für das Eschenholz läßt sich auf Grund meiner Untersuchungen der
gleiche Schluß ziehen, daß das dunkler gefärbte Kernholz durchaus dem
hellen Splintholz gleichwertig sein kann. Sowohl die statischen als auch
die besonders wichtigen dynamischen Festigkeitseigenschaften hängen
in erster Linie von anderen Umständen ab, von der Rohwichte, dem Spätholzanteil sowie von anatomischen, wohl auch chemischen Eigenheiten
der Zellwand. Die Verkernung als solche hat darauf keinen schlechten
Einfluß. Zum Beweis wurden zunächst in einzelnen kräftig verkernten

Zahlentafel 4. Eigenschaften

| Probe-Nr. | Splint | | | | | |
	Mittlere Jahrringbreite mm	Spätholzanteil %	Rohwichte r_0 g/cm³	Elastizitätsmodul E kg/cm²	Druckfestigkeit σ_{dB_0} kg/cm²	Bruchschlagarbeit a mkg/cm²
						N-Seite
1	4,11	69,4	0,682	58500	914	0,25
2	4,62	68,3	0,677	62800	905	0,32
5	4,12	66,3	0,676	62300	901	0,43
6	7,44	73,8	0,671	69900	880	0,43
7	5,72	77,6	0,695	67500	930	0,49
8	3,80	62,4	0,660	72200	884	0,72
12	6,92	79,6	0,696	68900	942	0,72
13	5,68	73,1	0,669	74100	885	0,92
40	4,85	70,7	0,702	69600	950	0,63
41	4,47	60,8	0,688	75200	925	0,76
						S-Seite
15	8,35	76,0	0,698	75100	973	0,84
16	5,41	75,7	0,670	79600	918	1,32
18	6,16	78,4	0,673	74200	916	0,97
19	4,06	67,7	0,651	75100	903	1,39
22	5,57	71,0	0,661	67500	893	0,77
23	4,41	75,5	0,639	70300	874	1,06
26	5,26	77,5	0,654	69200	883	0,65
27	3,74	65,0	0,617	70600	844	0,79
29	4,71	73,4	0,633	68700	831	0,76
30	4,37	68,1	0,642	72200	834	0,90
34	4,93	74,2	0,655	67100	858	0,84
35	4,03	64,5	0,653	74300	862	0,86
37	5,35	74,0	0,698	78000	933	1,71
38	4,61	63,1	0,693	77000	926	1,53

Eschenabschnitten planmäßig die aus dem Splint entnommenen Proben mit jenen aus dem Kernholz verglichen. Ein Beispiel, das zugleich erhellt, in welcher Weise die Proben entnommen wurden (wie ersichtlich liefen die Jahrringe stets zwei Seiten des quadratischen Probequerschnittes möglichst parallel), gibt Abb. 22 wieder. Es handelt sich dabei um eine sehr jugendliche raschwüchsige Esche. Eine Übersicht über die Zahlenwerte der bestimmten mechanischen Eigenschaften gibt Zahlentafel 4.

Bereits ein flüchtiger Blick auf Zahlentafel 4 lehrt, daß beim Übergang vom Splint zum Kern durchaus keine Verschlechterung der mechanischen Eigenschaften eintritt, vielmehr werden die Werte für Elastizitätsmodul, Druckfestigkeit und Jahrringbreite bei der fraglichen Stammscheibe sogar höher. Sehr deutlich wird dies, wenn man die mittleren Werte berechnet (Zahlentafel 5).

Die Übersicht zeigt eindeutig, daß im vorliegenden — willkürlich herausgegriffenen — Fall das Kernholz dem Splintholz tatsächlich im Mittel sogar etwas überlegen ist. Viel größer als der Einfluß von Kern oder Splint ist aber die Lage in der unterdrückten oder in der überentwickelten Halbseite des Stammes. Dies kommt ganz besonders stark einer verkernten Esche (Stamm 247).

Probe-Nr.	Kern					
	Mittlere Jahrring-breite mm	Spätholz-anteil %	Rohwichte r_0 g/cm³	Elastizitäts-modul E kg/cm²	Druckfestigkeit σ_{dB_0} kg/cm²	Bruchschlag-arbeit a mkg/cm²
(unterdrückt):						
3	6,83	68,6	0,631	70800	825	0,32
4	3,01	65,4	0,616	64200	818	0,37
9	7,69	69,2	0,684	85700	959	0,67
10	5,69	74,9	0,648	70500	866	0,40
11	3,54	61,6	0,645	70900	932	0,46
14	8,58	82,3	0,718	87000	953	0,96
42	6,99	79,8	0,603	91400	932	1,05
43	3,66	69,4	0,687	88700	970	1,59
(überentwickelt):						
17	8,73	76,7	0,721	89700	993	1,55
20	7,89	78,9	0,702	81800	983	1,05
21	7,72	78,8	0,655	81800	939	0,88
24	7,48	77,6	0,686	77000	932	0,76
25	6,11	78,0	0,644	81600	910	0,89
28	7,06	76,5	0,678	79900	936	1,01
36	7,97	79,9	0,646	83400	904	0,61
39	7,49	82,5	0,645	86900	892	1,36

bei der Bruchschlagarbeit, der für die Verwendung des Eschenholzes vielleicht wichtigsten Eigenschaft, zum Ausdruck. Beispielsweise ist die Bruchschlagarbeit auf der unterdrückten N-Seite im Splintholz nur etwa 55%, im Kernholz nur etwa 72% der entsprechenden Mittelwerte für die Südseite des Stammes. Wesentlich weniger berührt werden der Elastizitätsmodul und die Druckfestigkeit, jedoch sei eingeschaltet, daß

Zahlentafel 5. Mittelwerte der Eigenschaften von Splint- und Kernholz der Esche von Zahlentafel 4.

Holz und Lage im Stamm (Himmels-richtung)	Anzahl der Proben	Mittlere Jahrring-breite mm	Spätholz-anteil %	Roh-wichte r_0 g/cm³	Elastizitäts-modul E ($u = 0,09$) kg/cm²	Druck-festigkeit σ_{dB_0} kg/cm²	Bruch-schlag-arbeit a mkg/cm²
Splint N . .	10	5,17	70,2	0,682	68100	912	0,57
Splint S . .	14	5,07	71,7	0,660	72749	889	1,03
Splint N+S .	24	5,11	71,1	0,669	70829	899	0,80
Kern N . . .	8	5,78	71,4	0,654	78650	904	0,73
Kern S . . .	8	7,56	78,6	0,678	82763	936	1,01
Kern N+S .	16	6,67	75,0	0,664	80706	922	0,87

der E-Modul an sich bei dem Stammabschnitt 247 überraschend niedrig für Eschenholz war.

So überzeugend dieser Beweis die allgemeine Beobachtung, daß Eschenkernholz keinesfalls minderwertig ist, bestätigte, es wurde noch eine weitere breit angelegte statistische Untersuchung durchgeführt. Dabei wurden für alle verkernten Eschenstammscheiben die Zahlen von Kern- und Splintholz getrennt und zu Häufigkeitskurven vereinigt. Die Ergebnisse bringt Abb. 23 und beweist unumstößlich folgendes:

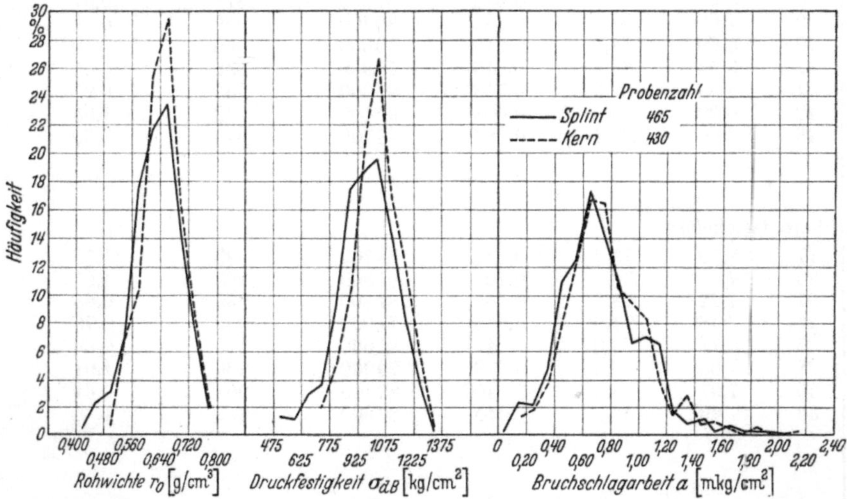

Abb. 23. Häufigkeitsverteilung von Rohwichte, Druckfestigkeit und Bruchschlagarbeit für Splint- und Kernholz.

1. Die Mindestwerte liegen bei Rohwichte und Festigkeit für Splintholz etwas niedriger als für Kernholz; diese Erscheinung ist dem regelmäßigen Auftreten sehr schmaler Jahrringe in den äußersten Splintholzzonen älterer Eschen zuzuschreiben; sie bringt es zwangläufig mit sich, daß der Anteil der höheren Wichte- und Festigkeitszahlen im Kernholz verhältnismäßig höher wird.

2. Die Dichtemittel, d. h. die wahrscheinlichsten Werte, der mechanischen Eigenschaften stimmen bei Splint- und Kernholz praktisch völlig überein.

3. Die oberen Grenzwerte sind für Splint- und Kernholz annähernd dieselben.

F. Schneider (1896) hat auf die Gleichwertigkeit von Kern und Splint in bezug auf Wassergehalt, Schwindung und Rohwichte hingewiesen. Eine gewisse Einschränkung ist hier allerdings geboten. Häufig bringen es Erziehungsmaßnahmen oder bei Mittelwäldern scharfe Hiebe im Unterholz mit sich, daß im Kern eine größere Folge von Jahrringen im Mittel schmäler sind als die darauffolgenden meist weit in den Splint übergreifenden Zonen mit breiten Ringen. In solchen Fällen — die besonders häufig bei Aueeschen anzutreffen sind — hat der Kern stellenweise leichteres Holz als der Splint; Hand in Hand damit gehen mechanische Eigenschaften, deren Veränderung und Abstufung nicht nach den oben erwähnten Regeln erfolgt. Das später gezeigte Stammwuchsbild für eine Aueesche kann hier als Beispiel herangezogen werden (Abb. 62). Trotzdem sind diese Fälle von untergeordneter Bedeutung, zumal da die besonders leichten Rohwichten sich auf die unteren Stammteile beschränken. Grundsätzlich muß sich übrigens die Verkernung, die in der Hauptsache als Infiltration von Farbstoffen in die Zellwandungen aufzufassen ist, in Richtung einer Dichteerhöhung auswirken. Allerdings läuft dieser Art der Dichteerhöhung keine Erhöhung der Festigkeit gleich, ähnlich wie auch Verharzung wohl die Rohwichte, nicht aber die Festigkeit steigert. Zusammenfassend sei also nochmals betont, daß es verfehlt ist, Eschenkernholz für hochbeanspruchte Teile auszuschließen; man kann hierbei sogar Gefahr laufen, an Stelle hochwertigen Kernholzes minderwertiges, sehr feinringiges Splintholz zu wählen, dem immer eine besonders helle, fast weiße Farbe zu eigen ist. Diese Erkenntnis sollte Allgemeingut werden und auch in der Preisgestaltung zum Ausdruck kommen. Es ist nicht gerechtfertigt, daß Eschennutzholz mit braunem Kern erheblich unterbewertet wird. Wie sehr hier die Verhältnisse freilich noch im argen liegen, zeigt die Untersuchung von Oberli (1937), daß zu 50 Volumenprozent verkerntes Eschennutzholz, roh genommen, um ein Drittel des möglichen Höchstwertes einbüßt.

d) Ast- und Wurzelholz.

Untersucht man zwei durch Gabelung aus einem Eschenstamm entstehende steil aufragende Äste, so kann man im Aufbau des Holzes gegenüber dem des Stammes keinen wesentlichen Unterschied feststellen. Zu einem anderen Ergebnis gelangt man, wenn man mehr schräg oder gar nahezu waagerecht ausladende Äste prüft. Zwar sind auch in ihnen — ebenso wie im Wurzelholz — grundsätzlich dieselben Zellarten vorhanden wie im Stamm, aber sie sind mehr oder minder verschieden bemessen und abweichend geformt (Jaccard 1925). Grenzwerte der Faser- und Gefäßlängen in Schaft, Wurzel und Ast bestimmte Schneider (Zahlentafel 6).

Zahlentafel 6. Faser- und Gefäßlängen in Eschenschaft-, Wurzel- und Astholz.

Zellart	Länge in mm					
	im Schaft		in der Wurzel		im Ast	
	Größtwert	Kleinstwert	Größtwert	Kleinstwert	Größtwert	Kleinstwert
Große Gefäße . .	0,253	0,153	0,291	0,192	0,154	0,104
Kleine Gefäße . .	0,275	0,132	0,286	0,154	0,148	0,121
Tracheiden . . .	0,764	0,308	0,814	0,451	0,385	0,319
Hartfasern . . .	1,413	0,533	(1,056[1])	(0,902[1])	0,819	0,522

[1] Wurzelanlauf.

Die Fasern im Astholz sind also viel kürzer. Bei genauen Untersuchungen ergibt sich noch ein erheblicher Unterschied in der Länge der Hartfasern auf der Ober- und der Unterseite eines Astes. Sieht man von den im Spannungsverlauf schwierig zu beurteilenden Verhältnissen am Astansatz und in seiner Nähe ab, so ist die Oberseite des Astes gezogen und die Unterseite gedrückt. Allgemein ist nun bei den Laubhölzern das Zugholz der Äste besonders stark entwickelt; dies kommt in einer kräftigen Verdickung der Äste auf der Oberseite zum Ausdruck. Die Betonung des auf Zug beanspruchten Festigungsgewebes äußert sich weiter in der erheblich größeren Länge der Stützfasern auf der Astoberseite; sie überragen die Faserlängen auf der Astunterseite um durchschnittlich 40%. Gleichzeitig nimmt der verhältnismäßige Anteil des Stützgewebes auf der gezogenen Astoberseite von einer bestimmten Stelle nach dem Astansatz ab mit der Ausladung zu. Beispielsweise bestimmte Schneider in 1,40 m Entfernung vom Astansatz auf der Oberseite 27,9%, auf der Unterseite 41,5% Stützgewebe; in 6,20 m Entfernung aber waren oben 67,0%, unten 45,4% Hartfasern vorhanden. Der absolut größte Anteil von Stützgewebe am Querschnitt, nämlich oben 68,3 und unten 74,8% fand sich freilich unmittelbar am Astansatz, also dort, wo das größte Biegemoment auch das höchste Widerstandsmoment verlangt. Dabei darf jedoch nicht vergessen werden, daß jeder Ast die gegen die Einspannstelle (d. h. den Ansatz) hin zunehmenden Biegemomente durch das sich ebenfalls vergrößernde Widerstandsmoment mehr oder minder ausgleicht, d. h. technisch betrachtet annähernd ein Träger gleicher Festigkeit ist. In einem gewissen Umfang, wenngleich keineswegs so ausgeprägt wie bei den Hartfasern, verrät sich die Ausrichtung des Gewebeaufbaues auf die Beanspruchung auch bei den Gefäßen; insbesondere die größeren Gefäße sind auf der Zugseite sowohl ihrem Durchmesser als auch ihrem Flächenanteil nach zurückgedrängt, während auf der Astunterseite das Leitungsgewebe gut entwickelt ist. Die Holzmasse je Raumeinheit, also die Rohwichte, ist auf der Oberseite der Eschenäste (und wohl auch anderer Laubbäume) nach Schneider größer als auf der Unterseite. Eine andere unter dem Gesichtswinkel biologischer Zweckausrichtung wohl verständliche Tatsache ist die Abnahme der Rohwichte vom Stamm gegen die Astspitze zu. Dem entspricht auch die Verringerung des räumlichen Schwindmaßes im gleichen Sinne. Überraschend ist dabei, daß auf der Astunterseite die Schwindmaße ungewöhnlich niedrig sind. Gemessen hatte Schneider die räumlichen Schwindmaße α_v, bezogen auf das Frischvolumen und die Rohwichte r_0 im Darrzustand. Zwischen dem Quellmaß β_v (bezogen auf das Darrvolumen), dem Schwindmaß α_v und der Rohwichte im Darrzustand r_0 bestehen nun folgende Beziehungen:

$$\beta_v = \frac{\alpha_v}{1-\alpha_v} = C \cdot r_0 .$$

Die Festzahl C ist dabei, wenn man von der geringfügigen Verdichtung des Wassers bei der Quellung an den Zellulosemicellen absieht, gleich dem Betrag u_F des gebundenen Wassers im Holz am Fasersättigungspunkt. Man kann also auch mit guter Annäherung setzen

$$\beta_v = u_F \cdot r_0 .$$

Trendelenburg (1939) hat nun erstmals eingehend nachgewiesen, daß die Fasersättigungsfeuchtigkeit bei verschiedenen Hölzergruppen unterschiedlich hoch ist, und zwar am höchsten bei zerstreutporigen Laubhölzern ohne ausgeprägten Kern, dann folgen in Richtung abnehmender Fasersättigungsfeuchtigkeit und damit auch abnehmenden Schwind- und Quellmaßes die Nadelhölzer ohne Kern, hierauf die Nadelhölzer mit ausgeprägtem Farbkern und schließlich die ringporigen und halbringporigen Laubhölzer, zu denen das Eschenholz zählt (s. S. 35). Beim Eschenstammholz fand Trendelenburg beispielsweise im Mittel $\beta_v = 24 \cdot r_0$. Weiter teilt er mit, daß im Wurzelholz Fasersättigungsfeuchtigkeit und Schwindmaße außergewöhnlich hoch sind, und zwar um so höher, je weiter die Entfernung vom Stock ist. Umgekehrt wird an Hand einer Zahl für Kiefernholz dem Astholz eine niedrige Fasersättigungsfeuchtigkeit zugeordnet. Die Zahlen von Schneider bestätigen diese Zusammenhänge sowie den oben mitgeteilten Mittelwert von u_F für Eschenholz weitgehend. Im Astholz fällt dabei wieder der beträchtliche Unterschied von Ober- und Unterseite ins Auge. Während sich für die Oberseite $u_F = 21{,}1 \ldots 24{,}0$, im Mittel 22,8% berechnen läßt, ergibt sich für die Unterseite $u_F = 15{,}1 \ldots 19{,}0$, im Mittel 16,7%. Für das Wurzelholz beträgt u_F (aus Schwindmaß und Rohwichte berechnet) am Anlauf 31,8%, in 1 m Entfernung vom Anlauf 33,9%, in 2 m Entfernung 37,0%; von da an sinken die Zahlen allerdings wieder, und zwar nach 3 m auf 35,3%, nach 4 m auf 28,9%. Inwieweit sich dieser Befund verallgemeinern läßt, steht dahin.

Charakteristisch für Wurzelholz ist aber nicht nur seine hohe Fasersättigungsfeuchtigkeit, die auf kolloidchemische Ursachen zurückgeht und einen Speicher an Quellungswasser darstellt, sondern auch das Vermögen, besonders große Mengen von flüssigem Wasser zu leiten. Je weiter man sich in der Wurzel vom Stamm entfernt, desto mehr treten die mechanischen Aufgaben zugunsten der Wasser- und Nährstofführung sowie der Anhäufung von Reservestoffen zurück. Dies kommt zunächst in der Zusammensetzung des Holzkörpers zum Ausdruck; die Hartfasern werden spärlich und verschwinden bald ganz; ihre Aufgabe wird von Tracheiden mit übernommen, die in der Nähe des Wurzelanlaufs bis zu 98,5% der Gewebemasse ausmachen können. Je größer aber der Abstand vom Stamm ist, desto mehr nimmt auch der Anteil dieser Zellart ab. Im fünften, vom Stamm weitest entfernten Wurzelstück bestimmte Schneider nur mehr 82,2% Tracheiden, dafür aber 15,8% große und 2,0% kleine Gefäße. Eine Folge dieser anatomischen Verhältnisse, d. h. des großen Reichtums an dünnwandigen Tracheiden und Gefäßen, ist die niedrige Rohwichte des Wurzelholzes, die bis auf den halben Wert jener von Stammholz absinken kann. Während Schneider im Wurzelanlauf noch 0,717 g/cm³ fand, betrug die Rohwichte 1 m davon entfernt nur mehr 0,541 g/cm³, 2 m davon entfernt sogar nur noch 0,405 g/cm³.

Die Bildung dieses lockeren Holzes in den Wurzeln erfolgt unter dem Einfluß der Umgebung: Erde und Feuchtigkeit. Sie ist also umweltbedingt trotz gleicher Veranlagung des Kambiums, das die ganze Pflanze von den Wurzeln über den Stamm bis zu den Ästen wie ein Mantel

umgibt. Wie rasch und weitgehend sich dabei das Kambium den Um-
weltverhältnissen anzupassen vermag, zeigt folgender bemerkenswerter
Fall: Am Unterlauf des Mississippi sind weite Gebiete, die alljährlich
zu verschiedenen Zeiten überschwemmt werden, ohne daß es sich dabei
um dauernde Sümpfe handelt. In diesen Niederungen (Bottomlands)
kommt die Weißesche (Fraxinus americana) und Grünesche (Fraxinus
pennsylvanica lanceolata) in Mischung mit anderen Harthölzern außerordentlich häufig vor. Untersuchungen ergaben nun, daß die Höhe und

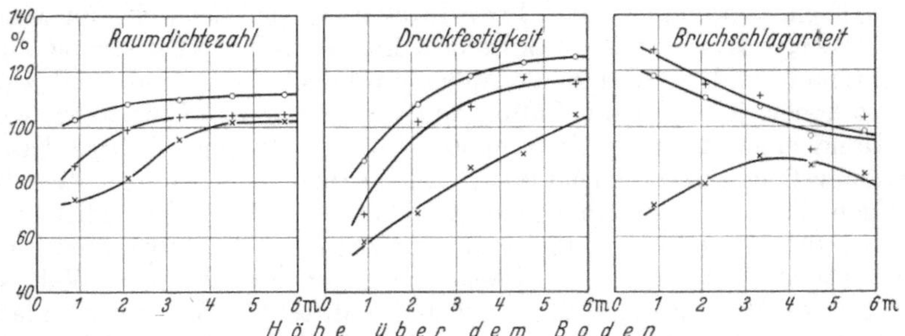

Abb. 24. Zusammenhang zwischen Raumdichtezahl, Druckfestigkeit und Bruchschlagarbeit
einerseits, Höhenlage im Stamm und Überflutung des Standortes anderseits.
o o schwache Überflutung, gute Entwässerung. + + schwache Überflutung, geringe Entwässerung.
× × starke Überflutung, geringe Entwässerung.

Dauer der Überschwemmungen einen sehr erheblichen Einfluß auf die
Holzbeschaffenheit haben (Paul und Marts 1934, Pillow 1939). Auch
äußerlich verraten sich diese Veränderungen durch eine Anschwellung
des Stammes gegen den Wurzelstock zu. Das Maß dieser Anschwellung

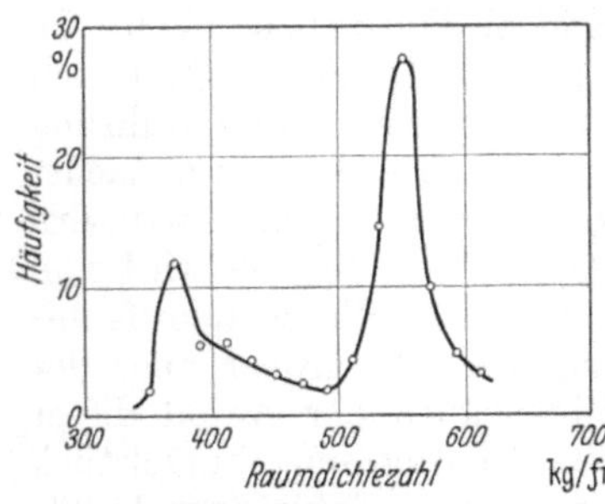

Abb. 25. Häufigkeitsverteilung der
Raumdichtezahl für Holz aus dem
Wurzelstock von Fraxinus pennsylvanica
lanceolata.
(Nach Paul und Marts.)

hängt unmittelbar von der Tiefe und
der Dauer der Überflutung ab. Der
Beginn der gegen den Boden zu kegelig
verlaufenden Anschwellung fällt mit den
Hochwassermarken ziemlich zusammen.
Naturgemäß ist die Schwellung bei Stämmen besonders betont, die auf Böden
mit schlechter Entwässerung stocken.
Das Holz in den vergrößerten Stammteilen hat etwa wurzelähnliche Beschaffenheit; es ist weich, schwammig, sehr fein-
ringig und steht in einem klaren Gegensatz zu dem Holz, das in denselben Stämmen oberhalb der Verdickung erzeugt
wird. Mikroskopische Untersuchungen

ergaben, daß die Lumina der Holzfasern außerordentlich erweitert sind.
Die Dicke der Zellwandungen im Holz aus den unter Wasser stehenden
Stammteilen ist annähernd die gleiche wie im Holz aus gewöhnlichen
Stammteilen, jedoch wurde ein weitreichender Unterschied in der
Micellanordnung beobachtet. In den Wandungen der Hartfasern von
Fraxinus americana sind nämlich kleine Spalten vorhanden, deren Winkel
zur Richtung der Faserlängsachse auf die Micellrichtung schließen läßt.

Pillow zeigt nun in seiner Arbeit zwei Bilder, aus denen sich für gewöhnliches Holz ein Faserwinkel der Micelle von 83° 20′ errechnen läßt, während die Micellsteigung im Holz aus dem verdickten Stammteil nur 66° 20′ beträgt. Unterschiede in der Zellwanddicke und in der Fibrillensteigung sind aber die Ursachen für Veränderungen der mechanischen Eigenschaften. Das dem Wurzelholz ähnliche Holz aus dem verdickten unteren Stammteil der Eschen in Überschwemmungsgebieten muß nach dem bisher Gesagten sowohl hinsichtlich der Rohwichte als auch der Festigkeit dem im selben Stamm darüber liegenden normalen Holz unterlegen sein. Es läßt sich ferner erwarten, daß die Minderung der Güte um so stärker ist, je tiefer die Überflutung ist und je länger sie dauert. Untersuchungen brachten eine klare Bestätigung; einen Ausschnitt aus den Ergebnissen zeigt Abb. 24. Ergänzend sei dazu gesagt, daß für den Elastizitätsmodul und die Biegefestigkeit Kurven gefunden wurden, die im Verlauf etwa zwischen denen für Rohwichte und Druckfestigkeit liegen. Das Vorhandensein ungewöhnlich leichten Holzes im Wurzelstock und im unteren wulstförmig verdickten Stammteil hat auch einen bemerkenswerten Einfluß auf die Häufigkeitskurve der Rohwichte bzw. Raumdichtezahl: Sie wird deutlich zweigipflig (Abb. 25).

4. Anatomische Eigenschaften.

a) Allgemeines.

Das Holz von Fraxinus excelsior ist weiß, gelblich- oder rötlich-weiß bis hellbraun. Sehr häufig ist, wie im vorhergegangenen Abschnitt ausführlich behandelt wurde, in älteren Stämmen ein hellbrauner bis lehmgrauer verschieden großer Kern vorhanden. Kennzeichnend für den Querschnitt ist der scharfe Übergang zwischen Früh- und Spätholzporen. Erstere haben bis zu 0,42 mm Durchmesser in radialer, bis zu 0,34 mm Durchmesser in tangentialer Richtung. Sie sind meist in 2...3 tangentialen Reihen angeordnet, so daß das Holz zu einem Musterbeispiel für Ringporigkeit wird. Lediglich bei besonders breiten Jahrringen kann der Übergang vom Früh- zum Spätholz etwas weniger plötzlich sein. Die spärlichen Spätholzgefäße werden erst unter der Lupe als Pünktchen sichtbar. Im Längsschnitt fallen die Frühholzgefäße meist als ziemlich grobe, schwach gelbrot gefärbte Furchen auf. Die Markstrahlen sind am Hirnschnitt und Tangentialschnitt ebenfalls erst unter der Lupe sichtbar, während sie auf den Radialflächen helle Querstreifen bilden.

b) Leitgewebe.

Die beim Eschenholz besonders ins Auge stechenden Frühholzgefäße zeigen in ihrer Anordnung einige Mannigfaltigkeit. Der überwiegende Teil der runden bis in radialer Richtung ovalen Gefäße tritt einzeln auf, und zwar von der gesamten Gefäßzahl etwa 65...90% (nach Angaben von Clarke, Nov. 1932, 50...75%). 10...30% (nach Clarke 10...50%) erscheinen in radialen Paaren, wobei die Trennwände zwischen den beiden Gefäßen in der Regel den Jahrringgrenzen parallel, also

tangential, gelegentlich aber auch schräg bis nahezu radial verlaufen.
Gruppen von drei Frühholzgefäßen sind bereits spärlich und erreichen
höchstens 5% der Gesamtzahl. Gruppen zu 4, 5 oder 6 können vorkommen, sind aber als Seltenheit anzusprechen. Je Quadratmillimeter
finden sich im Frühholz in der Regel 6...13 Frühholzgefäße, jedoch
kann der untere Wert bis auf 2 sinken, der obere bis auf etwa 17 ansteigen. Eine gewisse Rolle spielt auch die Lage im Stamm. Aus den
Untersuchungen von Schneider hat Trendelenburg (1939) Zahlentafel 7 zusammengestellt.

Zahlentafel 7. Tangentiale Gefäßdurchmesser von Eschenholz.

Alter (1,3 m Höhe) Jahre	Große Gefäße (Frühholz) mm	Kleine Gefäße (Spätholz) mm	Stammhöhe (51. Jahrring) m	Große Gefäße (Frühholz) mm	Kleine Gefäße (Spätholz) mm
55...50	0,225	0,060	1,3	0,225	0,060
50...45	0,187	0,038	4,2	0,192	0,050
45...35	0,209	0,050	7,7	0,192	0,060
35...25	0,187	0,038	10,9	0,181	0,038
25...15	0,170	0,033	14,1	0,165	0,038
15	0,148	0,044	17,3	0,198	0,044
			20,5	0,143	0,060

Innerhalb der unvermeidlichen Schwankungen wird die Zunahme
der Gefäßdurchmesser mit dem Alter, die Abnahme mit der Stammhöhe

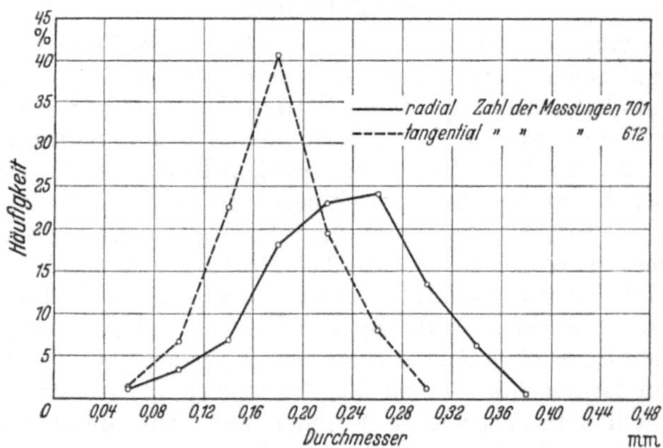

Abb. 26. Häufigkeitsverteilung der Lumendurchmesser im Frühholz.

deutlich. Zwischen 40 und 50 Jahren wird mit entsprechender Reife
des Holzes eine Gefäßgröße erreicht, die dann nicht mehr überschritten
wird. In diesem erwachsenen Zustand lassen sich Beziehungen zwischen
dem Gefäßdurchmesser und der Jahrringbreite nicht nachweisen. Hand
in Hand mit der Vergrößerung der Durchmesser geht gewöhnlich in
Brusthöhe eine zahlenmäßige Zunahme der großen Gefäße. Diese ist
auf den vermehrten Wasserbedarf der mit dem Alter immer weiter aus-
ladenden Krone zurückzuführen. Zahl und Durchmesser der kleineren
Gefäße nimmt hingegen bei den herrschenden Stämmen mit dem Alter

ab, während beide Werte bei den weniger herrschenden gleich bleiben oder sogar zunehmen. In der Jugend überwiegen auf der gleichen Fläche die kleinen Gefäße so stark, daß sie nach Schneider 2...5mal so zahlreich sind als die großen. In Übereinstimmung mit diesen Beobachtungen steht eine Mitteilung von Clarke (Nov. 1932), daß je 5 mm Jahrringumfang gewöhnlich etwa 63 Frühholzgefäße, nächst dem Mark aber bis zu 151 gezählt wurden.

Die Lumendurchmesser der Frühholzgefäße liegen in radialer Richtung über denen in tangentialer Richtung; gleichzeitig ist die Streubreite der radialen Durchmesser größer als die der tangentialen. Aus Abb. 26 lassen sich die in Zahlentafel 8 folgenden Grenzwerte und Dichtemittel ableiten.

So wichtig die Zahlen über Verteilung und Bemessung der Gefäße als anatomische Bestimmungsgrößen sind, in physiologischer und physikalischer Hinsicht ist vor allem der verhältnismäßige Anteil der Gewebe am Jahrring bzw. an der Holzmasse bedeutsam. Beispielsweise ist für die Größe des Wasserstromes von den Wurzeln zur Krone der verhältnismäßige Anteil der Gefäße am Holzquerschnitt bestimmend. In

Zahlentafel 8. Lumendurchmesser der Frühholzgefäße von Eschenholz.

Richtung	Lumendurchmesser in mm		
	Kleinstwert	Dichtemittel	Größtwert
Tangential . .	0,04	0,18	0,34
Radial	0,04	0,26	0,42

erster Linie dienen die Frühholzgefäße der äußersten Jahrringe der Wasserleitung, und ihr Anteil steigert sich von innen nach außen mit Rücksicht auf die zunehmende Blattflächen- und damit Verdunstungsgröße (Hartig 1894, 1895). Es ist einleuchtend, daß unter diesem Gesichtswinkel eine Verschlechterung der Bodenverhältnisse eine Steigerung des Gefäßanteils veranlaßt. Wie empfindlich gerade die Esche auf Standorts- und Bodenverhältnisse anspricht, wurde bereits im ersten Abschnitt dieses Buches hervorgehoben. Bei den Ausführungen über das Wurzelholz wurde ein weiteres überzeugendes Beispiel erwähnt: Die starke Schädigung des Holzaufbaues und damit der Holzeigenschaften von Weiß- und Grünesche durch regelmäßige, länger dauernde Überschwemmungen, wie sie am Unterlaufe des Mississippi vorkommen.

Im Eschenstammholz beträgt der verhältnismäßige Anteil der Gefäße am Holzquerschnitt 3,3...34,6% (Tafel I). Im Mittel kann man etwa 12,5% annehmen. Das Bild ist durch die von verschiedenen Seiten stammenden Messungen gut gerundet. Außerordentlich groß ist der Unterschied zwischen Früh- und Spätholz: Während Schneider für das Eschenfrühholz Gefäßanteile von 3,3...25,4%, im Mittel 13,3% errechnete, fand er für das Spätholz 0,5...4,0%, im Mittel 1,4%. Ich fand eine Streuung von 0,6...4,3%. In Übereinstimmung mit dieser Grundrichtung des Massereichtums im Spätholz steht auch das Verhältnis der Wanddicken der Gefäße; während nämlich die Wandungen der Frühholzgefäße in der Regel 4...6 μ dick sind und nur selten Werte bis zu etwa 13 μ erreichen, besitzen die Spätholzgefäße wesentlich kräftiger ausgebildete Wände mit bis zu 25 μ Dicke. Kennzeichnend ist auch, daß die Lumina der Spätholzgefäße rund oder schwach ellip-

tisch mit oft größerem Achsendurchmesser in radialer Richtung, ihre
äußeren Begrenzungen aber abgeplattet, vieleckig sind. Die Lumendurchmesser erstrecken sich mit geringen Unterschieden in radialer und
tangentialer Richtung (Abb. 27) von etwa 0,01 bis normalerweise 0,14 mm;
noch größere Spätholzgefäße mit bis zu 0,18 mm Durchmesser liegen
stets im Grenzgebiet zwischen Spät- und Frühholz und lassen sich mit
gutem Recht auch letzterem zuzählen. Das Dichtemittel liegt für die

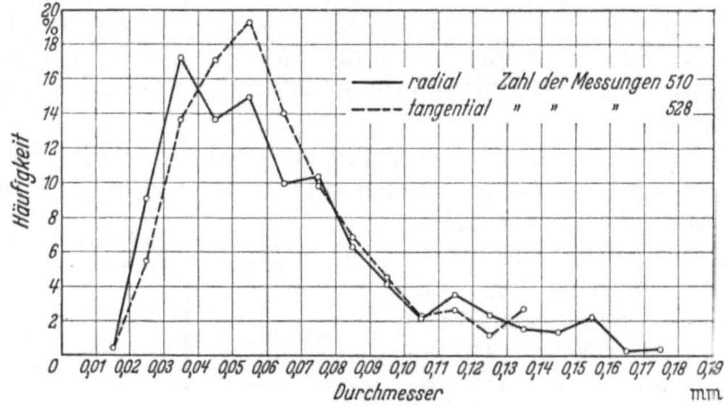

Abb. 27. Häufigkeitsverteilung der Lumendurchmesser im Spätholz.

größeren radialen Durchmesser bei 0,055 mm. Angeordnet sind die
Spätholzgefäße vereinzelt, in kurzen radialen Reihen oder selten in
Gruppen. Je Quadratmillimeter findet man im Spätholz 4...32 Gefäße,
wobei Zahlen über etwa 20 sehr engen Jahrringen vorbehalten sind.
Eine strenge Gesetzmäßigkeit zwischen dem Flächenanteil der Gefäße
am Holzquerschnitt und der Rohwichte oder den Festigkeitseigenschaften läßt sich nicht aufstellen, jedoch gilt allgemein, daß sehr schweres
und statisch festes Holz verhältnismäßig wenig, sehr leichtes, weniger
festes Holz hingegen viel Gefäße enthält.

Zahlentafel 9. Flächenanteil der Gefäße am Querschnitt
und mechanische Eigenschaften.

Probe-körper Nr.	Flächenanteil der Gefäße in %			Roh-wichte r_0 g/cm³	Druck-festigkeit σ_{dB_0} kg/cm²	Elastizitäts-modul E kg/cm²	Bruchschlag-arbeit a mkg/cm²
	Frühholz	Spätholz	insgesamt				
T_1	14,8	0,9	15,7	0,64	1030	126 000	1,70
T_2	17,6	0,6	18,2	0,71	1050	157 000	0,87
269,5	29,7	1,7	31,4	0,56	834	87 700	0,34
240	30,8	4,3	35,1	0,48	624	74 700	0,46
T_3	33,7	1,3	35,0	0,55	808	82 000	0,25

Zahlentafel 9 gibt dafür aufschlußreiche Angaben, die den oberen
und unteren Grenzgebieten entnommen sind und die zeigen, daß einer
Verdoppelung des Gefäßanteils ein Abfall von Rohwichte und Druckfestigkeit um rund 20%, des Elastizitätsmoduls um bis zu 50% und
der Bruchschlagarbeit um bis zu 85% entsprechen kann. Gerade die

außerordentlichen Einbußen an Steifheit und Zähigkeit weisen aber darauf hin, daß dafür keineswegs nur der Gefäßreichtum verantwortlich gemacht werden darf. Dies zeigen auch Abb. 28 und 29, von denen erstere zu Zahlentafel 9 gehört; man sieht, daß dem besonders gefäßreichen, minderwertigen Holz auch sehr enge Jahrringe und ein über-

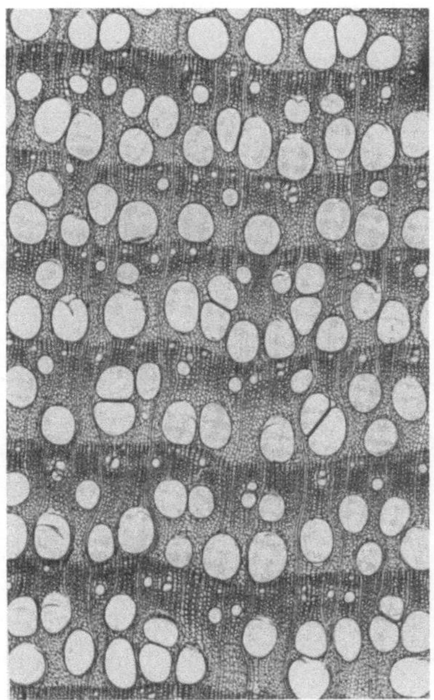

Abb. 28. Hirnschnitt durch gefäßreiches, engringiges Holz. 1 : 20. (Probe 269, Gefäßanteil 30,2%.)

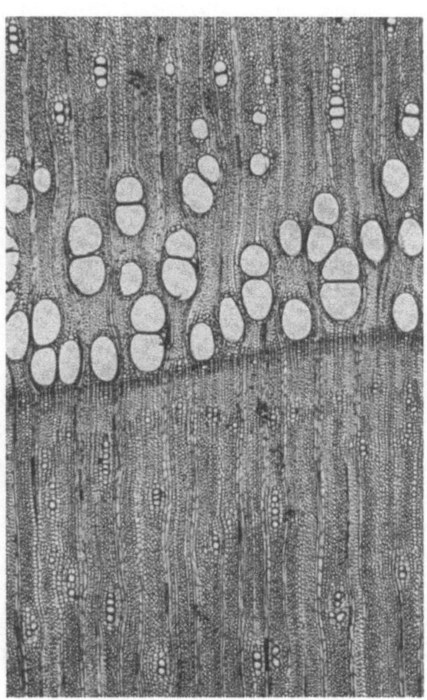

Abb. 29. Hirnschnitt durch gefäßarmes, breitringiges Holz. 1 : 20. (Probe 231, Gefäßanteil 8,3%.)

raschend lockeres Stützgewebe zu eigen sind, während das gefäßarme feste Holz breite Jahrringe und sehr dickwandige Holzfasern besitzt.

Für mehrere annähernd über den ganzen Bereich der Rohwichte von Eschenholz verteilte Stäbe wurde nach den üblichen mechanischen Prüfungen der Gefäßanteil mit Hilfe einer Integriervorrichtung bestimmt. Den Zusammenhang zwischen diesem Gefäßanteil einerseits, der Rohwichte und Druckfestigkeit anderseits zeigen Abb. 30 und 31. Obwohl die Punkte, wie zu erwarten war, stark streuen, sieht man eindeutig das Absinken von Rohwichte und Druckfestigkeit mit steigendem Gefäßanteil. Die Ausgleichgeraden sind nach der Methode der kleinsten Fehlerquadrate berechnet.

Zwischen Rohwichte r_0 [g/cm³] und Gefäßanteil g [%] besteht die empirische Beziehung:

$$r_0 = -0{,}591 \cdot g + 0{,}728.$$

Zwischen Druckfestigkeit σ_{dB_0} [kg/cm²] und Gefäßanteil g [%]:

$$\sigma_{dB_0} = -1029{,}1 \cdot g + 1125{,}1.$$

Bildet man das Verhältnis $\dfrac{\sigma_{dB0}}{100\,r_0}$, also die statische Gütezahl I_0 [km] für den Darrzustand, so erhält man z. B. für $g = 10\%$ $I = 17{,}7$ und für $g = 35\%$ $I_0 = 17{,}5$. Beide Zahlen stimmen nahezu überein und passen auch gut zu den Werten von I_0, die sich unmittelbar aus den Prüfungsdaten r_0 und σ_{dB0} ableiten lassen.

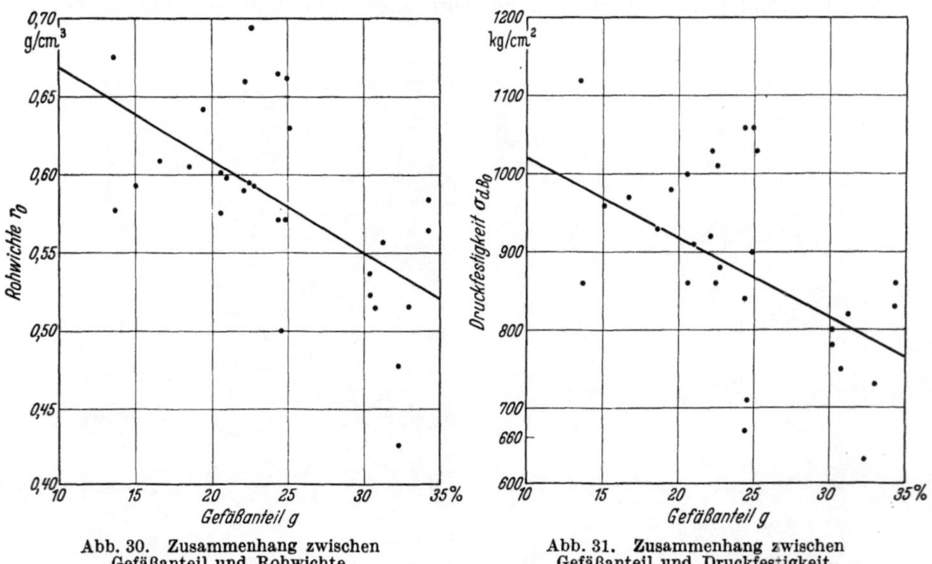

Abb. 30. Zusammenhang zwischen
Gefäßanteil und Rohwichte.

Abb. 31. Zusammenhang zwischen
Gefäßanteil und Druckfestigkeit.

Für die Länge der Gefäßglieder gibt Schneider (1896) die in Zahlentafel 10 enthaltenen Grenzwerte an:

Zahlentafel 10. Länge der Gefäßglieder.

| Gefäße | Länge in mm bei Lage | | | | | |
| | im Schaft | | in der Wurzel | | in Ästen | |
	Kleinstwert	Größtwert	Kleinstwert	Größtwert	Kleinstwert	Größtwert
Große .	0,253	0,153	0,291	0,192	0,154	0,104
Kleine .	0,275	0,132	0,286	0,154	0,148	0,121

Man sieht, daß in den Wurzeln die Gefäßglieder länger werden, während gleichzeitig ihr verhältnismäßiger Anteil wächst. Umgekehrt verringert sich im Astholz die Länge der Gefäßglieder wie die der Stützfasern. Mit dem Alter steigt die Länge der Gefäßglieder mit wenigen Ausnahmen an, und zwar bei den Frühholzgefäßen rasch, bei den Spätholzgefäßen langsam bis unmerklich. Die Sklerenchymfasern verlängern sich von innen nach außen, während sich die Leit- und Stützzellen mit der Baumhöhe verkürzen. Auch bei der Esche gilt damit ein Gesetz, das schon frühzeitig in der biologischen Holzforschung erkannt und von verschiedenen Forschern für verschiedene Bäume nachgewiesen wurde.

Die röhrenförmigen, sich oft über große Längen erstreckenden Gefäße entstehen durch Zellverschmelzung, indem die Gefäßglieder mit aufeinanderpassenden durchbrochenen Endflächen verwachsen sind, so daß ein zusammenhängender schlauchartiger Hohlraum entsteht. Die Durchbrechung (Perforation) der Endflächen ist ein wichtiges botanisches Merkmal der einzelnen Holzarten. Im Eschenholz sind die Durchbrechungen ausschließlich einfach durch eine breite runde bis ovale

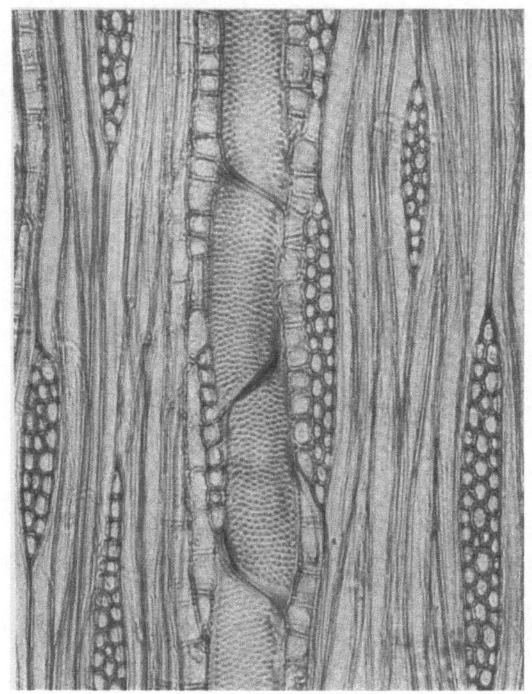

Abb. 32. Fladenschnitt durch Frühholzgefäße. 1 : 162. (Probe 258.)

Öffnung mit nur schmalem Randsaum. Die Endflächen sind im Frühholz vorherrschend waagerecht oder auch schräg geneigt (Abb. 32). Im Spätholz sind sie schief, ja senkrecht. Dabei kann es vorkommen, daß die Durchbrechungen sich nicht mehr am Ende, sondern in einer Seitenwand der Gefäßglieder finden. Diese stoßen dann nicht mehr senkrecht aufeinander, sondern sind zum Zwecke des Anschlusses gleichsam überlappt (Abb. 33, vgl. auch Abb. 43). Verdickungsleisten fehlen in den Gefäßen des Eschenholzes. Die Wände der Gefäßglieder sind mit Hoftüpfeln besät, die vorherrschend rund sind und bis etwa $5\,\mu$ Durchmesser haben. Bei sehr dichter Anhäufung kann die Wandverdickung statt kreisrund auch sechseckig sein, so daß die einzelnen Tüpfel genau aneinander passen. Die Tüpfelporen sind waagerechte oder ovale Spalten, in aufeinanderpassenden Hoftüpfeln zweier Wände auch gekreuzt. Den Stoffverkehr mit dem Holzparenchymgewebe begünstigen schwach behöfte, fast einfache Tüpfel. Auf das Vorkommen von Füllzellen in den Gefäßen des Kernholzes wurde bereits hingewiesen; es ent-

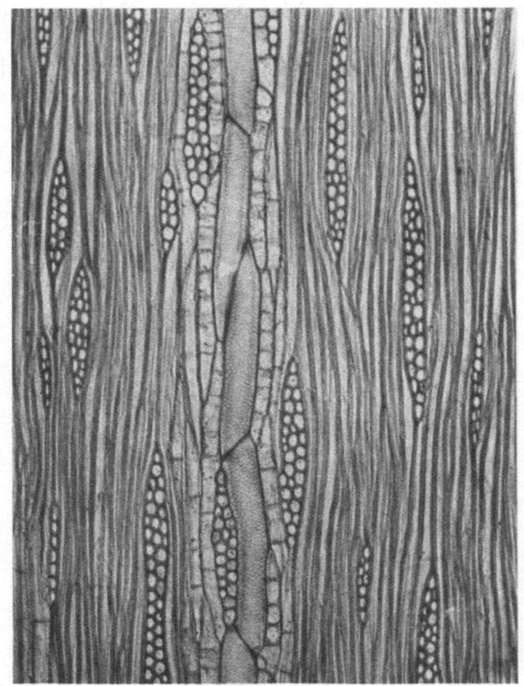

Abb. 33. Fladenschnitt durch Spätholzgefäße. 1 : 104. (Probe 436.)

stehen blasenartige Ausstülpungen an den Hoftüpfeln benachbarter Parenchymzellen.

c) Stütz- oder Festigungsgewebe.

Das Stützgewebe zerfällt in Fasertracheiden und Sklerenchym-(Libriform-) Fasern. Beide werden im Schrifttum oft als Holzfasern zusammengefaßt und gemeinsam behandelt, während sich für die Sklerenchymfasern die Bezeichnung Hartfasern einzubürgern beginnt. Im Eschenholz bilden sie die Grundmasse des Holzes und haben überragende Bedeutung für die Festigkeitseigenschaften. Dabei kommt es außer auf ihren Anteil am Gesamtgewebe vor allem auf ihre Wanddicke oder — was das gleiche besagt — ihren Lumendurchmesser an. Je dünner die Wände und je weiter die Lumina sind, desto weniger Zellwandungsmasse ist naturgemäß vorhanden und desto leichter wird das Holz sein. Es gilt hier dasselbe Gesetz wie bei den Gefäßen, jedoch in verstärktem Maße in Anbetracht der meist viel größeren Menge an Stützgewebe. Beachtung verdient, daß dünnwandige, weite Gefäße von dünnwandigen Holzfasern und umgekehrt dickwandige Gefäße von dickwandigen Holzfasern begleitet sein können, wodurch sich die Auswirkung auf die Rohwichte verstärkt; beide Erscheinungen können sich aber auch ausgleichen.

Allgemein gilt freilich, daß die im Frühholz radial aneinander gereihten Holzfasern dünnwandig sind, während die Wandungen der Holzfasern im Spätholz, wo sie etwas weniger regelmäßig eingestreut sind, kräftiger sind und bei benachbarten Zellen als Doppelwände bis zu 10 μ Dicke erreichen können (Clarke, Nov. 1932). Die Abweichungen in der Dicke sind auch innerhalb eines einzigen Jahrringes beträchtlich.

Im Längsschnitt betrachtet sind die Sklerenchymfasern etwa spindelförmig; mit der Zuspitzung gegen die beiden Enden wird die Wanddicke der Fasern geringer. Die Hoftüpfel an den Faserwänden sind sehr klein, liegen im Durchmesser unter 3 μ und haben spaltenförmige Poren. Die Dicke der Fasern liegt in der Regel zwischen 10 und 40 μ und kann in seltenen Fällen bis 47 μ erreichen; am häufigsten kommen Dicken zwischen 20 und 30 μ vor (Abb. 34). Die Länge der Hartfasern und

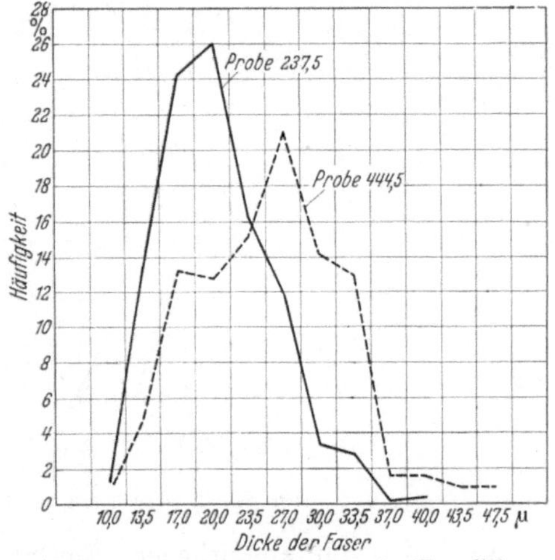

Abb. 34. Häufigkeitsverteilung der Faserdicke.

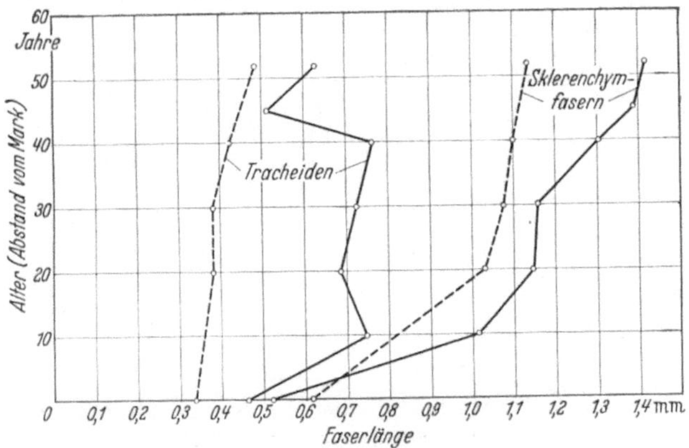

Abb. 35. Einfluß des Alters auf die Faserlänge.

Fasertracheiden hängt beim Eschenholz ebenso wie bei anderen Holzarten — wofür bereits frühzeitig durch Forscher, wie Sanio und Hartig, der Nachweis erbracht wurde — vom Baumalter und von der Höhenlage im Stamm ab. Dabei gilt als Gesetz, daß die Länge aller Zellen mit wenigen Abweichungen mit dem Alter ansteigt, daß also in einer

Querschnittscheibe die Fasern vom Mark gegen die Rinde zu an Länge
zunehmen. Mit der Höhe verkürzen sich sämtliche Gefäßglieder und
Fasern. Aus dem Zahlenstoff von Schneider wurden Abb. 35 und 36

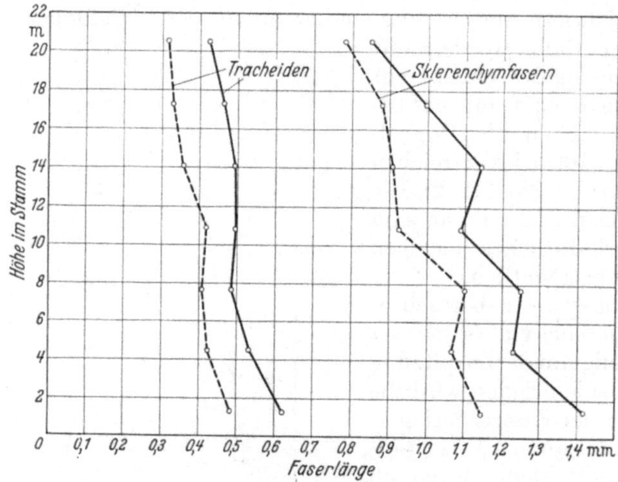

Abb. 36. Einfluß der Stammhöhe auf die Faserlänge.

entworfen. Von wesentlichem Einfluß auf die Organlänge ist die Ernährung des Baumes; daraus erklärt sich, daß auf schlechtem Standort

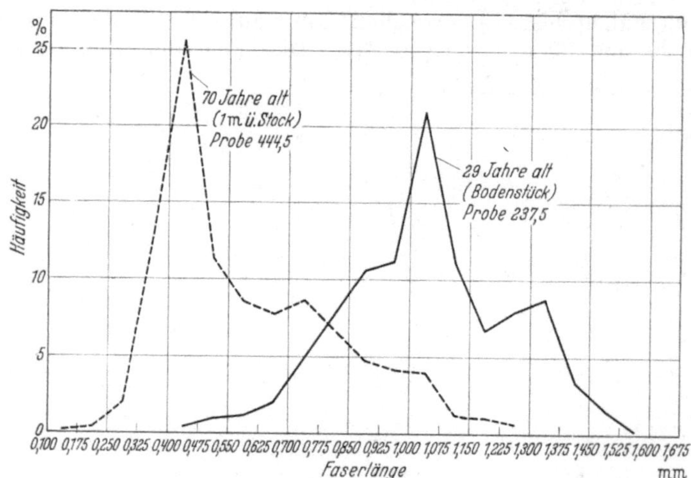

Abb. 37.] Häufigkeitsverteilung der Faserlänge bei verschieden alten Eschen.

und bei ungenügender Assimilationsmöglichkeit der Krone Holz aus
älteren Baumteilen viel kürzere Fasern aufweisen kann als jüngeres Holz,
das unter günstigeren Bedingungen erwuchs. Abb. 37 gibt ein Beispiel
in Form zweier Häufigkeitskurven, wobei die Faserlängen im älteren
Holz ganz bedeutend kürzer waren. Gleichzeitig wurde festgestellt, daß

in mechanischer Hinsicht, insbesondere in bezug auf Zähigkeit, das
Holz mit den kürzeren Fasern dem mit den längeren Fasern sehr unterlegen ist. Bei weiteren Untersuchungen ähnlicher Art ergab sich aber
keine eindeutige Beziehung zwischen der Faserlänge und den mechanischen
Eigenschaften, vielmehr wurden verhältnismäßig sehr kurze Fasern
auch bei festem und zähem Holz gefunden. Allerdings handelte es
sich dann stets um jugendliches Holz. Es scheint deshalb der Schluß

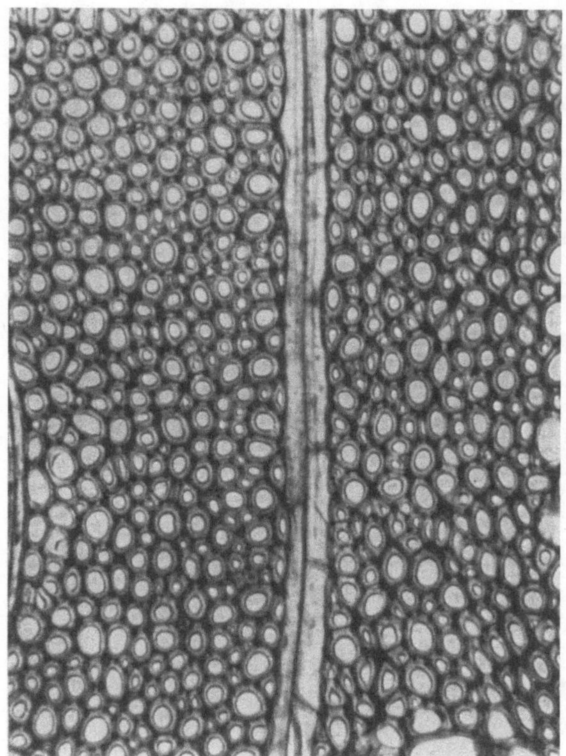

Abb. 38. Hirnschnitt durch druckfestes Holz. 1 : 250.   (Probe 427, $\sigma_{dB} = 621{,}5$ kg/cm².)

statthaft, daß besonders kurze Fasern in altem Holz mit ein Kennzeichen für mechanische Minderwertigkeit sind. Zweckmäßiger ist es
freilich, die Ursache dieser kurzen Fasern, die mangelhafte Ernährung,
in den Vordergrund zu stellen, da von ihr nicht nur die Faserlänge,
sondern auch die -dicke, der Anteil der stützenden und leitenden Gewebe
sowie ihr chemischer Aufbau, also alles Umstände, die auf die Festigkeit einwirken, abhängen. Der Gesamtbereich der möglichen Faserlängen ist beim Eschenholz ziemlich groß; er erstreckt sich von etwa
0,5...1,8 mm.   J. W. Bailey (1920) gibt für Fraxinus americana
Faserlängen von 0,29...0,96 mm bei einer Wanddicke von 2,4 μ und einem
Durchmesser von 12 μ an.

Für den Faseranteil bestimmten Huber und Prütz (1938) an
einem Eschenholzschnitt (mit 7 Meßzügen der verwendeten Integriervorrichtung) im Mittel 62,4 % (Grenzwerte 50,5 und 72,4%). Zu ähnlichen Ergebnissen gelangte French (1923) für Fraxinus americana:
Faseranteil 63,7%, Gefäßanteil 20,4% und Parenchym 4,0%; bei Fraxinus
nigra Faseranteil 69,4%, Gefäße 11,6% und Parenchym 7,4%. Ich selbst
habe den Anteil an Holzfasern nicht ausgemessen; auf mittelbarem Wege,

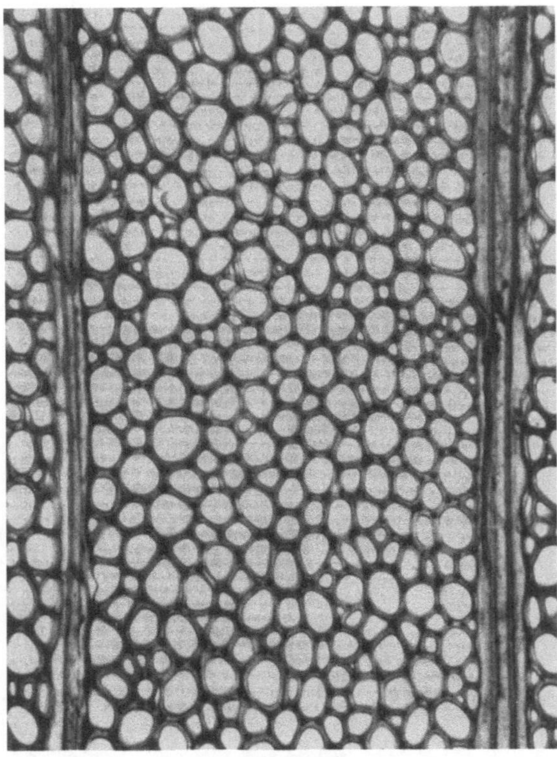

Abb. 39. Hirnschnitt durch wenig druckfestes Holz. 1 : 250. (Probe 234, $\sigma_{dB} = 448{,}1$ kg/cm².)

durch Abzug der Anteile für Gefäße und Parenchymgewebe, gelangt
man aber auch über meine Gewebebestimmungen zu ähnlichen Zahlen
und kann den Faseranteil beim Eschenholz zusammenfassend auf
45...62...73% veranschlagen.

Auf die mechanischen Eigenschaften des Holzes kann man allein
aus dem Faseranteil ebenso wie aus der Rohwichte keine unbedingt
zuverlässigen Schlüsse ziehen. Zum mindesten muß man dabei die
Dicke der Faserwandungen mit berücksichtigen; hier können ganz
außerordentliche Unterschiede vorliegen, wie Abb. 38 und 39 zeigen;
ersteres zeigt einen Querschnitt durch das Stützgewebe von druckfestem Holz, letzteres von weniger druckfestem Holz. Mehr noch als die

Dicke scheint aber die chemische Zusammensetzung der Zellwandungen die Festigkeit zu beeinflussen. Ein bemerkenswertes qualitatives Nachweisverfahren dafür hat Clarke (1935) entwickelt. Dabei werden gleichmäßige Mikroschnitte nach dem Schneiden und der Lagerung in 97%igem Alkohol auf dem Objektträger nach Verdampfen des Alkohols mit einem Tropfen Phloroglucin-Salzsäure[1] behandelt. Nach 30 Sekunden wird ein Tropfen konzentrierter Salzsäure zugefügt und das Deckglas

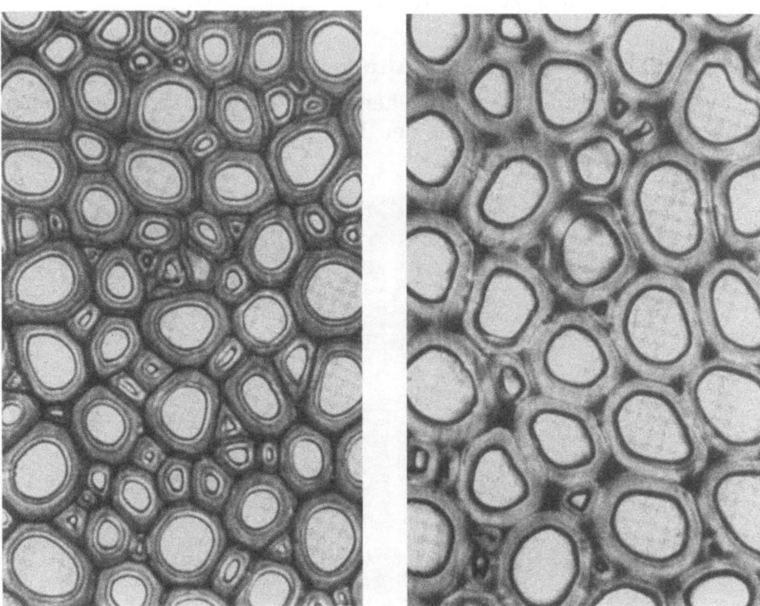

Abb. 40.   Abb. 41.
Abb. 40 und 41. Mit Phloroglucin-Salzsäure behandelte Hirnschnitte (1 : 650)
von Holz verschiedener Festigkeit. (Nach Clarke.)

aufgelegt. Präparate aus festem Holz sind dann über den ganzen Querschnitt gefärbt, und zwar nelkenfarben bis tief karmesinrot. In Schnitten aus brüchigem Holz bleiben die Fasern praktisch ungefärbt und der Farbumschlag beschränkt sich auf die Gefäßwandungen sowie das Nähr- und Speichergewebe. Dabei lassen sich alle Zwischenstufen beobachten; den ersten Übergang zu etwas festerem Holz zeigt eine Färbung der Mittellamelle an; je höherwertig das Holz dann in mechanischer Hinsicht wird, desto mehr greift die Färbung auf die Sekundärlamelle der Fasern über (Abb. 40 und 41). Bei den Versuchen von Clarke befriedigte dieses Farbverfahren sehr weitgehend (in 49 Fällen bei 54 Paaren von festem und brüchigem Holz) und erwies sich insbesondere auch bei verkernten Proben als anwendbar. Eine Erklärung läßt sich ohne weitere Forschungen noch nicht geben, zumal da von den verschiedenen Farbindikatoren für

---

[1] Hergestellt durch Lösen von 11 g Phloroglucin (kristallin) in 800 cm³ konz. Salzsäure, verdünnt auf 1500 cm³.

Lignin anscheinend nur Phlorogluzin-Salzsäure festes und brüchiges Holz abgrenzen. In der Hauptsache wird man anstreben, die Technik so zu verfeinern, daß sie die Festigkeitseigenschaften zahlenmäßig abschätzen läßt. Leider kann man neben der Druckfestigkeit längs der Faser nicht auch die Bruchschlagarbeit erfassen, jedoch eröffnet das Verfahren, worauf Clarke hinwies, die überraschende Möglichkeit, es auf Schnitte aus Bohrspänen anzuwenden, die stehenden Eschen mit dem Zuwachsbohrer entnommen wurden, und so die Festigkeit des Holzes vor dem Fällen zu beurteilen.

d) Nährgewebe (Markstrahlen und Holzparenchym).

Holzparenchym umfaßt im Eschenholz die Gefäße, namentlich die Gruppen der Spätholzgefäße; in der Regel ist dieser Parenchymgürtel

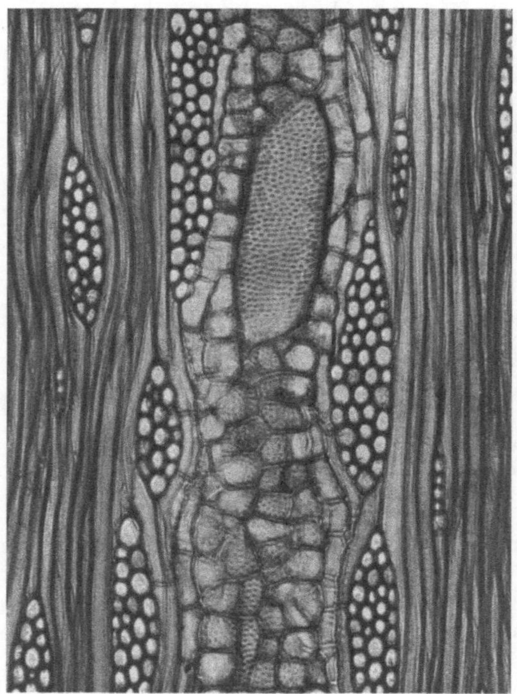

Abb. 42. Fladenschnitt. 1 : 144. (Probe 231.)

(Paratrachealparenchym) nur eine Zelle dick, außer dort, wo von den Spätholzgefäßen tangentiale Bänder (Metatrachealparenchym) ausgehen. Gelegentlich verlaufen mehrere solche Bänder konzentrisch in einem Jahrring. Die Dicke der Bänder beträgt unmittelbar an den Gefäßen meist 7...8, sonst gewöhnlich 3...4 Zellen, jedoch sind in der Dicke, Länge und Regelmäßigkeit erhebliche Schwankungen möglich. Häufig schließen Jahrringe mit parenchymatischen Zellen (Terminalparenchym) ab, wobei dann die Schichten — insbesondere wenn sie noch Gefäße ummanteln — bis zu etwa 14 Zellen dick werden können. So mannigfaltig die Ausbildung und Verteilung des Holzparenchyms im einzelnen sein kann, stets hängen diese Zellen als die Träger des Lebens im Holz untereinander zusammen und suchen auch immer wieder Anschluß an die wasserleitenden Gewebe. Die sonst derben Wände der parenchymatischen Zellen sind an diesen Stellen reichlich

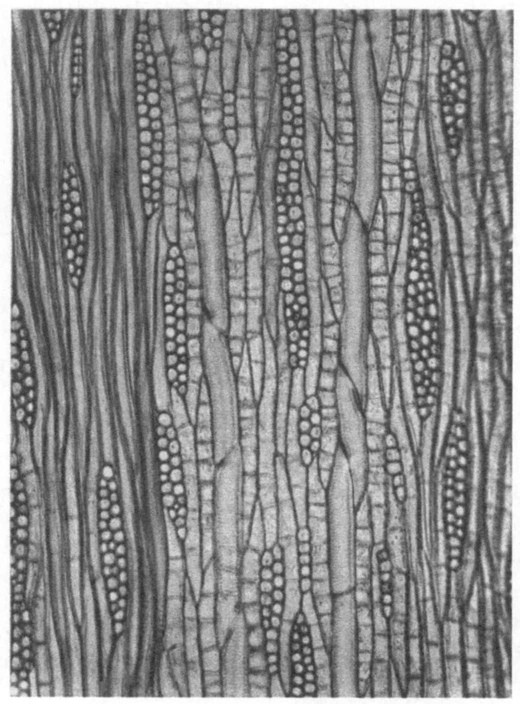

Abb. 43. Fladenschnitt 1 : 92. (Probe 436.)

getüpfelt (Abb. 42). Die Tüpfel selbst sind sehr klein, einfach und kreisrund. Die kennzeichnende, würfelige, oft mehr breite als hohe Form der kleinen Parenchymzellen und ihre Verschmelzung zu — im Tangentialschnitt — etwa spindelförmigen Gebilden, welche die Abstammung von einer Mutterzelle im Kambium deutlich machen, läßt sich an der Jahrringgrenze im Spätholz besonders gut untersuchen (Abb. 43). Die Einzelzellen haben Breiten von etwa 10 bis 55 μ. Für den Anteil des Holzparenchyms fanden Huber und Prütz (1938) bei ihren schon erwähnten Messungen an Mikroschnitten 5,7...*10,6*...15,1%.

Die Markstrahlen sind im Eschenholz meist mehrschichtig, 1...5 (ganz selten 6) Zellen breit. Dabei herrschen im jugendlichen Holz, nahe dem Markstrang, die schmalen 1...3 Zellen breiten Markstrahlen mit über 90% aller Markstrahlen vor, während im reifen Holz etwa 70% eine Breite von 2...3 Zellen haben (Clarke, Nov. 1932). Die Mark-

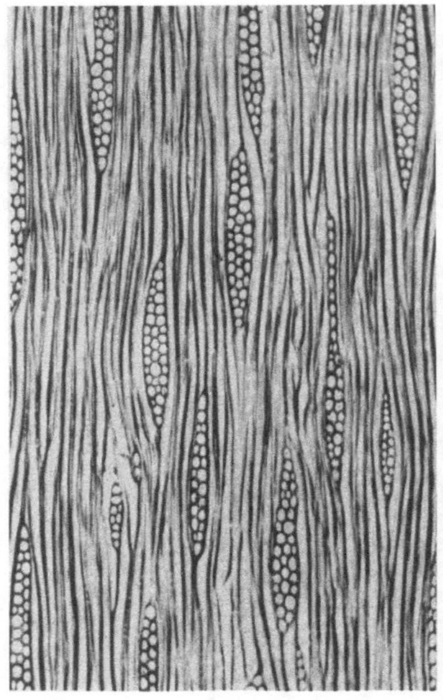

Abb. 44.˙ Fladenschnitt 1 : 75 mit 12,9%
Markstrahlanteil. (Probe 263.)

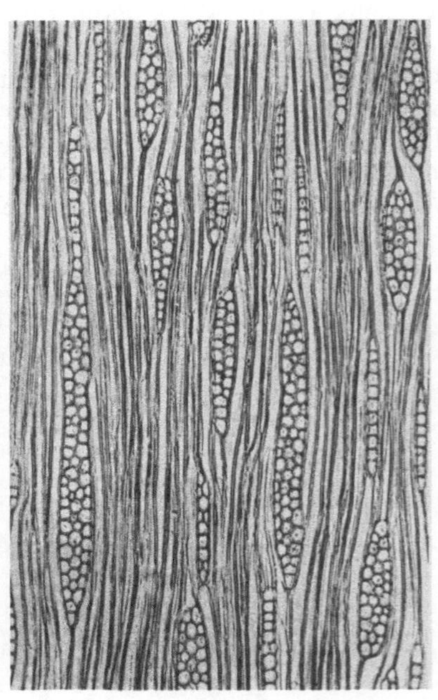

Abb. 45. Fladenschnitt 1 : 75 mit 22,0%
Markstrahlanteil. (Probe 267.)

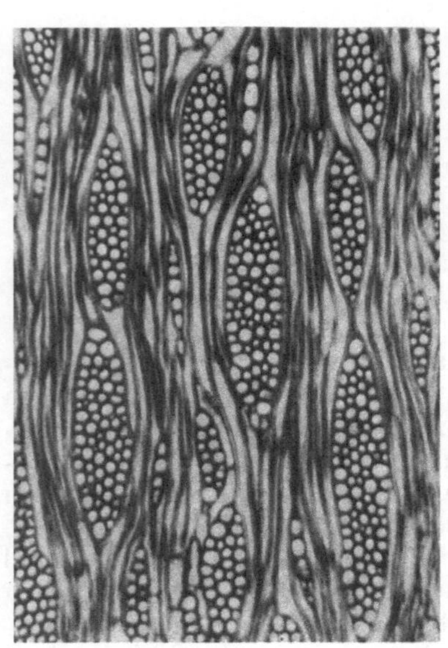

Abb. 46. Fladenschnitt 1 : 80 mit 35,7%
Markstrahlanteil. (Nach Clarke.)

strahlzellen sind 5...19 μ hoch; sie sind ziemlich dickwandig (bis 2,5 μ) und meist recht gleichförmig. Die Breite der Markstrahlzellen erreicht in der Regel bis zu 0,06 (ganz selten bis zu 0,1) μ. Ihre Höhe liegt zwischen 0,1 und 0,6 mm, im Mittel bei etwa 0,2 mm. Die Mehrzahl der Markstrahlen ist etwa 8...15 Zellenlagen hoch. Die größte bei meinem Untersuchungsstoff beobachtete Markstrahlhöhe betrug 43 Zellen (Clarke gibt dieselbe Zahl an). Höhen über 25 Zellen sind verhältnismäßig selten. In radialer Richtung sind die Markstrahlzellen prismatisch, wobei die radiale Achse bis zu 10mal so lang ist wie die längs der Faser oder tangential zu den Jahrringen. Zur Verbindung der einzelnen Zellen dienen kleine runde einfache Tüpfel. Zwischen den einzelnen Zellen treten enge — im Tangentialschnitt als dreieckige Zwickel gut sichtbar — Zwischenzellräume auf.

Je Quadratmillimeter Tangentialschnitt findet man 25...60 (im Mittel etwa 30) Markstrahlen, und zwar vorherrschend kleinere in der Nähe des Markes als im reifen Holz. Für den Markstrahlanteil bestimmten Huber und Prütz 13,9...*14,9*...16,0%. Bei Messungen an 11 Mikroschnitten von Eschenholz, die unter dem Mikroskop nach möglichst großer Verschiedenheit des Markstrahlanteils ausgesucht und dann mechanisch integriert wurden, maßen wir 12,6...*16,2*...22,0% (Abb. 44 und 45). Daß diese Grenzwerte aber auch beträchtlich überschritten werden können, zeigt Abb. 46 eines Tangentialschnittes mit außergewöhnlich großen Markstrahlen, die 35,7% Anteil am Holzgewebe ausmachen, ein Wert, der nur bei wenigen Hölzern (Maulbeerbaum) überschritten wird. Die Tatsache, daß ein so außerordentlich hoher Markstrahlanteil stets auf besonders breite Markstrahlen zurückzuführen ist (Huber und Prütz 1938), findet sich auch bei diesem Eschenholz-Außenseiter bestätigt.

5. Chemische Eigenschaften und Feinbau.

a) Elementarzusammensetzung und Asche.

Gottlieb (1883) gab für Eschenholz folgende Elementarzusammensetzung an:

49,18% C, 6,27% H, 43,98% O + H, 0,57% Asche und 0,07% N.

Die Zahlen liegen den Mittelwerten für alle Hölzer (50% C und 6,1% H) sehr nahe. Das gleiche gilt für Zahlen nach Bunbury (1925): 49,4% C und 6,1% H.

Die Esche gehört zu denjenigen einheimischen Bäumen, die besonders hohen Mineralstoffgehalt aufweisen. Ramann und Goßner (1912) fanden bei der Untersuchung dreijähriger Eschenstämmchen im Stamm und in den Wurzeln einen reinen Aschengehalt von 2,26%, in den Blättern 13,44%. Nach Angaben anderer Forscher schwankt der Aschengehalt im reifen Eschenholz zwischen 0,43 und 0,83%. Über die Aschenzusammensetzung gibt Zahlentafel 11 Auskunft.

Zahlentafel 11. Zusammensetzung von Eschenholzasche.

	CaO	MgO	Fe_2O_3	Mn_3O_4	Na_2O	K_2O	SiO_2	P_2O_5	SO_3	CO_2
(in ⁰/₀₀ des unveraschten Ausgangsstoffes)										
Fraxinus excelsior, Stamm- u. Wurzelholz[1]	6,88	1,66	0,67	0,08	0,79	6,06	2,54	2,19	0,64	—
Blätter[1]	7,67	1,42	0,02	0,02	0,16	2,55	0,74	0,95	0,40	—
(in % der reinen Asche)										
Stammholz[2]	62,14	5,88	1,81	—	5,74	13,20	2,19	6,79	2,26	—
Rinde[2]	80,17	2,35	1,24	—	1,04	8,36	1,45	3,87	1,52	—
Zweige[2]	64,40	3,11	1,66	—	1,09	17,58	1,81	8,39	1,96	—
Blätter[2]	39,45	8,13	1,11	—	0,99	18,70	2,63	22,62	7,01	—
Fraxinus americana[3]	17,68	0,45	2,92	—	0,94	39,74	7,05	2,69	8,58	23,65

[1] Nach Ramann und Goßner (1912); die Zahlen gelten für den Monat Juni.
[2] Nach Henry (1878); vgl. auch Wolff (1880).
[3] Nach White (1889 und 1890).

Zu bemerken ist, daß der Kalkgehalt der Esche außerordentlichen Schwankungen unterworfen ist und während der Zeit der Assimilation stark ansteigt. Erwähnt sei auch der reichliche Gehalt von prismatischen Kalziumoxalat-Kriställchen im Rindenparenchym (Ritter 1934).

b) Eschenholzanalysen, Zellulose, begleitende Kohlehydrate, Lignin, sonstige Bestandteile.

Die Ergebnisse der an verschiedenen Stellen durchgeführten Untersuchungen von Eschenholz auf seine Bestandteile bringt Zahlentafel 12.

Zahlentafel 12.

Holzart	Zellulose %	Pentosan %	Hemizellulosen %
Fraxinus excelsior L.[1]	44,23...46,77 (mit Salpetersäure-Alkohol)	22,64...26,74	
Fraxinus excelsior[2]	mit Pentosan 44,64 ohne Pentosan 40,24 (nach J. König)	ges. 23,68	5,70 Hexosan 19,29 Pentosan
Fraxinus excelsior[3] 90...100jährig	40...43,57		
Fraxinus americana L.[4]	(nach K. Kürschner)		
A. Splintholz	50,38	19,85	
A. Kernholz	53,56	19,90	
B. Splintholz	49,72	20,16	
B. Kernholz	53,40	19,87	
Fraxinus manshurica[5] Rupr.	53,87	19,32	2,30 Methylpentosan 0 Mannan 0,02 Galaktan

Es sei zugleich auf die folgenden Ausführungen verwiesen, die zeigen, daß die Zahlen unter Umständen stark nach dem angewandten Analysenverfahren und seinen besonderen Bedingungen schwanken.

[1] Reichsanstalt für Holzforschung Eberswalde (F. Kollmann und G. Just, unveröffentlichte Zahlen von 1938).　[2] König, J. u. E. Becker (1919).
[3] Forsttechnologisches Laboratorium der Lettländischen Universität Riga, unveröffentlichte Zahlen von E. Kaktinš, die ich Herrn Prof. Dr. Kalninš verdanke.　[4] Ritter, G. J. u. L. C. Fleck (1923).
[5] Miura, I. u. T. Nakatsuka (1938).

Man sieht, daß man für das Holz der deutschen Esche (Fraxinus excelsior L.) einen Zellulosegehalt von im Mittel 44,5% und einen Pentosangehalt von durchschnittlich 23,8% annehmen kann. Für Fraxinus americana liegen die Zellulosezahlen durchweg höher, die Pentosanzahlen niedriger. Letzteres bestätigt auch eine ältere Arbeit von de Chalmot (1894), der bei diesem Holz eine Furfurolausbeute von 8,7% fand und daraus einen Pentosangehalt von 17,5% errechnete. Innerhalb sehr weiter Grenzen schwanken die Werte für den Ligningehalt, und zwar nach eigenen Untersuchungen zwischen 21,12 und 30,35%.

Eschenholzanalysen.

Lignin %	Methoxyl %	Auszug	Asche	Sonstige Bestandteile
21,12...30,35 (mit 72% H_2SO_4)		0,13...0,54	0,45...0,61	
26,01 (mit 72% H_2SO_4)		2,24	0,83	1,30 Protein (= 6,25 · N)
22,63...23,77 (mit 40...42% HCl)		4,5...5,4 Benzol-Alk. 1:1		
26,95	4,70	5,81 H_2O kalt 6,41 H_2O heiß 1,17 Äther	0,61	In der Zellulose α β γ 74,67 13,67 11,66
27,39	5,36	2,24 H_2O kalt 3,40 H_2O heiß 0,43 Äther	0,30	64,68 24,58 10,84
27,39	5,66	5,25 H_2O kalt 7,02 H_2O heiß 1,88 Äther	0,57	55,11 28,29 16,50
28,38	5,20	2,12 H_2O kalt 4,46 H_2O heiß 0,46 Äther	0,32	42,45 33,22 24,33
21,25	5,95	2,16 H_2O kalt 2,93 H_2O heiß 1,85 Alk.-Benzin	0,46	71,59 19,01 9,40 0,75 Protein

Es muß allerdings darauf hingewiesen werden, daß auf die Ligninausbeute das Analysenverfahren einen besonders starken Einfluß hat. König und Becker (1919) fanden, nach vier verschiedenen Verfahren arbeitend, folgende Werte für den Ligningehalt von Eschenholz in Prozent:

Mit 1% HCl 6...7 h	Gasförmig HCl (nach Krull)	72% H_2SO_4 bei gewöhnlicher Temperatur	42% HCl
26,71	25,90	19,59	26,01

Bemerkenswert ist der geringe Ligningehalt, der mit 72%iger Schwefelsäure erhalten wurde. Bei anderen Holzarten, z. B. Birke, Buche, Erle, Pappel, Weide und Kiefer ergaben alle vier Verfahren sehr gut übereinstimmende Ergebnisse.

Sehr erheblich ist bei Harthölzern in Anbetracht ihres großen Anteils an leicht hydrolysierten Kohlehydraten der Einfluß der Temperatur auf die Ligninausbeute. Arbeiten von Bamford und Campbell (1936) ergaben folgende Zahlen für Eschenholz (mit 72% H_2SO_4):

Bei 15...20⁰			Bei 33⁰		
Ligningehalt %	Methoxyl %	Methoxyl bezogen auf Lignin %	Ligningehalt %	Methoxyl %	Methoxyl bezogen auf Lignin %
24,75	4,92	19,88	28,88	5,05	17,48

Auch die Abhängigkeit des Methoxylgehaltes von der Lage der Eschenholzproben im Baum ist schon untersucht worden (Benedikt und Bamberger 1890). Späne vom Stamm ergaben 5,57%, Späne von den Zweigen 6,25%. Dies weist auf einen höheren Ligningehalt in den Ästen hin, ein Befund, der auch von anderer Seite bestätigt wurde, z. B. von Jayme und Blischnok[1] für Kiefernholz. Einen Beitrag zur Konstitution des Eschenholzlignins sowie seines Azetyl- und Azetyl-Methylabkömmlings lieferten Powell und Whittaker (1924 und 1925).

Umfangreiche Beobachtungen liegen schließlich über die löslichen Bestandteile des Eschenholzes vor (vgl. Zahlentafel 12). Nach Thomson (1879) — der die aus fein geraspeltem Holz durch 24stündige Behandlung mit Wasser bei gewöhnlicher Temperatur, anschließender Behandlung mit heißem Wasser, Alkohol, Äther, Wasser, Ammoniakwasser und nochmals Wasser ausgelösten Stoffe „Holzgummi" bezeichnet — nimmt der Gehalt von außen nach innen im Stamm zu, und zwar fand er bei Esche nächst dem Bast 9,7%, nächst dem Markstrang 10,7%. Über die wasserlöslichen Anteile der Rinde von Fraxinus excelsior berichteten Buston und Hopf (1938). Die Rinde von im Winter geschnittenen Zweigen 12 Jahre alter, in Sussex gewachsener Eschen enthielt 8% wasserlösliche Bestandteile, die zum größten Teil aus Galaktose bestehen. Stärke, Glukose und Fruktose konnten darin nicht nachgewiesen werden. Gefunden wurden weiter 7% Pektin und 20% Hemizellulosen (mit 4% Natronlauge in der Kälte ausgezogen). Der Cross-Bevan-Zellulosegehalt betrug 32,5%, wovon 7,9% Xylane sind. Für Lignin wurden nur 16,5% gefunden, ein Wert, der aber nicht überrascht, da es sich um so jugendliches Holz handelte.

c) Feinbau.

Über den Feinbau, d. h. die Gestaltung des submikroskopischen kristallinen Zellulosegerüstes von Eschenholz liegen einige Mitteilungen

---

[1] Jayme, G. u. B. Blischnok: Über die chemische Zusammensetzung der verschiedenen Anteile des Kiefernholzes, Holz als Roh- und Werkstoff Bd. 1 (1938) S. 538.

vor. Pieńkowski (1930) wies auf den kennzeichnenden Unterschied der Röntgen-Faserdiagramme von Eschenfrühholz und -spätholz hin und besprach auch den verschiedenen Einfluß der Jahrringbreite bei ringporigen Laubhölzern wie Esche und Ulme einerseits sowie bei Nadelhölzern anderseits. Aus seinen von Barbara Schmidt (1931) weitergeführten Arbeiten lassen sich folgende Schlüsse ziehen, die in Überein-

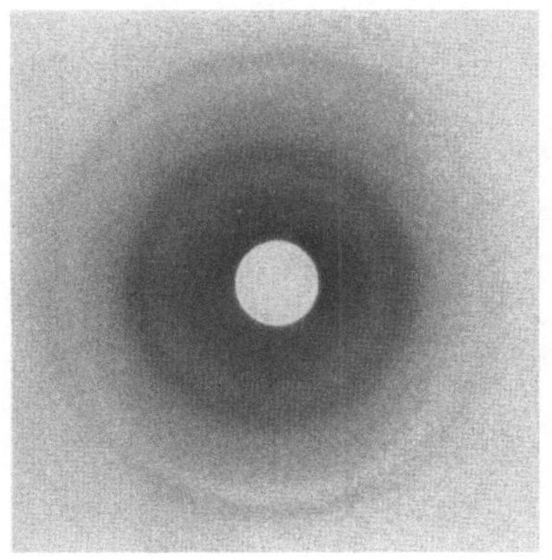

Abb. 47. Röntgendiagramm von Frühholz, dünner Schnitt.

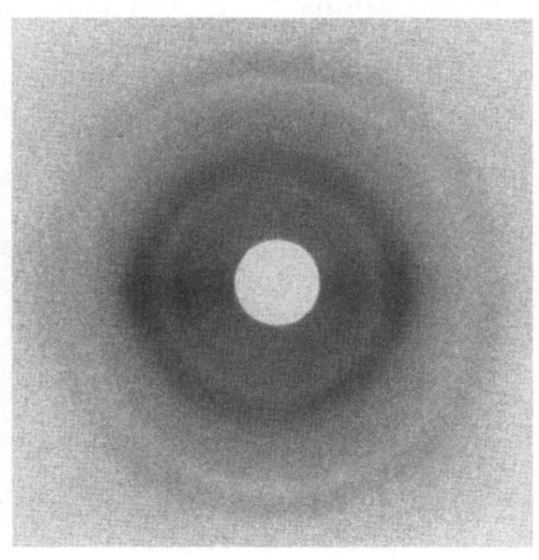

Abb. 48. Röntgendiagramm von Frühholz, dicker Schnitt.

stimmung mit Beobachtungen von Clark, Ritter und Sisson[1] stehen: Spätholz zeigt, wie nach dem mikroskopischen Gefüge zu erwarten ist, deutlichere Interferenzen als Frühholz; die Gleichrichtung der Micelle ist somit im Spätholz eine bessere als im Frühholz. Da in breiten Jahrringen bei ringporigen Hölzern wie Esche, Ulme und Hickory das Spätholz in der Regel sehr breit, umgekehrt aber bei den Nadelhölzern schmal ist, ergibt sich hieraus ein abweichendes Verhalten beider Holzgattungen; in breiten Jahrringen von Esche besitzt demnach die Hauptmasse des Holzes eine gute Gleichrichtung der Zellulose-

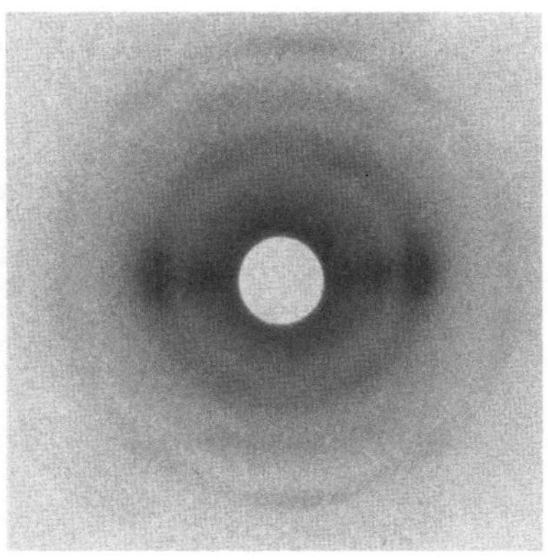

Abb. 49. Röntgendiagramm von Spätholz, dünner Schnitt.

kristallite, während beispielsweise bei Kiefernholz in breiten Jahrringen ein größerer Anteil weniger gut gleichgerichteter Micelle vorhanden ist. Je besser die Gleichrichtung ist, desto höher liegt aber die Zugfestigkeit der betreffenden Probe (Schmidt, 1931). Im selben Sinne wirkt sich auch die größere Rohwichte des Spätholzes aus (s. S. 96). Man sieht also, daß Micellgleichrichtung, Rohwichte und Zugfestigkeit

---

[1] Clark, G. L.: Cellulose as it is completely revealed by X-Rays. Ind. Engng. Chem. Bd. 22 (1930) S. 474.

sehr eng miteinander verknüpft sind und rückt somit auch unter dem Gesichtswinkel des Feinbaues die mechanische Überlegenheit breiter Jahrringe bei Eschenholz ins rechte Licht.

Faserdiagramme von Eschenfrüh- und -spätholz zeigen Abb. 47...49. Die Intensitätsverteilung längs des Äquators weisen die Mikrophotometer-

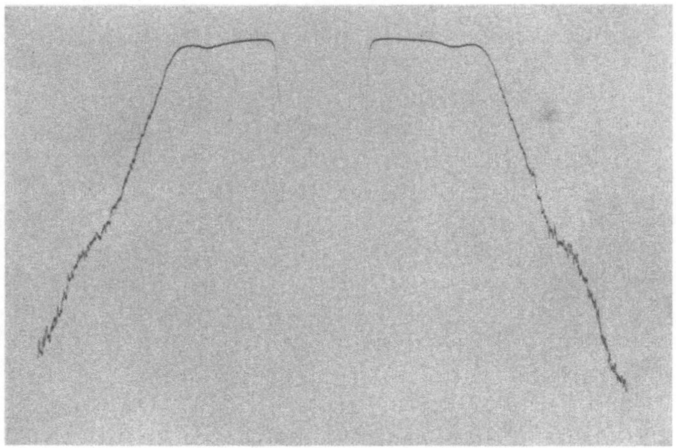

Abb. 50. Photometerkurve zu Abb. 47.

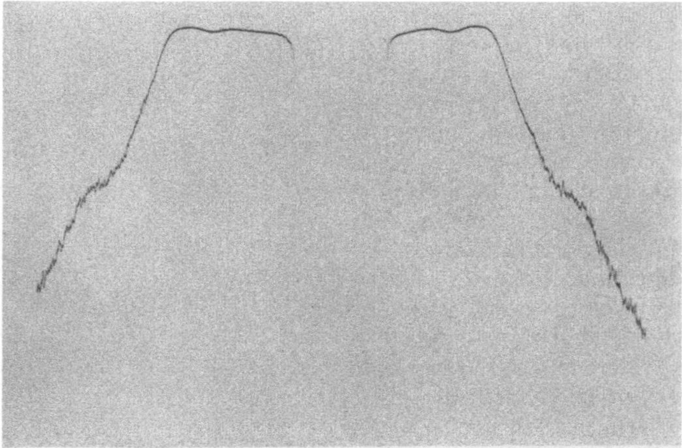

Abb. 51. Photometerkurve zu Abb. 48.

kurven Abb. 50...52 auf. Die beiden ersten Aufnahmen und ihre Intensitätskurven lassen den Einfluß der Präparatabmessungen erkennen. Bei dem dickeren Schnitt ist die Gleichrichtung eine wesentlich bessere, vermutlich weil Spätholzzellen miterfaßt wurden. Innerhalb eines Jahrringes hat also das ältere Holz eine bessere Micellorientierung. Auf den Stamm läßt sich dieses Gesetz aber anscheinend nicht übertragen, denn nach Untersuchungen von Nagasawa (1937) ist die Gleichrichtung der

Kristallite im jugendlichen Holz nächst dem Mark vollkommener als im reifen nächst dem Kambium. Nagasawa hat auch die Absorption von Röntgenstrahlen in verschiedenen Hölzern, darunter japanischen Eschenarten, gemessen.

Betrachtet man Abb. 49 näher, so fällt auf, daß neben den Intensitätshöchstwerten auf dem Äquator noch symmetrische Interferenzen auf

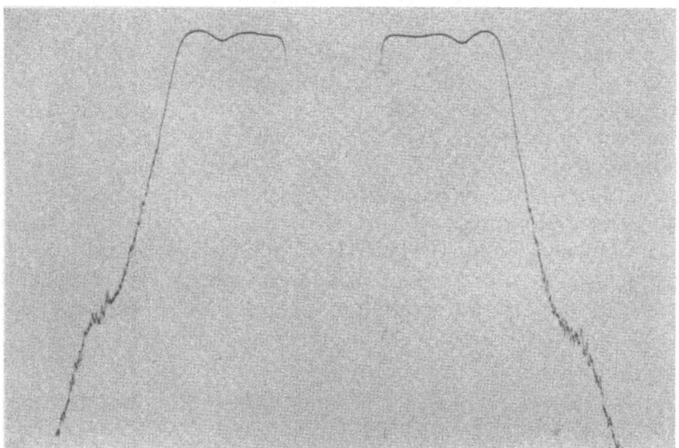

Abb. 52. Photometerkurve zu Abb. 49.

anderen Achsen vorhanden sind. Schematisch zeigt Abb. 53 die Verhältnisse. Die Maxima $A—A$ rühren von Kristalliten her, die sehr genau parallel zur Faserachse liegen, während die Interferenzen $B—B$ und $C—C$ erscheinen, wenn die Micelle zwar zueinander parallel geordnet, jedoch gegen die Längsachse der Holzfasern in einem Winkel geneigt sind. Das gleichzeitige Auftreten dieser verschiedenen Beugungen zusammen mit dem Überwiegen der Schwärzungen auf dem Äquator weist darauf hin, daß im Eschenspätholz die meisten Kristallite nahezu parallel zur Faserachse verlaufen. Nur dünne äußere Lamellen sind aus spiralig sich kreuzenden Fibrillen aufgebaut (vgl. S. 34). Dieses Bauschema ist im Pflanzenreich weit

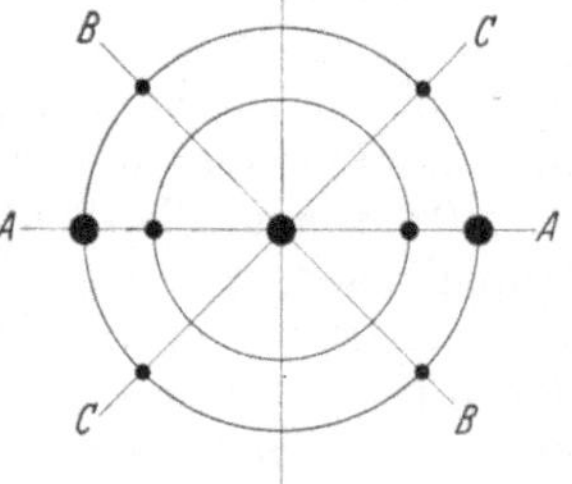

Abb. 53. Röntgendiagramm, schematische Darstellung.

verbreitet, da es besonders zweckmäßig hinsichtlich Festigkeit und Spannungsausgleich ist. Für die weitlumigen Gefäße ringporiger Hölzer liegt eine Sonderuntersuchung vor, die in der Sekundärwand einen sehr flachen Schraubengang nachweist. Während dieser in der Regel einheitlich ist, wurde von Preston (1939) für Fraxinus und Sassafras als seltene Ausnahme eine verschiedene Micellorientierung in der Sekundärwand festgestellt.

6. Feinde des Eschenholzes, Dauerhaftigkeit, Schutz, Trocknung und Dämpfen.

a) Tierische Feinde der Esche und des Eschenholzes.

Die tierischen Feinde der Esche und des Eschenholzes seien nachstehend nach Heß-Beck (1927) zusammengestellt, wobei folgende Schädlichkeitsgrade unterschieden und bezeichnet werden: sehr schädlich +++, schädlich ++, merklich schädlich +. Weiter besagt ein L, daß die Larve, ein I, daß das vollkommene Insekt (Imago) der allein schädliche Stand ist. Die geklammerten Zahlen geben die Hauptfraßmonate an; wo erforderlich, ist die Schwärmzeit vermerkt. Ein K oder B weist schließlich darauf hin, daß es sich vorwiegend oder ausschließlich um einen Kultur- bzw. Bestandesschädling handelt. Forstliche Schutzmaßnahmen werden im folgenden nicht behandelt, jedoch werden, um das Schrifttum über die Esche und ihr Holz möglichst vollständig zu erfassen, die einschlägigen Sonderarbeiten auf dem Gebiete der Forstschädlinge und des Forstschutzes aufgenommen, soweit sie die Esche betreffen.

Wurzeln.

+++ Melolontha vulgaris, Feldmaikäfer, und Melolontha hippo‑castani, Waldmaikäfer, L (4...10) K.

(+)++ Gryllotalpa vulgaris, Maulwurfsgrille, Werre, I (4...10) K.

++ Verschiedene Schnellkäfer: Corymbites aeneus, Elater (Dolopius) marginatus, Elater (Athous) niger, Agriotes aterrimus, L (Drahtwürmer) (4...10) K.

Rinde, Bast, Splint.

++ Hylesinus fraxini, kleiner (bunter) Eschenbastkäfer. Schwärmzeit 4...5 B. Befallen werden Bäume jeden Alters, auch berindete Stamm- und Spalthölzer werden angenommen. Das Fraßbild besteht aus deutlich in den Splint eingreifenden, sehr regelmäßigen doppelarmigen Quergängen, 6...10 cm lang, die dichtgedrängten etwa 4 cm langen Larvengänge verlaufen nahezu rechtwinklig zum Muttergang und gehen gleich den Puppenwiegen tief in den Splint hinein. Durch den nach der ersten Eiablage der Käfer erfolgenden Regenerationsfraß kommt es häufig zur Bildung krebsähnlicher Grindstellen an der Rinde („Rindenrosen"). Schrifttum: Keller 1885 und 1916; Henschel 1880 und 1886; Pachmajer 1891; Heß 1895; Knoche 1900, 1904...1908; Hunziker 1912; v. Geyr 1924 und 1925; Fischer 1930; Seifert 1932.

+ Hylesinus crenatus, großer (schwarzer) Eschenbastkäfer, Schwärmzeit 4...5 (7?), B, Schrifttum: Koerber 1875; Altum 1876 und 1879: Nitsche 1881.

+ Anisandrus dispar, ungleicher Holzbohrer, Schwärmzeit 4...5 B.

+ Platypus cylindrus, Eichenkernkäfer, befällt Eschenholz selten, schädigt es technisch, Schwärmzeit 7.

(+) Cerambyx cerdo, großer Eichenbock, über angebliches Vorkommen in Eschen berichtete Keller 1885, L (3...10).

+ Vespa crabro, Hornisse I (6...10) K, B (Schälschäden an jungen Stämmen).

+ Lasius flavus, Rostameise I (4...8) K.

(+) Cossus cossus, Weidenbohrer (Schmetterling) L (7...10, 3...10, 3...5) B.

(+) Zeuzera pyrina, Blausieb (Schmetterling) L (8...10, 3...10, 3...6) B.

Knospen und Triebe.

++ Prays curtisella, Eschenzwieselmotte, L (10, 3...5) K. Die Raupen der zweiten Brut bohren sich Anfang Oktober in die Terminalknospen der Eschentriebe, überwintern hier und setzen im Frühjahr den Fraß fort. Die Knospe kann sich nicht mehr zum Höhentrieb entwickeln, und es entsteht Zwieselbildung (s. S. 5). Schrifttum: Borgmann 1887, 1891 und 1893; Altum 1888.

+ Cionus fraxini, Eschenrüsselkäfer, I (4...5) B. Schrifttum: Judeich 1869; Schmidt 1885; Boas 1897.

+ Lecanium corni, Schildlaus (4...5).

Laub.

+ Othiorrhynchus niger, großer schwarzer Rüsselkäfer, I (5) B.

+ Cionus fraxini, Eschenrüsselkäfer, I (Käferfraß im allgemeinen schädlicher als Larvenfraß) (4...5) B.

+ Lytta vesicatoria, spanische Fliege, I (6) B.

+ Zeuzera pyrina, Blausieb (Schmetterling) L (8...10, 3...10, 3...6) K.

+ Pemphigus nidificus, Eschenlaus, schädlich ist die ungeflügelte Stammgeneration (Fundatrix) (4...5) B.

b) Pilze und Bakterien als Feinde des Eschenholzes.

Die Zusammenstellung der pflanzlichen Schädlinge schließt sich ebenfalls an Heß-Beck (1930) an, wobei die gleichen Zeichen für den Schädlichkeitsgrad wie bei den tierischen Feinden gebraucht sind.

Rinde.

++ Nectria ditissima, Laubholzkrebs.

(+) Bakterienkrebs (von Noack 1893 und von Geyr als Ursache von Eschenrindenrosen angesprochen).

Holz.

++ Schlinggewächse (in Auewäldern insbesondere Clematis vitalba, gemeine Waldrebe, und Humulus lupulus, wilder Hopfen.

++ Polyporus applanatus, flacher Röhrenschwamm (verursacht Weißfäule).

++ Polyporus squamosus (verursacht Weißfäule).

++ Polyporus hispidus.

++ Nectria ditissima, Laubholzkrebs.

+ Agaricus squarrosus.

Zweige und junge Triebe.

+ Viscum album, gemeine Mistel (befällt die Esche selten).

Blätter.

(+) Phyllactinia suffulta, Mehltau.

c) Korrosionseigenschaften.

Eschenholz gehört, wie im nächsten Abschnitt noch näher gezeigt wird, in die Gruppe der „ziemlich dauerhaften" Hölzer. Seine Widerstandskraft gegen chemische Einwirkungen ist beachtlich. Bei Versuchen von Mörath (1933) erwiesen sich Eschenholzstäbe als „genügend beständig" bei 300stündiger Lagerung in 2%igem Ammoniak und 2%iger Natronlauge. Selbst in 5%iger Natronlauge konnte noch das Urteil „ziemlich beständig" abgegeben werden; wenig beständig war das Holz erst bei der höheren Konzentration von 10%. Im sauren Bereich waren die Ergebnisse noch bessere: „Praktisch vollkommen beständig" waren die Eschenstäbe gegen Essigsäure (2...5%), gegenüber Milchsäure (bis 10%), gegenüber 2%iger Salzsäure und 2%iger Schwefelsäure, „genügend beständig" gegenüber 10%iger Essigsäure, bis 5%iger Salpetersäure, 5%iger Salzsäure. Selbst 10%ige Salpeter-, Salz- oder Schwefelsäure schädigten das Holz bei Raumtemperatur kaum, so daß es auch hier als „ziemlich beständig" gelten kann.

Dieses Verhalten rechtfertigt die Verarbeitung von Eschenholz im chemischen Apparatebau (Ramstetter 1936). Insbesondere wird es zu Filterrahmen und Filtertrommeln genommen, sowie für photochemische Apparate, wo besonderer Wert auf Harzfreiheit gelegt wird.

d) Natürliche Dauerhaftigkeit, Schutz, Oberflächenbehandlung und Feuerwiderstand von Eschenholz.

Gleich Buche und den meisten Nadelhölzern zählt Eschenholz zu den „ziemlich dauerhaften" Hölzern. Die Angabe von Zahlenwerten für die Lebensdauer unbehandelten Eschenholzes ist aber eine schwierige Sache, da zu viel Zufälligkeiten eine Rolle mitspielen. Auf Grund der im Schrifttum verstreuten Mitteilungen lassen sich etwa folgende Zahlen für die mutmaßliche Lebensdauer von Eschenholz nennen:

```
Im Freien ungeschützt stehend  . . . . 15...40...65 Jahre
Im Freien unter Dach . . . . . . . . . 30...65...95    „
Immer trocken . . . . . . . . . . . .  bis 800         „
```

Hartig, der Pfähle in eine Reitbahn einrammen ließ und beobachtete, wann sie an der Erdgrenze durchgefault waren, fand, daß dies bei Ulme und Esche nach 8 Jahren der Fall war. Gleich dauerhaft waren bei diesen Versuchen nur die Nadelhölzer sowie Esche und Robinie, während die meisten anderen Laubhölzer (darunter Rot- und Weißbuche, Birke, Erle, Ahorn usw.) bereits nach 5 Jahren abgefault waren. Die verhältnismäßig hohe Dauerhaftigkeit des Eschenholzes an der Luft, selbst unter ungünstigen Bedingungen, kann somit als erwiesen gelten. Um so überraschender ist die geringe Haltbarkeit unter Wasser. Während hier beispielsweise Ulmen-, Eichen-, Weißbuchen-, Robinien-, Lärchen- und Kiefernholz länger als 500 Jahre unzerstört bleibt, ist das Holz der Esche gleich dem der Birke, Linde, Pappel, Weide und Ahorn weniger als 20 Jahre haltbar.

Bei der Verwendung des Eschenholzes zu Fahrzeug-, Flugzeug- und Maschinenteilen, Turn- und Sportgeräten sowie Möbeln spielt die Dauerhaftigkeit nur eine untergeordnete Rolle, da diese Erzeugnisse nicht unbehandelt und ungewartet dauernd der atmosphärischen Luft ausgesetzt sind. Dazu kommt, daß die gefährlichsten tierischen und pflanzlichen Feinde des Eschenholzes im Wald heimisch sind, also das Rohholz und nicht das Fertigerzeugnis bedrohen. Ein in die Tiefe gehender Schutz durch Tränkung — wie er bei Eisenbahnschwellen, Telegraphenstangen, Bauholz usw. nötig ist — erübrigt sich deshalb beim Eschenholz. Lediglich für einen wirksamen Oberflächenschutz, dessen Hauptaufgabe die Sperrwirkung gegen Feuchtigkeit ist, muß man Sorge tragen. Dieser Oberflächenschutz richtet sich wieder ganz nach dem Gegenstand; Stiele und Teile von landwirtschaftlichen Geräten bleiben oft ganz unbehandelt. Besser ist es, sie in heißes Leinöl zu tauchen. Auch Schneeschuhe werden mit heißem Leinölfirnis bis zur Sättigung eingelassen. Für Faltboot- und Flugzeugteile ist zweimaliger Anstrich mit Bootslack zu empfehlen. Flugzeug-Schutzanstriche müssen witterungsbeständig sein und dürfen den Werkstoff nicht angreifen. Sie sollen schnell trocknen, gut haften, lichtfest und giftfrei sowie temperaturbeständig von —50 bis +70° sein. In Frage kommen Öl-, Zellulose- oder Kunstharzlacke. Teile, die verleimt werden, dürfen auf keinen Fall mit Firnis oder Öllacken behandelt werden.

Sportgeräte werden häufig zunächst porengefüllt, dann grundiert, mit Nitrozelluloselack spritzlackiert und schließlich mit Flatterscheiben geschwabbelt. Einen glasharten durchsichtigen Überzug auf dem naturfarbenen Eschenholz (z. B. für Sitzbanklatten im Waggonbau) erzielt man durch das allerdings etwas umständliche Lackpolieren. Die fertigen Stücke werden zunächst mit einem Porenfüller geschlossen, dann mit feinem Glaspapier geschliffen, hierauf mit Zelluloselack gespritzt, erneut mit Schleifflüssigkeit geschliffen, nochmals mit Öllack gespritzt, wieder geschliffen, nachher maschinell grundpoliert und zum Abschluß von Hand auspoliert. Einfacher ist das Lackieren mit folgenden Arbeitsgängen: Porenfüllen — Schleifen — Spritzlacken — Lackverteiler aufbringen — nach Fertigeinbau mit dem Pinsel Lackieren. Auch Beizen und Bleichen (letzteres bei dunkelgefärbtem, z. B. rötlichem Eschenholz mit Oxalsäure) ist üblich.

Abschließend sei kurz über die Entzündlichkeit und Brennbarkeit von Eschenholz gesprochen. Da seine Rohwichte verhältnismäßig hoch ist, darf eine geringe Entzündlichkeit erwartet werden. Metz (1936) ermittelte beispielsweise mit dem Zündwertprüfer von Jentzsch bei Eschenholz einen Zündverzug von 250 s, während der entsprechende Wert für Kiefernholz nur 125 s war. Die höchste Brenngeschwindigkeit betrug bei Abbrennversuchen von Holzstäben mit $4 \cdot 20 \cdot 100$ mm in einem kleinen Feuerrohrgerät für Eschenholz 60%/min; bei Kiefer war sie gleich hoch. Allerdings handelt es sich bei dieser Esche um ein ungewöhnlich leichtes Stück mit einer Rohwichte von nur 0,55 g/cm³. Allgemein betrachtet besitzt Eschenholz eine hohe Widerstandsfähigkeit gegen Entzündung, brennt jedoch, einmal entflammt, unter großer Wärmeentwicklung ab. Wir finden das allgemeine Gesetz bestätigt, daß sich mit der Rohwichte der Hölzer die Entzündlichkeit verringert, der Heizwert erhöht. Daneben spielen anatomische, aber auch chemische Umstände eine Rolle ; dies geht z. B. aus Versuchen von Schäfer (1931) mit Holzmehlen (darunter von Eschenholz) im Zündwertprüfer von Jentzsch hervor. Von Bryan und Doman (1940) stammen weitere Mitteilungen über die Brennbarkeit von Eschenholz: Sie fanden mit einem Gerät, ähnlich dem von Schlyter entwickelten, für Eschenholz einen Zündverzug von 350 s (den gleichen Wert noch für Gelbbirke, Zuckerahorn, Eibe). Die Zeit, bis eine Flamme, über der eine waagerechte Holzplatte beim Versuch kreiste, diese durchbrannte, war für Esche, Douglasie, Walnuß, Birke, Ulme und Lärche, um nur einige Hölzer herauszugreifen, die gleiche. Die Brenngeschwindigkeit war bei Eschenholz, Roteiche, Birke, Ulme, Buche und mehreren Nadelhölzern gleich groß. Zusammenfassend reihen die obengenannten Forscher Esche mit Robinie, Buche, Eiche und Eibe in die Klasse der Hölzer mit hoher Widerstandskraft gegen Feuer ein. Mit sehr hoher Widerstandskraft stehen darüber nur einige Tropenhölzer, z. B. Grünherz, Jarrah, Karri, Teak, während alle anderen Hölzer mittlere, niedrige, sehr niedrige oder, wie Balsa, ungewöhnlich niedrige Widerstandskraft gegen Feuer besitzen.

e) Trocknung von Eschenholz.

Als verhältnismäßig hartes und dichtes Laubholz erfordert Eschenholz bei der natürlichen Trocknung sehr lange Zeiten — in der Industrie rechnet man mit bis zu 5 Jahren —, bei der künstlichen große Vorsicht und Erfahrung. Mit Rücksicht auf die Knappheit des Eschenholzes, seine unbedingt nötige rasche Weiterverarbeitung und nicht zuletzt aus Güterücksichten sollte heute nur mehr künstlich getrocknet werden bzw. die natürliche Trocknung lediglich als Vortrocknung dienen. Ohne im Rahmen dieses Buches auf Einzelheiten der Trocknung eingehen zu wollen[1], seien nur einige Richtlinien für ihre zweckmäßige Leitung gegeben.

Für die Einstellung der Temperatur und relativen Luftfeuchtigkeit haben Bateson und Hodge (1938) auf Grund mehrjähriger praktischer Versuche Tafeln ausgearbeitet. Auf Eschenholz sind ihre in Teil A der Tafel 13 zusammengestellten Bedingungen anwendbar. Sie gelten für Holz normaler, mittlerer Beschaffenheit, üblichen Einschnitt auf dem Gatter und Dicken bis zu 5 cm. Soll dickeres Holz getrocknet werden, so sind die relativen Luftfeuchtigkeiten in jeder Stufe um 5% zu erhöhen. Besteht ein Stapel nur aus Hölzern mit aufrechtstehenden Jahrringen, dann dürfen die Temperaturen um $2^1/_2{}^0$ je Stufe gesteigert werden.

---

[1] Die neuesten wissenschaftlichen und praktischen Erfahrungen der künstlichen Holztrocknung findet man dargestellt bei F. Kollmann: Technologie des Holzes. Berlin: Julius Springer 1936. — Schlüter, R. u. F. Fessel: Neue praktische Erfahrungen bei der künstlichen Holztrocknung. Trockentechnik. Holz als Roh- und Werkstoff, Bd. 2 (1939) S. 169 und Kosten und Wirtschaftlichkeit der künstlichen Holztrocknung, Bd. 3 (1940) S. 109.

Zahlentafel 13. **Temperatur und relative Luftfeuchte während der Trocknung von Eschenholz.**

	A. Steigende Temperatur ° C			B. Gleichbleibende Temperatur 65° am Trockenthermometer	
Holzfeuchtig-keit %	Trocken-thermometer °	Naß-thermometer °	Relative Luftfeuchte %	Naß-thermometer °	Relative Luftfeuchte %
60	48,8	45,0	80	62,5	89
40	51,7	46,8	75	61,1	83
35	51,7	45,7	70	60,3	80
30	54,4	47,0	65	58,8	74
25	57,2	48,2	60	56,6	67
20	60,0	49,2	55	54,9	61
18	62,8	50,1	50	52,2	53
16	65,6	50,7	45	49,1	45
14	68,3	51,2	40	46,8	38

Es ist unbedingt zu beachten, daß man von der Feuchtigkeit des nassesten Stückes des zu trocknenden Holzes ausgehen und dann dieses in der Kammer auf die Frischluftseite legen muß. Man versucht, das nasseste Stück durch einige Stichproben zu ermitteln; da man es bei der aus betrieblichen Gründen beschränkten Probenzahl aber keineswegs mit Sicherheit herausfindet, beginnt man zweckmäßig die Trocknung mit der nächsthöheren Luftfeuchtigkeitsstufe. Während der Trocknung muß man die zu den Stichproben herangezogenen Bretter — etwa 4 — sorgfältig überwachen und gegebenenfalls das am langsamsten trocknende auf die Frischluftseite legen, wenn das ursprünglich dort lagernde Stück sich rascher entwässern sollte als ein anderes der Probebretter. Ist das nasseste Eschenbrett aber um eine Feuchtigkeitsstufe der Zahlen-tafel 13 herabgetrocknet, so ändert man die Trockenbedingungen durch Erhöhung der Temperatur und Senkung der relativen Luftfeuchtigkeit gemäß Vorschrift. Auf diese Weise läßt sich die gewünschte Endfeuchtig-keit, bei Eschenholz in der Regel 10...18%, sicher erreichen.

Manche Fachleute bevorzugen die künstliche Trocknung bei gleich-bleibender Temperatur (zumal da es Anlagen gibt, die dafür selbst-tätige Regler besitzen). Für diesen Fall läßt sich die Trockentafel leicht abwandeln. Man legt für Eschenholz als zweckmäßige gleichbleibende Trockentemperatur etwa 65° fest und bestimmt jetzt mit Hilfe der be-kannten Kurven des hygroskopischen Gleichgewichtes für Holz die relative Luftfeuchtigkeit sowie die Temperatur am Naßthermometer. Teil B der Zahlentafel 13 enthält die so berechneten Werte. Eine weitere für 25 mm dickes Weißeschenholz entwickelte Trockentafel, die mit etwas schärferen Bedingungen arbeitet, sich in neuzeitlichen Anlagen aber gut bewährt haben soll, gibt Abb. 54 (nach Henderson 1936) wieder.

In der Praxis ist neben dem zweckmäßigen Verlauf von Temperatur und relativer Luftfeuchtigkeit vor allem die Trockendauer — im Hin-blick auf die Wirtschaftlichkeit — von größter Bedeutung. Für über-schlägige Berechnungen läßt sich die Trockenzeitgleichung von Koll-mann verwenden:

$$Z = \frac{1}{\alpha} (\ln u_b - \ln u_e) \cdot \left(\frac{d}{25} \right)^n \cdot \frac{65}{t},$$

wobei Z = Trockendauer in Stunden, u_b = Feuchtigkeitsgehalt des Holzes vor Beginn der Trocknung in %, u_e = Feuchtigkeitsgehalt nach der Trocknung in %, d = Holzdicke in mm und t = Trockentemperatur in ⁰ C. Für n kann man nach Schlüter und Fessel 1,25 einsetzen. Der Beiwert α ist von der Holzart (und zwar hauptsächlich seiner Rohwichte) abhängig. Die Luftgeschwindigkeit in der Anlage, die Temperatur, aber auch die Holzfeuchtigkeit, haben einen gewissen Einfluß auf ihn. Wesentlich hängt er ferner von den Gütevorschriften bei der Trocknung ab, insbesondere davon, ob am Ende der Trocknung ein möglichst geringes Feuchtigkeitsgefälle im Holz verlangt wird. Bei Eschenholz wird man im Hinblick auf seinen hohen Wert und die starke mechanische Beanspruchung der daraus hergestellten Gegenstände recht vorsichtig sein und die Trockenzeit nach der sicheren Seite bemessen. Die Mindestzeiten, die der AWF - Rechenschieber SR 727 liefert, werden deshalb besser nicht zugrunde gelegt. Nach

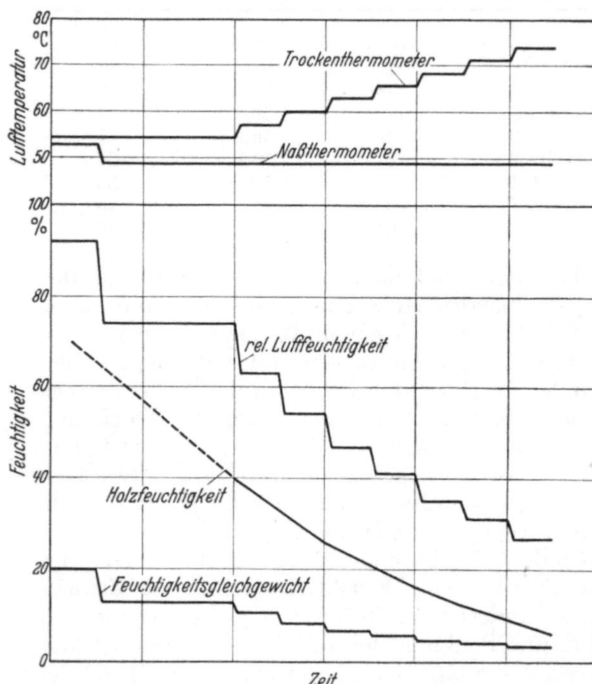

Abb. 54. Trockentafel für 25 mm dickes Weißeschenholz.

den Versuchen von Schlüter und Fessel kann man für die gesamte Trockenzeit von Eschenholz, also die Zeit für die reine Trocknung zuzüglich der Dämpfzeit, der Zeit für Vergüten und der Verlustzeiten etwa setzen: $\alpha = 0,009$. Mit diesem Beiwert und der oben angeführten Gleichung wurde für eine Holzdicke von 25 mm und 65⁰ Trockentemperatur Abb. 55 entworfen, aus der sich die Trockenzeiten für beliebige Feuchtigkeitspannen abgreifen lassen.

In der Praxis werden diese Trockenzeiten besonders bei geringen Luftgeschwindigkeiten, bei Mischung mit schwer zu trocknenden Hölzern (z. B. Eiche) und bei sehr hohen Anforderungen an die Güte der Trocknung hinsichtlich gleichmäßiger Endfeuchtigkeit unter Umständen noch beträchtlich überschritten, wie Zahlentafel 14 zeigt.

Aus den Trockenzeiten in der nachstehenden Zahlentafel läßt sich ein durchschnittlicher Beiwert $\alpha = 0,006$ (bei Schwankung zwischen 0,0033 und 0,0094) berechnen. Die Zeiten sind also gegenüber denen, die Abb. 55 ausweist, um etwa 50% länger. Es muß aber nochmals

Zahlentafel 14. Beispiele für die künstliche Trocknung von Eschenholz
(Tischlerei Gartenfeld der Siemens & Halske A.G., Berlin).

Holz-dicke mm	Luft-geschwin-digkeit m/s	Holz-menge m³	Trocken-tempe-ratur °C	Holzfeuchtigkeit %		Trocken-zeit Stunden	Bemerkung
				Anfang	Ende		
12	0,7	4,6	65	10,4	7,1	43	
15	0,7	2,5	70	15,7	7,5	71	zusammen mit 2 m³ Rotbuche 15 mm
15	1,5	5,2	85	16,5	7,1	51	zusammen mit 2,8 m³ Eiche 13 mm
15	1,0	6,4	63	40,0	8,0	263	
20	0,7	5,8	65	16,6	7,9	67	
23	0,7	6,6	70	14,7	6,9	95	

hervorgehoben werden, daß so lange Trockenzeiten nicht als die Regel
angesprochen werden dürfen, und daß sie sich, insbesondere bei aus-
reichend hoher Luftgeschwindigkeit über dem ganzen Trockengut ver-

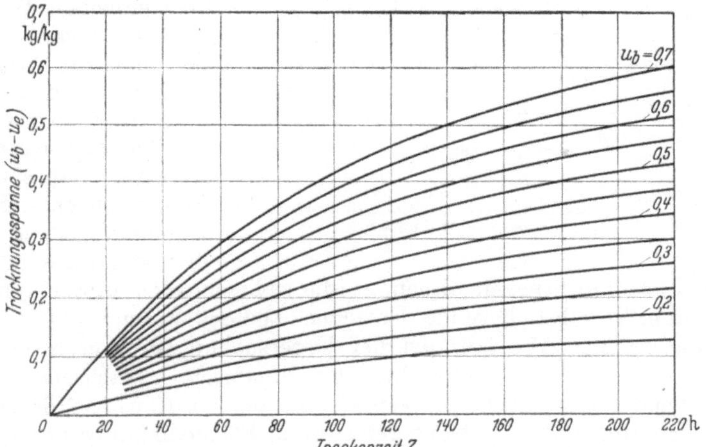

Abb. 55. Abhängigkeit der Trockenzeit von der Anfangs- und Endfeuchtigkeit.

meiden lassen. Immerhin sollte dargelegt werden, daß man zweck-
mäßiger- und vorsichtigerweise besser mit zu langen als mit zu kurzen
Zeiten rechnet, zumal da bei dem dichten Eschenholz Verschalungs-
schäden sehr gefährlich sind und hohen Ausschuß nach sich ziehen
können.

7. Physikalische Eigenschaften.

a) Reinwichte, Rohwichte, Raumdichtezahl.

Nach DIN 1306 wird das Verhältnis des Gewichtes eines Körpers zu
seinem Rauminhalt als mittlere Wichte bezeichnet; bei porigen Körpern
muß man die Wichte des porenfreien Körperstoffes, die Reinwichte
(früher spezifisches Gewicht), von der Wichte des porenerfüllten Körpers,

der Rohwichte (früher Raumgewicht), unterscheiden. Die Reinwichte
der Zellwandungsmasse ist bei den einzelnen Hölzern — der praktisch
gleichartige Aufbau aus denselben chemischen Elementen in gleichem
Mengenverhältnis (s. S. 51) läßt auch gar nichts anderes erwarten
— nahezu gleich und beträgt 1,50 g/cm³. Das Eschenholz macht hier
keine Ausnahme. Um so größer können aber die Unterschiede in der
Rohwichte sein. Während beispielsweise das leichteste Balsaholz eine
Rohwichte von nur 0,08 g/cm³ haben kann, findet man bei den schwersten
tropischen Hölzern bis zu etwa 1,40 g/cm³. Innerhalb dieses Bereiches
für alle Hölzer streuen aber auch die einzelnen Holzarten beträchtlich.

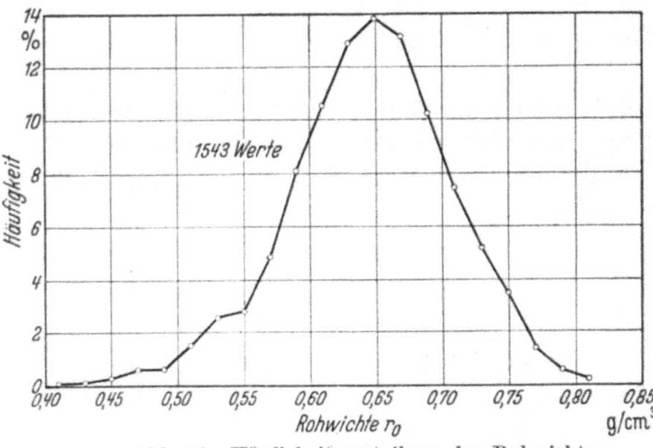

Abb. 56. Häufigkeitsverteilung der Rohwichte
des Holzes von Waldeschen.

Geht man von der sichersten Bezugsgröße, der
Rohwichte im völlig
wasserfreien, gedarrten
Zustand aus, so liegt
der niedrigste, überhaupt
bei Fraxinus excelsior
vorkommende Wert bei
etwa 0,41 g/cm³, während
der höchste Wert bei
meinen Untersuchungen
0,82 g/cm³ betrug, also
rund doppelt so groß war.
Vereinigt man sämtliche
Zahlen zu einer Häufigkeitskurve, so ist, wenn
man von den wenigen besonders leichten Stücken absieht — die wahrscheinlich durch außerhalb
des Baumes selbst liegende Ursachen bedingt waren — ihr Verlauf
sehr regelmäßig (Abb. 56). Ist der Untersuchungsstoff groß genug, so
erhält man für die Rohwichte der organisch gewachsenen Hölzer
weitgehend symmetrische Kurven, die mit der Gaußschen Normalkurve
desselben Mittelwertes, Streubereiches und Flächeninhaltes gut übereinstimmen. Auf asymmetrische Kurven stößt man bei den meisten Nadelhölzern, da bei ihnen durch Verkienung und Druckholzbildung immer eine
bestimmte Anzahl ungewöhnlich schwerer Holzproben hervorgebracht
wird. Vom Werkstoffstandpunkt aus hat bei annähernd gleichem Mittelwert der Rohwichte — der so beschaffen sein muß, daß ihm gute mechanische Eigenschaften entsprechen — jenes Holz eine gütemäßige Überlegenheit, das gegenüber einem anderen engere Streuung aufweist. Beispielsweise verhält sich Eschenholz in dieser Hinsicht besser als Eichenholz; der häufigste Wert der Rohwichte beträgt bei beiden Holzarten
im Darrzustand 0,65 g/cm³, aber während Eschenholz, wie oben schon
angegeben, eine Streuung von 0,41…0,82 aufweist, erstreckt sich die
Schwankungsbreite bei Eichenholz von 0,39…0,93 g/cm³.

Zur gewerblichen Beurteilung reicht die Rohwichte im Darrzustand
nicht aus; man muß hier vielmehr die Rohwichte bei üblichen Feuchtigkeitsgehalten, etwa 12 oder 15%, bezogen auf das Darrgewicht, kennen.
Die genauen physikalischen Zusammenhänge zwischen der Rohwichte und

der Feuchtigkeit, die im hygroskopischen Bereich nicht nur das Gewicht, sondern über die Quellung auch den Rauminhalt beeinflußt, habe ich an anderer Stelle aufgezeigt und eine Kurventafel dafür entwickelt (Kollmann 1934), die durch DIN DVM 2182 als Hilfsmittel für die Materialprüfung genormt wurde. Zugrunde liegt dieser Tafel eine Reinwichte des Holzes von $\gamma = 1{,}56$ g/cm³ und ein mittleres räumliches Quellmaß $\beta_v = 28 \cdot r_0$. Die Tafel kann mit diesen Zahlen nur ein Behelfsmittel zur näherungsweisen Umrechnung sein, da vor allem die Fasersättigungsfeuchtigkeit und durch sie bedingt das Quellmaß bei den verschiedenen Holzarten verschieden ist (Trendelenburg 1939); bei ringporigen Hölzern

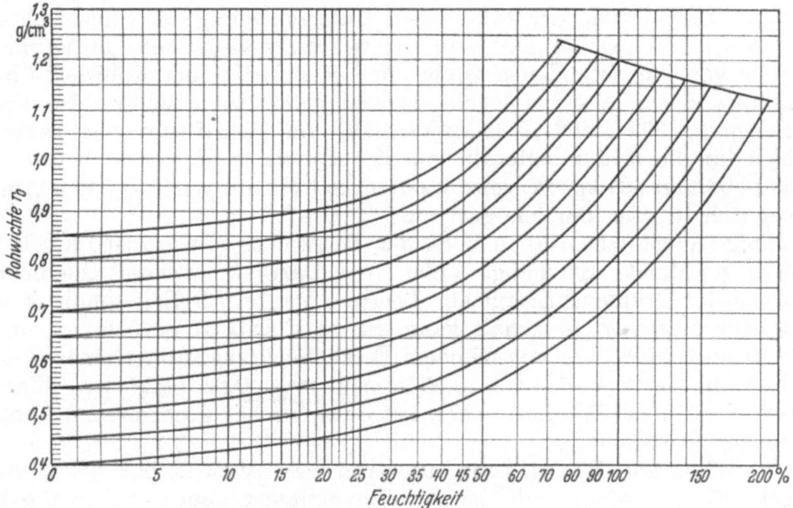

Abb. 57. Schaubild zur Bestimmung der Rohwichte von Eschenholz bei beliebiger Holzfeuchtigkeit.

mit Verkernung, darunter neben Robinie, Edelkastanie, Eiche, Nuß und Kirsche auch Eschenholz, ist die Fasersättigungsfeuchtigkeit mit 23 bis 25% sehr niedrig, und demgemäß das räumliche Quellmaß im Verhältnis zur Rohwichte gering. Es gilt für Esche $\beta_v = 24 \cdot r_0$; mit diesem Wert und $\gamma_H = 1{,}50$ g/cm³ wurden unter Benutzung der früher von mir entwickelten Beziehungen die Schaulinien in Abb. 57 berechnet.

Im forstlichen Schrifttum und in allen amerikanischen Veröffentlichungen über die mechanischen Eigenschaften von Hölzern spielt neben der Rohwichte noch ein anderer Begriff eine wichtige Rolle: der Gehalt der Raumeinheit frischen Holzes an völlig wasserfreiem Holztrockenstoff. Vom physikalischen Standpunkt läßt sich gegen diesen Begriff viel einwenden, und nur mit der Tatsache, daß sich das Frischvolumen einfacher bestimmen läßt als das Darrvolumen, ließe er sich nicht rechtfertigen. Vom forstlich-biologischen und vom ertragskundlichen Standpunkt hat das Verhältnis des wasserfreien Gewichtes zum Frischvolumen, das nach Trendelenburg als Raumdichtezahl bezeichnet sei, aber Vorteile. Bei Betrachtung eines Holzfestmeters im Walde gibt erst die Raumdichtezahl Aufschluß über das wahre Holzgewicht und damit über die gütemäßige Leistung des Baumes. Der Zusammenhang der Rohwichte im Darrzustand mit der Raumdichtezahl ergibt sich über das Schwindmaß α_v (bezogen auf die Grünabmessungen) oder das Quellmaß β_v (bezogen auf die Abmessungen des gedarrten Holzes) wie folgt:

$$R = r_0 \, (1 - \alpha_v) = \frac{r_0}{1 + \beta_v}.$$

Näherungsweise gilt weiter, wie schon erwähnt, für Eschenholz $\beta_v = 24 \cdot r_0$ oder $\alpha_v = 24 \cdot R \, [\%]$, also

$$R = \frac{r_0}{1 + 0{,}24 \, r_0}.$$

Zur Erleichterung der äußerlichen Unterscheidung der Raumdichtezahl von der Rohwichte mißt man erstere zweckmäßigerweise in [kg/fm]. Für die von mir gefundenen Grenz- und Mittelwerte der Rohwichte im Darrzustand ergibt sich folgende Streuung der Raumdichtezahlen von Eschenholz: $379 \ldots 562 \ldots 685$ kg/fm. Die im Schrifttum verstreuten Zahlen für die Raumdichtezahl von Eschenholz [z. B. von Schneider (1896) 603 und 604 kg/fm, von Chaplin und Mooney (1930) 546 kg/fm] fügen sich diesem Bereich gut ein.

Einige Worte seien auch noch der Rohwichte des grünen, frischen Holzes gewidmet. Sie hängt außer vom Darrgewicht vom Quellmaß und von der Grünfeuchtigkeit ab. Letztere beträgt für Eschenholz etwa 45%; für diesen Wassergehalt kann man aus Abb. 57 entnehmen, daß die mittlere Rohwichte von frischem Eschenholz (zugeordnet einer Rohwichte im Darrzustand von 0,65 g/cm³) etwa 0,82 g/cm³ ist. Karmarsch (zit. nach Wiesner 1928) hatte für frisches Eschenholz 0,70 bis 1,14 g/cm³ bestimmt.

Die schon von Nördlinger ausgesprochene Ansicht, daß bei Laubhölzern die Rohwichte mit der Jahrringbreite zunimmt, wurde durch neuere Großzahlforschungen für ringporige Hölzer (darunter Esche und Hickory) bestätigt, während bei zerstreutporigen Hölzern der Einfluß unregelmäßig und geringfügig ist. Für die Esche hat bereits Janka (1911) die Jahrringbreite als Kennzeichen der Holzgüte behandelt. Seine Feststellungen haben im wesentlichen Gültigkeit behalten. Abb. 58 zeigt die Ergebnisse meiner Untersuchungen und gestattet folgende Schlüsse:

1. Die Jahrringbreite ist bei verschiedenen Eschenhölzern außerordentlich verschieden; abhängig von vielerlei inneren und äußeren Ursachen unterliegt sie starken Streuungen und Sprüngen und ist allgemein für die Beurteilung der Rohwichte nicht maßgebend.

2. Engste Jahrringe unter 0,75 mm Breite finden sich nur bei besonders leichtem und damit auch wenig festem Eschenholz. Solches Holz stammt von alten, überständigen oder kränkelnden Stämmen sowie von Bäumen, die infolge besonders dichten Bestandesschlusses ungenügenden Lichtgenuß hatten.

3. Engen Jahrringen von $0{,}75 \ldots 1{,}5$ mm Breite können nahezu alle überhaupt bei Eschenholz vorkommenden Rohwichten zugeordnet sein; die Wahrscheinlichkeit unterdurchschnittlich leichten Holzes ist aber erheblich größer als die überdurchschnittlich schweren. Besonders niedrige Rohwichte tritt auf, wenn es im höheren Alter des Baumes zu

Wuchsstockungen kommt. So kann die Rohwichte von Weißesche nach Paul (1930) im gleichen Stamm auf kürzeste Entfernung von 0,70 auf 0,57 g/cm³ fallen, wenn die Jahrringbreite von 3 auf 1 mm abnimmt.

4. Im Bereich von etwa 2...3 mm Jahrringbreite bildet die Esche das schwerstmögliche Holz; trotzdem ist auch in diesem Bereich die Streuung noch so groß, daß sichere Folgerungen zum mindesten ohne gleichzeitige Untersuchung des Spätholzanteils ausgeschlossen sind.

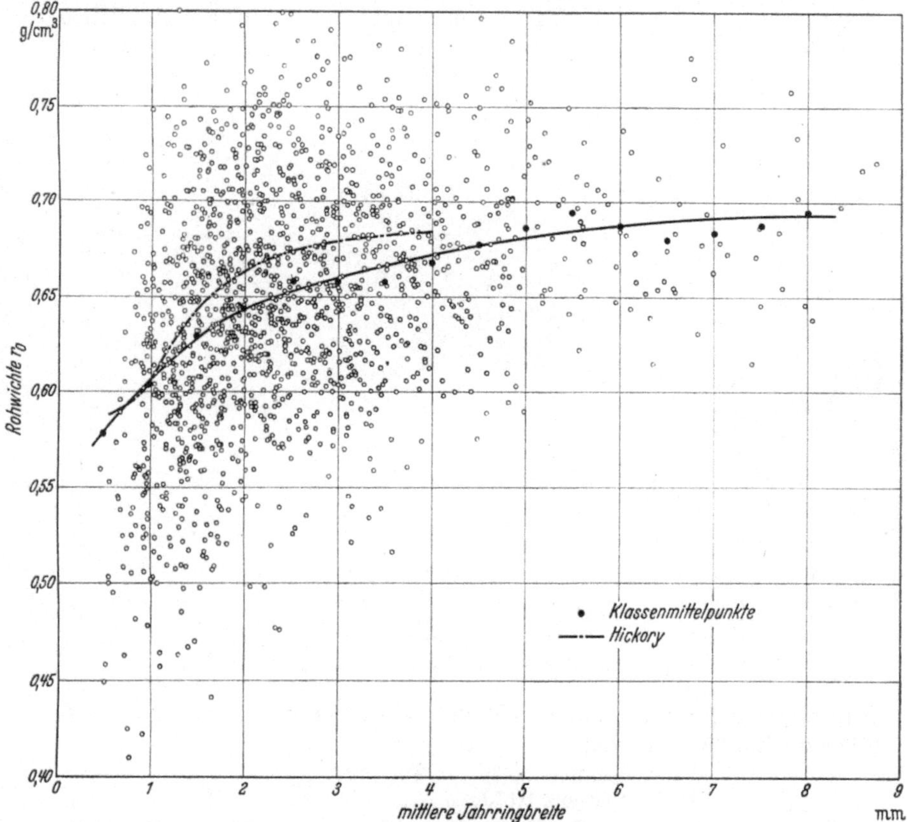

Abb. 58. Zusammenhang zwischen mittlerer Jahrringbreite und Rohwichte für Esche und Hickory.

5. Erst oberhalb etwa 4 mm Jahrringbreite nimmt die Streuung zugleich mit der absoluten Häufigkeit des Vorkommens erheblich ab. Bei 8 mm und mehr Jahrringbreite liegt die Rohwichte von gesundem Eschenholz stets sehr nahe oder über dem häufigsten Wert der Rohwichte.

In Abb. 58 wurden in das Punktfeld zuerst Gruppenmittelpunkte gelegt und diese durch eine Kurve ausgeglichen. Zum Vergleich ist nach Angaben von Rochester (1933) die entsprechende Kurve für Hicoria ovata eingezeichnet worden. Der Verlauf beider Kurven ist grundsätzlich sehr ähnlich und beweist darüber hinaus, daß engringiges Hickoryholz im Rohwichtemittel dem Eschenholz praktisch gleichwertig ist.

Der Übergang von Frühholz zu Spätholz ist — abgesehen von sehr breiten Jahrringen — bei dem ringporigen Eschenholz plötzlich, so daß der Spätholzanteil ziemlich genau meßbar ist. In Abb. 59 ist die Rohwichte dem Spätholzanteil zugeordnet. Die durch die Gruppenmittelpunkte gelegte Kurve zeigt, daß die mittlere Rohwichte zunächst verhältnisgleich dem Spätholzanteil (bis zu etwa 50%) ansteigt; in der Folge nimmt der Einfluß des Spätholzanteils ab, um oberhalb etwa 75% Spätholzanteil fast ganz aufzuhören. Man kann daraus schließen, daß die Rohwichte von Früh- und Spätholz um so weniger voneinander abweichen, je mehr Spätholz im Verhältnis gebildet wird. Für 15 Eschenholzproben

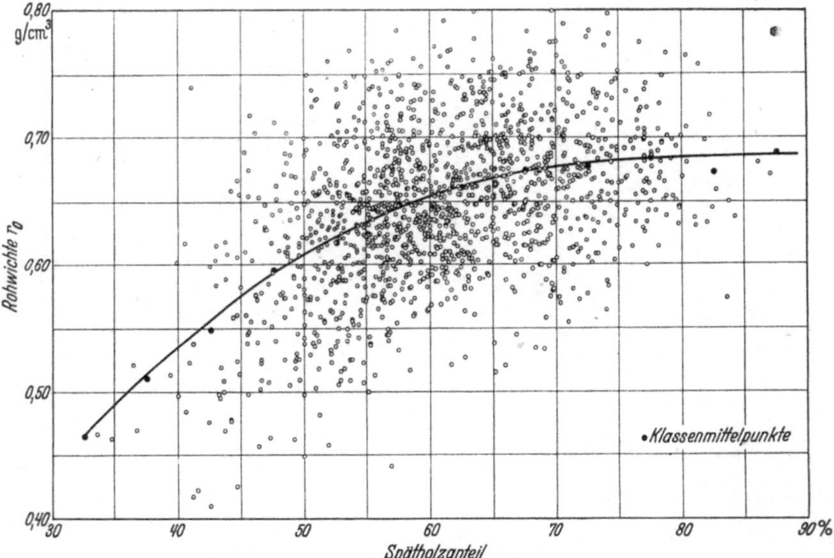

Abb. 59. Einfluß des Spätholzanteils auf die Rohwichte.

ermittelte ich die Rohwichte von Früh- und Spätholz getrennt ; es wurden folgende Zahlen gefunden:

Eschenfrühholz 0,372...*0,569*...0,680 g/cm³
Eschenspätholz 0,673...*0,753*...0,866 g/cm³

Das Verhältnis der Spätholz- zur Frühholzwichte ist im Mittel 1,32. Der Unterschied erschien zunächst befremdlich klein, nachdem Trendelenburg (1939) und andere Forscher gefunden hatten, daß bei den Nadelhölzern die Rohwichte des Spätholzes 1,9...2,8, im Durchschnitt etwa 2,4mal so hoch ist wie die des Frühholzes. Ich ließ deshalb Kiefernholz mit genau derselben Technik auf die Rohwichte seines Früh- und Spätholzes untersuchen, die wir bei den Eschenproben angewandt hatten. Das Ergebnis war für die Rohwichte des Kiefernspätholzes im Mittel 0,818 g/cm³, für die des Frühholzes 0,322 g/cm³, also ein Verhältnis 2,54:1. Dieser Befund stimmt sehr gut mit den obigen Angaben überein; er erhärtet damit die Genauigkeit unseres Meßverfahrens und beweist, daß in dem ringporigen Eschenholz Früh- und Spätholz in der Wichte viel näher zusammenliegen als im Nadelholz. Es ist zu vermuten, daß die Unterschiede in zerstreutporigen Laubhölzern weiter verwischt sind.

Nach den früheren Erörterungen über die anatomischen Eigenschaften (s. S. 43) ist es klar, daß neben Jahrringbreite und Spätholzanteil auch die Lage im Stamm auf die Rohwichte einen erheblichen Einfluß hat. Man muß also innerhalb ein und desselben Stammes eine beträchtliche Streuung der Rohwichte erwarten, und es gibt sogar Fälle, wo die Streuung im Einzelstamm nahezu gleich der Streuung der ganzen Art ist. Um einen Einblick zu erhalten, ließ ich in meinem Institut an Eschenstämmen aus Auewäldern bei Speyer Stammanalysen durchführen. Dabei wurden den Stämmen, jeweils um 1 m steigend, Scheiben entnommen, aus denen Klötzchen für Rohwichte- und Druckfestigkeitsbestimmungen herausgearbeitet wurden. Die Häufigkeitskurven für die Rohwichte im Darrzustand von 3 Stämmen sind in Abb. 60 zusammengestellt. Der mehrgipflige Verlauf bei Stamm II war in erster Linie auf die geringe Zahl von nur 112 Proben zurückzuführen, die bei der gewählten Klassenbreite unzulänglich ist. Die Daten für die 3 Einzelstämme wurden dann zusammengeworfen und zur Berechnung einer gemeinsamen Häufigkeitskurve benutzt. Diese zeigt einen schon recht regelmäßigen Bau und nähert sich, obwohl sie nur für 3 Stämme von einem einzigen

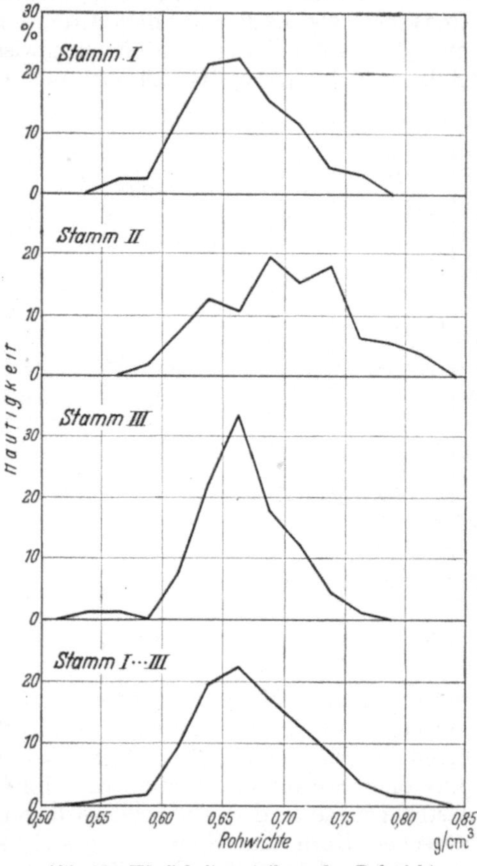

Abb. 60. Häufigkeitsverteilung der Rohwichte des Holzes von Aueeschen.

Standort gilt, der allgemeinen Eschenkurve an. Der einzige, wirklich ins Auge springende Unterschied gegenüber der allgemeinen Kurve ist, daß deren unterster Grenzwert mit $r_0 = 0,41$ g/cm³ von den 3 Aueeschen infolge günstiger Standortsbedingungen auch nicht annähernd erreicht wurde.

Innerhalb des Schaftes bestehen für die Rohwichte gewisse Gesetzmäßigkeiten, die für verschiedene Hölzer bereits näher untersucht wurden. Schneider (1896) hat für die Esche nachgewiesen, daß die Rohwichte mit der Baumhöhe deutlich ansteigt. Mit Ausnahme eines

Stammes war der Höchstwert der Wichte stets in der Krone zu finden.
Zurückgeführt wurde diese Erscheinung auf eine zahlenmäßige Verringerung und Verengung der Gefäße sowie auf die — aus der stärkeren
Lichtwirkung und damit besseren Ernährung erklärliche — Erzeugung
dickerer Faserwände. Bei Kiefer beispielsweise sind die Verhältnisse
gerade umgekehrt: Das Holz der unteren Stammteile ist stets viel
schwerer als das des Zopfes. Weniger eindeutig sind die Veränderungen der
Rohwichte von Eschen mit dem Alter, d. h. quer zur Stammachse; immerhin besteht der Hang, von einem gewissen Alter an bevorzugt leichtes
Holz zu bilden (Abb. 61). Dies ist auch mit dem meist beobachteten Ab

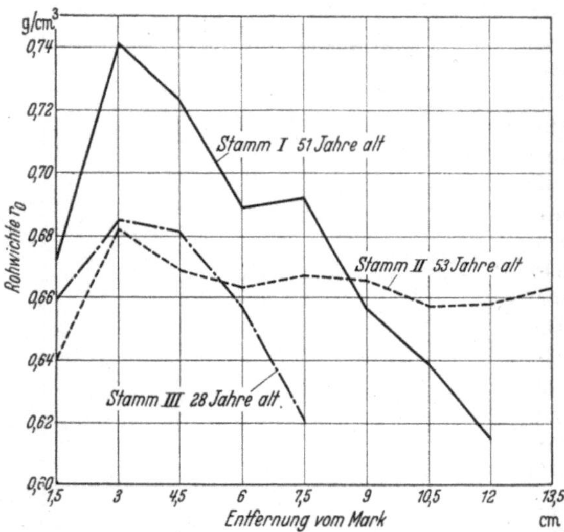

Abb. 61.   Verlauf der Rohwichte quer zur Stammachse.

sinken von Jahrringbreite
und Spätholzanteil im Alter
verknüpft (vgl. Abb. 12 bis
14). Über die Rohwichte
des Eschenholzes in den
Ästen und der Wurzel
wurde bereits in anderem
Zusammenhang gesprochen (s. S. 33).

Die Verteilung der Rohwichte über einem Längsschnitt des Stammes läßt
sich — mit freilich durch
die notwendige Beschränkung der Probenzahl bedingter Vereinfachung —
durch Stammwuchsbilder
darstellen (Trendelenburg 1939). Während diese
bei Nadelhölzern und bei
weichen Laubhölzern ver

hältnismäßig einfach und klar ausfallen, sind sie bei harten Laubhölzern stets recht verwickelt. Abb. 62 zeigt den Längsschnitt durch
einen herrschenden Eschenstamm in der üblichen starken Verkürzung.
Aus dem Schaubild ist auch die Höhe des Ansatzes der Krone, des
ersten grünen und des untersten dürren Astes ersichtlich. Die Grenze
zwischen Kern und Splint ist gestrichelt eingezeichnet und zeigt gut
den früher schon erwähnten keilförmigen Auslauf des Kerns im Erdstamm.
Die Abgrenzung der einzelnen, verschieden geschrafften Rohwichtebereiche kann bei der beschränkten Probenzahl und der oft sprunghaften
Änderung der Rohwichte nicht ohne Willkür sein; trotzdem ergeben sich
wichtige Einblicke in die Verteilung der Holzmasse im Schaft. Man sieht,
daß tatsächlich das schwerste Holz in der Krone gebildet wird, daß aber
auch im Erdstamm die Neigung vorhanden ist, massereiches Holz zu erzeugen. Bei den bisher an Eschenstämmen durchgeführten Zergliederungen war ferner in etwa 2…4 m Höhe über dem Boden regelmäßig eine
Zone sehr leichten Holzes um das Mark herum vorhanden. Auch der Hang,
mit zunehmendem Alter leichteres Holz hervorzubringen, tritt deutlich
in Erscheinung, wenngleich er durch Zungen schweren Holzes oder durch

die Veränderung der Rohwichte mit der Stammhöhe zurückgedrängt, ja sogar ins Gegenteil verkehrt werden kann. Auf den Einfluß von Stammasymmetrie wurde in anderem Zusammenhang schon hingewiesen (s. S. 28), desgleichen auf die regelwidrige Bildung besonders leichten

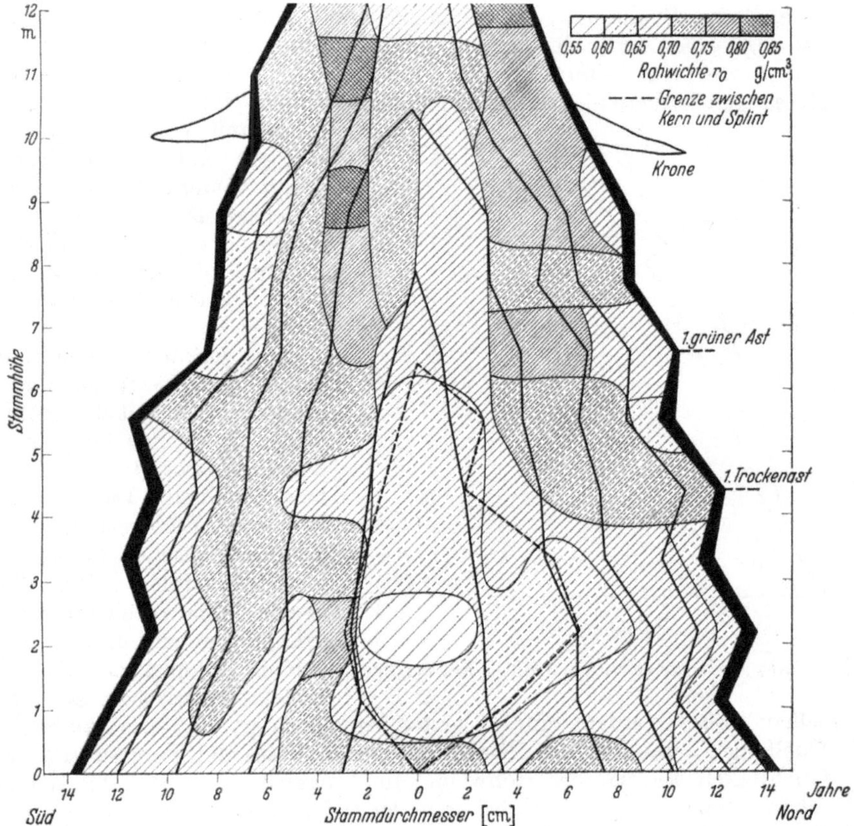

Abb. 62. Stammwuchsbild einer Esche aus dem Auewald.

Holzes in den wulstförmig verdickten Erdstammteilen von Eschen aus Überschwemmungsgebieten (s. S. 34). Die Bedeutung der Rohwichte für die verschiedenen physikalischen und mechanischen Eigenschaften wird in den folgenden Abschnitten von Fall zu Fall besprochen werden.

b) Feuchtegleichgewicht, Quellung und Schwindung.

Die hygroskopischen Eigenschaften von Eschenholz gehorchen dem allgemeinen Gesetz, das ein Gleichgewicht zwischen Holzfeuchtigkeit, relativer Luftfeuchte und Lufttemperatur vorschreibt. Abb. 63 zeigt bei Be- und Endfeuchtungsversuchen gewonnene Gleichgewichtszahlen, die ebensogut für ein anderes Holz gelten könnten. Umgekehrt lassen sich die für andere Hölzer auf Grund umfangreicher Versuche entworfenen

Tafeln des Feuchtegleichgewichts auch für Eschenholz verwenden (vgl. z. B. bei **Kollmann** 1936). Dabei bleibt allerdings zu berücksichtigen, daß die Fasersättigungsfeuchtigkeit der verschiedenen Holzarten ungleich hoch ist. Wie **Trendelenburg** (1939) zeigt, ist sie bei zerstreutporigen Laubhölzern ohne ausgeprägten Kern wie Linde, Weide, Pappel, Erle, Birke, Buche usw. mit 32 bis 35 und mehr Prozent am höchsten, bei ringporigen und halbringporigen Hölzern hingegen unter dem Einfluß von Kernstoffen, Füllzellen usw. mit 23...25% am niedrigsten. Bei Messungen ist diese niedrige Faserfeuchtigkeit nicht einfach zu bestimmen,

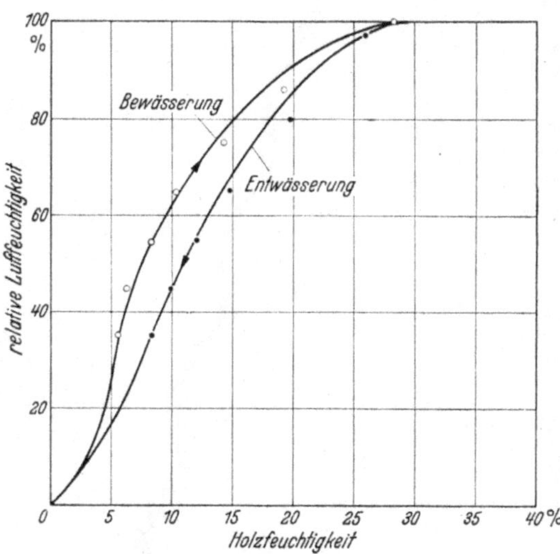

Abb. 63. Hygroskopisches Gleichgewicht bei 20°.

da in mit Wasserdampf gesättigter Luft geringe Temperaturänderungen zu Kondensationserscheinungen führen und dann stets das Ergebnis in Richtung zu hoher Feuchtigkeitswerte verfälschen.

Eng verknüpft ist mit der Höhe des Fasersättigungspunktes, d. h. mit der größtmöglichen Menge an gebundenem Wasser, das Schwind- bzw. Quellmaß. Da die Quellung durch Einlagerung dieses Wassers zwischen die Zellulosefeinbausteine erfolgt, die in dem Maße auseinander gedrängt werden, in dem die submikroskopischen Wasserschichten zwischen den Micellen größer werden, gilt in erster Annäherung, daß die räumliche Quellung β_v unmittelbar gleich dem Produkt aus der Fasersättigungsfeuchtigkeit u_F mal der Rohwichte im Darrzustand r_0 ist. Wie früher schon angedeutet, wird dabei von der geringfügigen Verdichtung des Wassers bei der Absorption sowie vom Einfluß ungleicher Spannungen beim Quell- oder Schwindvorgang abgesehen. Rechnet man im Durchschnitt für die räumliche Quellung von Esche $\beta_v = 24 \cdot r_0$, so kommt man mit den gefundenen Grenz- und Mittelwerten der Rohwichte zu folgender Schwankung:

$$\beta_v = 9,8...15,6...19,4\%.$$

Bei Messungen an 14 verschieden schweren Eschenproben wurden von mir für die räumliche Quellung 10...17% bestimmt.

Der Zusammenhang zwischen dem auf das Darrvolumen bezogenen Quellmaß β_v und dem auf das Frischvolumen berechneten Schwindmaß α_v wurde bereits an früherer Stelle angegeben (s. S. 68); er lautet:

$$\beta_v = \frac{\alpha_v}{1-\alpha_v} \quad \text{bzw.} \quad \alpha_v = \frac{\beta_v}{1+\beta_v},$$

die Streuung des Schwindmaßes α_v vom grünen bis zum Darrzustand ergibt sich somit für die oben abgeschätzten Quellmaße zu 8,9...*13,5*

...16,2%. Bereits früher hatte ich 13,6% als Mittel des räumlichen Schwindmaßes von Eschenholz aus im Schrifttum verstreuten Angaben und auf Grund eigener Messungen berechnet (Kollmann 1936). Schneider (1896) fand bei seinen Untersuchungen Schwindmaße von 7,5...*13,6* ...18,6 (22,7)%. Spärlicher sind die vorliegenden Zahlen für die lineare Schwindung bzw. Quellung von Eschenholz. Nach Kollmann (1936) gilt im Mittel für die Schwindung $\alpha_l = 0{,}2$, $\alpha_r = 5{,}0$, $\alpha_t = 0{,}8\%$. Rechnet man aus diesen Zahlen nach der Gleichung

$$\alpha_v = 1 - (1 - \alpha_l)\,(1 - \alpha_r)\,(1 - \alpha_t)$$

die räumliche Schwindung aus, so erhält man 12,8%, also einen Wert, der etwas unterhalb der oben mitgeteilten wahrscheinlichsten Zahl von 13,6% liegt.

Die aus den α-Werten abgeleiteten Quellmaße sind für gemeines Eschenholz $\beta_r = 5{,}3$ und $\beta_t = 8{,}7\%$. Amerikanische Messungen (Markwardt und Wilson 1935) teilen für Fraxinus americana $\alpha_r = 4{,}1\ldots5{,}5\%$, $\alpha_t = 6{,}4\ldots9{,}1\%$ und $\alpha_v = 12{,}0\ldots$ 14,0% mit. Im Vergleich zu anderen Harthölzern ist das Schwinden und Quellen von Eschenholz ausgesprochen mäßig, beispielsweise beträgt die mittlere räumliche Schwindung von Walnuß 13,9%, von Birke 14,2% und von Rotbuche sogar 17,6%. Nur Eichenholz schwindet mit 12,6% noch weniger im Rauminhalt als Eschenholz.

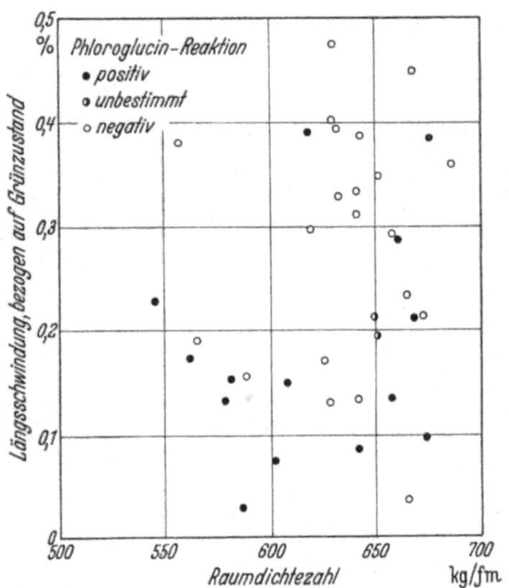

Abb. 64. Längsschwindmaß und Raumdichtezahl von Proben verschiedener Phloroglucin-Reaktion.

Das Längsschwindmaß von Weißesche läßt sich aus einer Arbeit von Koehler (1931) entnehmen. Er fand für Holz mit geringer Rohwichte $\alpha_l = 0{,}44\%$, für Holz mit mittlerer Wichte 0,18% und für Weißeschenholz mit hoher Wichte 0,37%. Die Beziehung zwischen dem Längsschwindmaß und der Rohwichte ist also nicht eindeutig. Zu dem gleichen Ergebnis gelangten Clarke und Franklin (Nov. 1938) bei Untersuchungen über das Vorkommen von Zugholz in der Esche. Abb. 64 zeigt, daß zwischen dem Längsschwindmaß und der Rohwichte kein klarer Zusammenhang besteht, daß aber Proben, die sich gegenüber Phloroglucin-Behandlung negativ verhielten (also ligninarm waren und beispielsweise von der Oberseite von Ästen stammten), im ganzen eine wesentlich größere Längsschwindung aufwiesen als Proben mit deutlichem Farbumschlag. Bei der statistischen Auswertung wurde diese Tatsache noch klarer, da sich als mittlere Längsschwindung für das Holz mit positivem Phloroglucin-Umschlag $0{,}173 \pm 0{,}029\,(\%)$, für Zugholz mit negativer Reaktion $0{,}30 \pm 0{,}121\,(\%)$ errechnete.

c) Wärmeeigenschaften, Heizwert.

Die Wärmeausdehnungszahl α_w von Eschenholz wird von Glatzel (nach Landolt-Börnstein 1923) parallel zur Faser mit $0{,}951 \cdot 10^{-5}$ angegeben. Für Fraxinus americana mit $r = 0{,}64$ g/cm³ hat Hendershot (1924) $\alpha_{w\|} = 1{,}1 \cdot 10^{-5}$ und $\alpha_{w\perp} = 4{,}58 \cdot 10^{-5}$ bestimmt. Im Vergleich zu anderen Holzarten ist insbesondere die Wärmeausdehnungszahl längs der Faser als verhältnismäßig hoch zu bezeichnen. Da aber in der Praxis die Temperaturunterschiede beschränkt sind und die Ausdehnung bzw. Zusammenziehung des Holzes mit ihnen oberhalb von 0⁰ durch Quellungs- und Schwindungserscheinungen in der Regel überwogen wird, ist diese

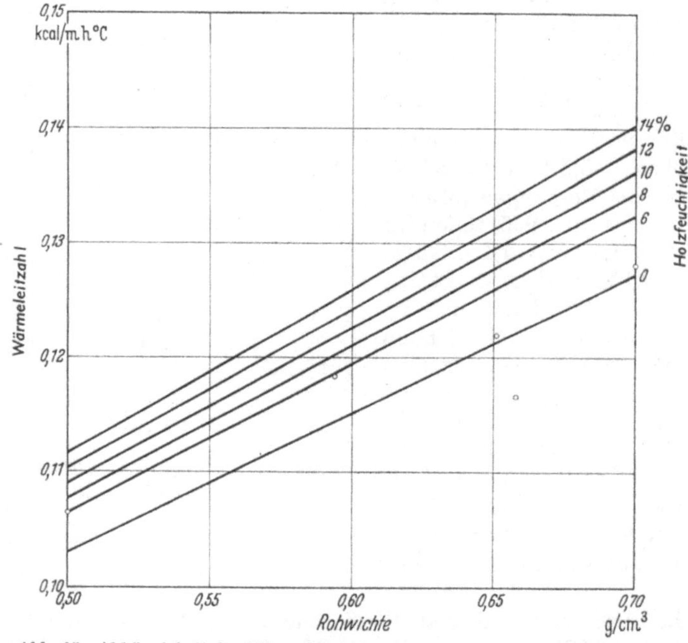

Abb. 65. Abhängigkeit der Wärmeleitzahl von Rohwichte und Holzfeuchtigkeit bei 24⁰ C für amerikanische Weißesche.

Tatsache ohne Belang. Bei starker Abkühlung kann die Zusammenziehung des Holzes beträchtlich sein; die dadurch in den äußeren Holzschichten lebender Bäume entstehenden Zugspannungen überschreiten oft die Querzugfestigkeit, so daß sich Frostrisse bilden. Kohh (1932) fand, daß sich die Durchmesser von Aspen und Eschen bei — 30⁰ gegenüber 0⁰ C um 1,5...1,7 % verringerten. Diese Maßänderung ist allerdings so groß, daß sie sich nicht allein physikalisch aus der thermischen Zusammenziehung erklären läßt.

Mehr Bedeutung, wenngleich lange nicht so viel wie bei Bauhölzern oder Hölzern zu Wärmedämmungen, hat die Wärmeleitzahl. Für Eschenholz (Fraxinus excelsior) liegen Messungen von Griffiths und Kaye (1923) vor, die in Zahlentafel 15 den Werten für zwei andere Hölzer zum Vergleich gegenübergestellt sind. Für amerikanische Weißesche hat Rowley (1933) bei 24⁰ C senkrecht zur Faser $\lambda_\perp = 0{,}130$ kcal/mh⁰ gefunden und die Abhängigkeit der Wärmeleitzahl von der Rohwichte sowie von der Feuchtigkeit zeichnerisch dargestellt (Abb. 65).

Zahlentafel 15. Wärmeleitzahlen.

Holzart	Rohwichte	Feuchtigkeit	Mittlere Wärmeleitzahl bei 20⁰ kcal/mh⁰		
	g/cm³	%	$\lambda\|\|$	$\lambda\perp$ rad.	$\lambda\perp$ tang.
Esche . . .	0,74	15	0,2628	0,1512	0,1404
Walnuß . .	0,65	12	0,2844	0,1260	0,1188
Fichte . . .	0,41	16	0,1908	0,1044	0,0900

Praktische Bedeutung hat die Wärmeleitzahl von Eschenholz hauptsächlich bei der Berechnung des Temperaturverlaufs in Eschenstäben beim Dämpfen. Dieser läßt sich, wie ich an anderen Stellen gezeigt habe (Kollmann 1939), mittels der Fourierschen Differentialgleichung für die stationäre Wärmeleitung sehr genau berechnen. Dabei muß man zunächst die Temperaturleitfähigkeit

$$a = \frac{\lambda}{c \cdot r} \; [\text{m}^2/\text{h}] \quad \text{kennen},$$

worin $c =$ spezifische Wärme des Holzes in [kcal/kg⁰] [Dunlap(1912) bestimmte

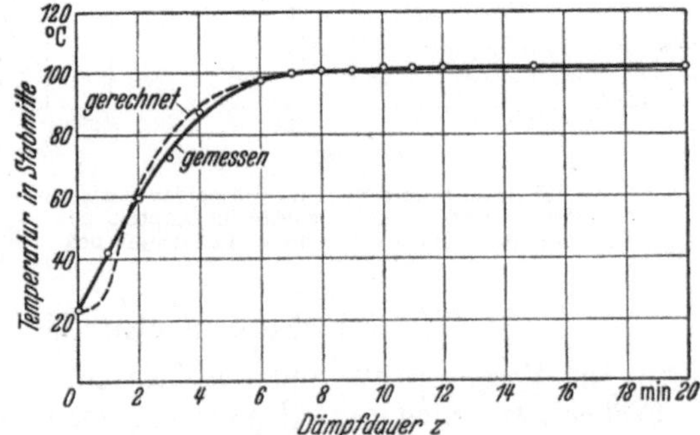

Abb. 66. Temperaturverlauf in der Mitte eines bei 0 atü gedämpften Eschenholzstabes (2 × 2 × 30 cm).

für Fraxinus americana eine mittlere spezifische Wärme des gedarrten Holzes zwischen 0 und 106⁰ C von $c = 0{,}327$ kcal/kg⁰] und $r =$ Rohwichte bei der fraglichen Feuchtigkeit in kg/m³. Nach Kollmann (1936) läßt sich die spezifische Wärme bei höheren Feuchtigkeiten berechnen, und zwar bei 15% Feuchtigkeit zu etwa 0,40, bei 30% zu 0,45 und bei 45% zu etwa 0,50 kcal/kg⁰.

Für durch Dämpfen befeuchtetes Eschenholz kann man etwa setzen $a = 0{,}0007$ m²/h. Die gute Übereinstimmung des gemessenen und gerechneten Temperaturverlaufs beim Dämpfen eines Eschenholzstabes von $2 \cdot 2$ cm² Querschnitt unter 0 atü Druck zeigt Abb. 66. Der Beharrungszustand wurde nach 12 min erreicht. Die Dämpfdauer bis zum Ausgleichzustand der Temperatur im Innern von ursprünglich lufttrockenen Eschenstäben mit beliebigem quadratischem Querschnitt läßt Abb. 67 ablesen.

Der obere Heizwert von gedarrtem Eschenholz beträgt rund 4700 kcal/kg (vgl. Schorger 1926); damit ergibt sich ein unterer Heizwert bei 20% Feuchtigkeit von rund 3900 und bei 30% Feuchtigkeit von rund

3600 kcal/kg. Eschenholz gehört damit gleich Hickoryholz zu den als Brennstoff höchstwertigen Hölzern, kann allerdings infolge seines hohen Preises und seines beschränkten Vorkommens nur in Form von Abfällen zur Verfeuerung gelangen.

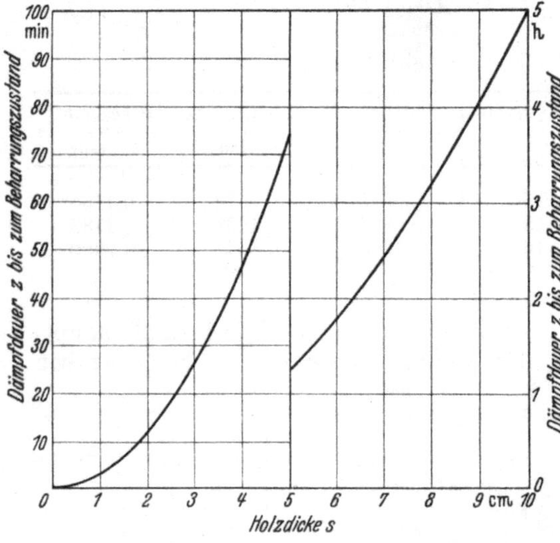

Abb. 67. Zusammenhang zwischen Dämpfdauer bis zum Beharrungszustand und Holzdicke für Kanteln mit quadratischem Querschnitt bei 0 atü Dampfdruck.

Fabricius und Groß (1923) maßen als unteren Heizwert von Eschenholz bei 15% Wassergehalt 3617 kcal/kg; sie berechneten, daß 1 fm lufttrockenes Eschen-Scheitholz mit 15% Feuchtigkeit 2,68 Mill. kcal liefert, während 1 rm 1,80 Mill. kcal abgibt. Für gedarrte amerikanische Weißesche (49% C, 6% H_2, 43% O_2 und 1% Asche) gibt das Mechanical Engineer's Handbook (1916) einen oberen Heizwert von 4715 kcal/kg an, für lufttrockenes Weißeschenholz das U. S. Dept. Agric. Bull. 753 von rund 2900 kcal/kg.

d) Elektrische und akustische Eigenschaften.

Im Vergleich zu anderen Laubhölzern und zu Nadelhölzern hat Eschenholz einen verhältnismäßig niedrigen elektrischen Widerstand. Abb. 68 zeigt die Abhängigkeit dieses Widerstandes von der Holzfeuchtigkeit; die Messung wurde parallel zur Faser bei etwa 27° C Temperatur mittels zweier Nadelelektroden ausgeführt, die $1\frac{1}{4}''$ (= 31,7 mm) Abstand hatten und $\frac{5}{16}''$ (= ungefähr 8 mm) tief in das Holz eingetrieben wurden. In Anbetracht des mit abnehmender Holzfeuchtigkeit außerordentlich rasch ansteigenden Ohmschen Widerstandes wurde ein halblogarithmisches Netz gewählt. Einen einigermaßen in der Größe ähnlichen Verlauf hatte bei den amerikanischen Messungen nur noch Sumpfzypressenholz (Taxodium distichum). Hingegen war bei 7% Feuchtigkeit der elektrische Widerstand von Weißeichenholz um etwa 45%, der von Ulme um 52% und der von Birke sogar um 625% höher. Auch der Widerstand der meisten Nadelhölzer lag um 80...250% über dem des Eschenholzes. Bei Bestimmung der Holzfeuchtigkeit mittels des elektrischen Widerstandes muß dies dazu führen, daß für Eschenholz zu hohe Feuchtigkeitswerte abgelesen werden. Im Einklang damit schreibt beispielsweise die General Electric Company für ihren Feuchtigkeitsmesser (Blinker) vor, daß bei Messungen an Weißeschenholz 1% absolut vom Ergebnis abzuziehen ist.

Keinerlei Zahlen liegen über die Dielektrizitätskonstante ε und den Verlustwinkel von Eschenholz vor, jedoch ist anzunehmen, daß das dielektrische Verhalten sich nicht nennenswert von dem anderer Hölzer unterscheidet. Man kann also etwa mit $\varepsilon_{||} = 2,50$ und $\varepsilon_\perp = 3,63$ rechnen und erwarten, daß die Holzfeuchtigkeit den gleichen Einfluß wie bei Eichenholz hat[1]. Auch der dielektrische Verlust in Abhängigkeit von der Frequenz folgt bei den verschiedensten Hölzern sehr ähnlichen Gesetzen, insbesondere tritt stets ein Höchstwert bei etwa $5 \cdot 10^6$ Hz auf[2].

Die Schallgeschwindigkeit c in Eschenholz beträgt nach Landolt-Börnstein (1923) 3900 m/s längs der Faser bei einer mittleren Rohwichte von 0,65 g/cm³. Diese Zahl ist aber nur als zufälliger Wert anzusprechen. Die mögliche Streuung läßt sich abschätzen mittels der Gleichung

$$c = \sqrt{\frac{E}{\varrho}},$$

wobei E = Elastizitätsmodul in kg/cm² und ϱ = Holzdichte in $\dfrac{\text{kg} \cdot \text{s}^2}{\text{cm}^4}$. Wie im folgenden Abschnitt gezeigt wird, liegt der E-Modul von Eschenholz parallel der Faser etwa zwischen 50000 und 180000 kg/cm². Dem entsprechen Rohwichten von 0,41...0,80 g/cm³ (ohne daß die äußersten Werte in diesem Zusammenhang genau erfaßt werden sollten). Hieraus berechnen sich als Grenzzahlen der Schallgeschwindigkeit längs der Faser 3530...4790 m/s. Quer zur Faser ist der E-Modul von Eschenholz

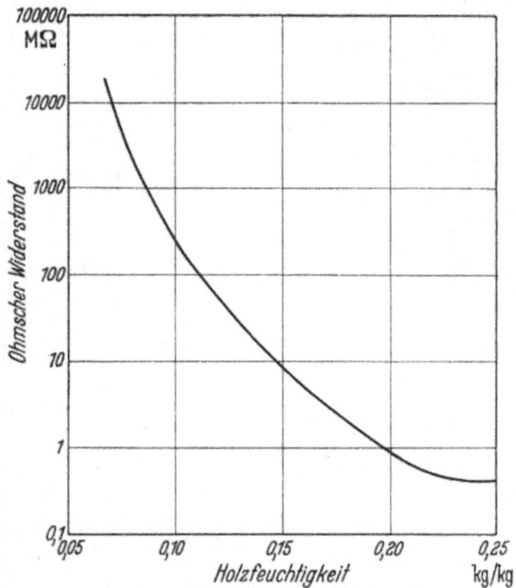

Abb. 68. Abhängigkeit des elektrischen Widerstandes von der Holzfeuchtigkeit. (Nach Stamm.)

nur etwa $\frac{1}{20}...\frac{1}{6}$ von dem parallel zur Faser. Daraus kann man als Verhältnis der Schallgeschwindigkeit in Faserrichtung zu jener senkrecht dazu etwa 2,5 bis 4,5 überschlagen.

8. Elastizität und Festigkeit.

a) Elastisches Verhalten bei Dehnung und Schub.

Der Elastizitätsmodul oder sein physikalisch klarer Kehrwert: die Dehnungszahl α, gibt die Abhängigkeit der elastischen Formänderungen von den Spannungen wieder. Für Holz gilt, wie für viele andere Stoffe, in weitem Bereich das Hookesche Gesetz; es besagt, daß die Dehnungen ε den Spannungen σ verhältnisgleich sind, also $\varepsilon = \alpha \cdot \sigma$.

---

[1] Vgl. E. Brake u. H. Schütze, Über dielektrische Verluste von Holz. Elektr. Nachr. Techn. Bd. 12 (1935) S. 120.

[2] Vgl. F. H. Müller, Physik des organischen Isolators. ETZ. 59 (1938) Nr 43, S. 1155.

Die Dehnungszahl α gibt an, um wieviel sich die Längeneinheit eines gezogenen oder gedrückten Stabes durch 1 kg/cm² Spannung verändert. Sinngemäß läßt sich die Dehnungszahl auch aus Zug-, Druck- und Biegeversuchen bestimmen. Bei letzteren ist die Durchbiegung verhältnisgleich der Dehnungszahl oder umgekehrt verhältnisgleich dem E-Modul. Das elastische Verhalten läßt sich hieraus besonders einfach beurteilen und für verschiedene Werkstoffe vergleichen. Nehmen wir zunächst einmal vorweg, daß der E-Modul guten Eschenholzes etwa 150000 kg/cm², der von Stahl 2100000 kg/cm² ist, so heißt das, daß sich beispielsweise ein Stahlschneeschuh unter sonst völlig gleichen Bedingungen nur $^1/_{14}$ so

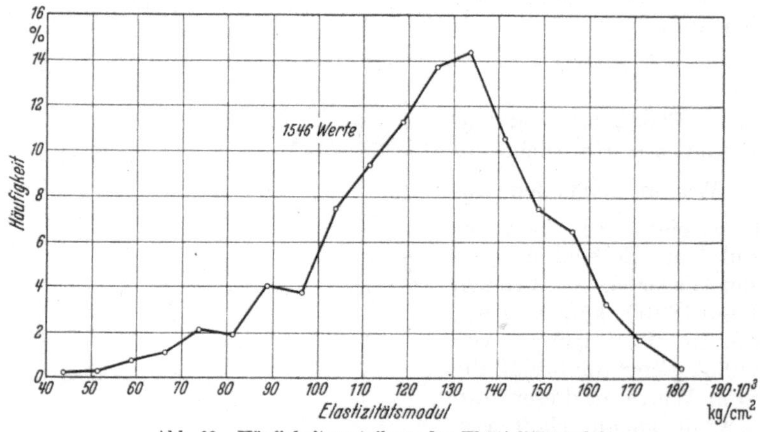

Abb. 69. Häufigkeitsverteilung des Elastizitätsmoduls.

stark durchbiegen würde wie ein Eschenholz-Schneeschuh. Selbst bei stark vermindertem Trägheitsmoment wäre die Durchfederung des Stahlschneeschuhs immer noch geringer als die des Holzschneeschuhes. Hieraus läßt sich die Lehre ziehen, daß der im Verhältnis zu Metallen niedrige E-Modul des Holzes ihm besondere Verwendungsgebiete erschließt, und zwar überall dort, wo gute Federung bei gleichzeitig hoher Festigkeit verlangt wird. Sportgeräte, Turngeräte, aber auch die meisten Arten von Werkzeugstielen, Federn von landwirtschaftlichen Maschinen usw. sind hier zu nennen. In der Tat ist Eschenholz — ebenso wie Hickoryholz — in dieser Hinsicht ein unübertreffbarer Werkstoff. Die Unterschiede gegenüber den Metallen lassen sich dabei durch das Verhältnis von E-Modul zu Zugfestigkeit sehr anschaulich machen: Im Mittel können wir hier bei Eschenholz mit 12% Feuchtigkeit rechnen: $\frac{134000}{1650} = 81$, während sich bei Stahl ergibt: $\frac{2100000}{17000} = 300$, d. h. auf die Festigkeit bezogen, ist Stahl fast 4mal so steif wie Eschenholz.

Der Elastizitätsmodul von Eschenholz wurde im Rahmen der vorliegenden Untersuchungsreihen durch Biegeversuche an Stäben von $2 \cdot 2 \cdot 30$ cm bei 24 cm Stützweite bestimmt. Bei dem niedrigen Verhältnis von Stützweite zu Stabdicke l/d = 12 mußte der Einfluß der Schubspannungen berücksichtigt werden (Kollmann 1936, 1939). Die Ergebnisse von 1546 Einzelmessungen zeigt Abb. 69. Man sieht, daß die Streuungsbreite von etwa 43000...181000 kg/cm² geht, und daß der häufigste Wert bei 134000 kg/cm² liegt. Bei der starken linksseitigen Asymmetrie des Polygons ist zu beachten, daß der Linienzug im Bereich von 40000...80000 kg/cm² nur sehr langsam ansteigt. Praktisch sind also bei Eschenholz ohne gröbere Fehler solche niedrigen Werte des E-Moduls sehr selten (höchstens 4,5% einer großen Lieferung). Es kann als ziemlich sicher gelten, daß sie auf gewisse Holzfehler, z. B. leichte Schrägfaser, zurückzuführen sind, die bei den Prüfungen nicht in allen Fällen ausgeschaltet werden konnten. Ein Sortierungsversuch bestätigte diese Vermutung und gab zugleich Anhaltspunkte dafür, welche Anforderungen an besonders hochwertiges Werkholz zu richten sind, und wie sich diese auf die Sortenausbeute auswirken. Bei 323 Eschenholzstäben, die zu einer Versuchsreihe zur Verfügung standen, wurde die in Abb. 70 gezeichnete ausgezogene Häufigkeitskurve des E-Moduls gefunden. Die Absicht bestand nun darin, durch ein geeignetes einfach anzuwendendes Sortierverfahren eine Spitzenklasse des Holzes zu finden, in der u. a. 100000 kg/cm² als tatsächlicher Mindest-E-Modul verbürgt waren. Es stellte sich heraus, daß diese Forderung

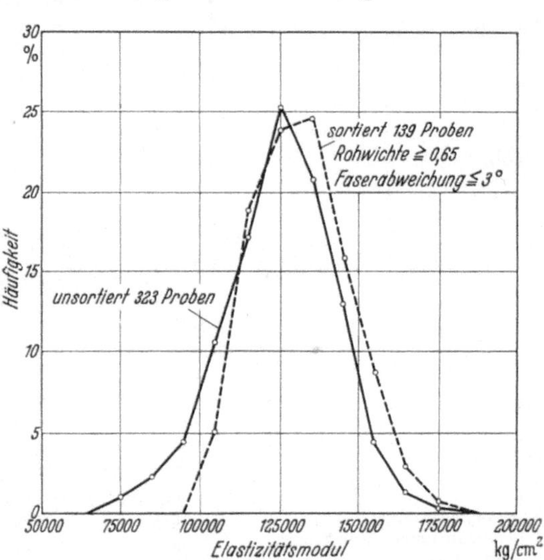

Abb. 70. Häufigkeitsverteilung des Elastizitätsmoduls für Proben einer Versuchsreihe, unsortiert und sortiert nach Rohwichte und Faserabweichung.

erfüllt werden konnte, wenn alle Stäbe mit Rohwichten unter 0,65 g/cm³ und mit Winkeln über 3° zwischen Stabachse und Faserrichtung ausgesondert wurden. Durch dieses Verfahren verringerte sich allerdings die Zahl der Stäbe von 323 auf 139 Stück, d. h. auf 43%. Die Ausscheidung der zu nachgiebigen Stäbe muß also teuer erkauft werden; anderseits werden durch eine derartige Auslese auch die Stäbe mit zu geringer Druckfestigkeit erfaßt. Beispielsweise kann man damit rechnen, daß durch Aussonderung aller Eschenproben mit kleinerer Rohwichte als 0,65 g/cm³ im Darrzustand für das übrigbleibende Holz die Mindestdruckfestigkeit bei völliger Trockenheit auf 800 kg/cm² steigt. Wir werden sehen, daß ähnliche Gütebestimmungen im Flugzeugbau üblich sind (s. S. 130).

Der starke Einfluß des Faserwinkels auf die Dehnungszahl ist bekannt. Baumann (1922) fand beispielsweise für Esche parallel und senkrecht zur Faser die in Zahlentafel 16 zusammengestellten Werte.

     Elastizität und Festigkeit.

Zahlentafel 16. Dehnungszahlen und E-Moduln für Eschenholz nach R. Baumann.

Holzbeschaffenheit	Rohwichte g/cm³	Beanspruchung	Dehnungszahl 10^{-6} cm²/kg bzw. (E-Modul) kg/cm²		
			Zug	Druck	Biegung
Schlechtestes Holz . .	—	‖	—	—	20,64 (48450
Geringwertig	0,44…0,47	‖	24,90 (40160)	24,26 (41220) 23,28 (42960)	20,64 (48450
Splint	0,56…0,61	‖	10,96 (91240)	9,49 (105400)	{ 8,78 (113900 { 8,74 (114400
		⊥ tang. ⊥ rad.	95,00 (10530) 61,67 (16220)	92,31 (10830) 58,75 (17020)	
Kern derselben Bohle .	0,62…0,71	‖ ‖	7,52 (133000) 6,60 (151500)	7,46 (134100) —	7,93 (126100 7,22 (138500
		⊥ tang. ⊥ rad.	96,77 (10330) 50,00 (20000)	90,91 (11000) 50,00 (20000)	— —
Bestes Holz	0,72…0,76 —	‖ ‖	— —	— —	6,11 (163700 5,60 (178000

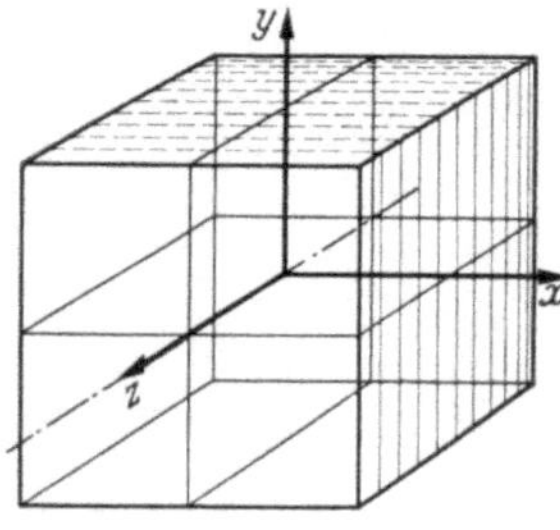

Abb. 71. Lage der Symmetrieebenen in einem Holzwürfel.

Die großen Unterschiede der E-Moduln längs und quer zur Faser erklären sich aus der Anisotropie des Holzes. Das Hookesche Gesetz für den allgemeinen Fall eines anisotropen symmetrielosen Körpers vereinfacht sich allerdings bei Holz, da drei zueinander senkrechte Symmetrieebenen angenommen werden können (Abb. 71). Für diesen Fall lassen sich durch Biegungs- und Drehungsversuche 9 elastische Konstanten messen. In technischer Schreibweise sind diese in Zahlentafel 17 wiedergegeben (F. Kollmann 1936).

Die Schubzahlen α_{44} und α_{66} kann man in roher Annäherung einander gleichsetzen; Baumann (1922) — der sie als Schubzahl β zusammenfaßte — fand eine Streuung von $45{,}2 \cdot 10^{-6}$ bis $240 \cdot 10^{-6}$ cm²/kg, im Mittel 140,1 cm²/kg. Gleichzeitig bestimmte er als mittlere Dehnungszahl längs der Faser $\alpha_{22} = 8{,}05 \cdot 10^{-6}$ cm²/kg. Daraus läßt sich als durchschnittliches Verhältnis von $\dfrac{\alpha_{44}}{\alpha_{22}}$ oder $\dfrac{\alpha_{66}}{\alpha_{22}}$ für Eschenholz die Zahl 17 ableiten. Mit diesem Wert kann man den Einfluß der Schubkraft bei der Durchbiegung gedrungener Stäbe befriedigend berücksichtigen.

Zahlentafel 17. Elastizitätszahlen für Eschenholz (10^{-6} cm²/kg).

Rohwichte g/cm³	Dehnungszahlen, wenn Zug in Richtung wirkt			Querdehnungszahlen, wenn Zug in Richtung des einen der beiden Zeiger, mißt die Dehnung in Richtung des anderen Zeigers			Schubzahlen, wenn die Richtung um die geschoben wird, ist		
	tang. α_{11}	längs α_{22}	rad. α_{33}	α_{12}	α_{23}	α_{13}	tang. α_{44}	längs α_{55}	rad. α_{66}
0,58	92,31[1]	9,49	58,75						
0,66	90,91[1]	7,46	50,00						
0,68	122,31[2]	6,21	65,01	—3,2	—2,9	—45	73,1	363	110

[1] Nach Baumann (1922). — [2] Nach Stamer (1935) und Hörig (1935).

Die in den Zahlentafeln angegebenen elastischen Konstanten gelten für das in Abb. 71 gezeichnete Achsenkreuz. Will man das Verhalten in einer beliebigen Richtung zur Holzfaser kennenlernen, so muß man auf die Kristallphysik von Voigt[1] zurückgreifen, deren verwickelte Transformationsformeln aber in diesem Zusammenhang nicht näher behandelt werden können (s. Kollmann 1936). Für die Bedürfnisse der Praxis ist folgende Näherungsgleichung leistungsfähig genug:

$$\alpha_\gamma = \alpha_{22} \cos{}^n\gamma + \frac{(\alpha_{11} + \alpha_{33})}{2} \sin{}^n\gamma,$$

wobei $\alpha_\gamma =$ Dehnungszahl eines Stabes, dessen Achse mit der Faserrichtung den Winkel γ einschließt und $n = 2 \ldots 3$.

Es sei hervorgehoben, daß die in Zahlentafel 17 enthaltenen Schubzahlen sich nicht mit dem theoretischen Rüstzeug für isotrope Körper aus Verdrehversuchen errechnen lassen. Hörig[2] hat hierauf wiederholt hingewiesen und Verfahren entwickelt, mit denen sich aus den „Drillungsmoduln" von Verdrehversuchen die davon beträchtlich abweichenden Schubmoduln ableiten lassen. Für den technischen Gebrauch sind aber auch Drillungsmoduln, die im Schrifttum fast ausschließlich mitgeteilt werden, von Nutzen (Zahlentafel 18).

Zahlentafel 18. Drillungsmoduln von Eschenholz.

Rohwichte	Feuchtigkeit	Drillungsmodul kg/cm² bei Verdrehung um die Achse			Beobachter
g/cm³	%	y längs	x tang.	z rad.	
0,82	11,3	11900	7000	—	Huber 1928
0,67	9,2	10940*	4230*	4584*	Kraemer 1930
0,65	9,5	13900	—	—	Stamer 1935

* Stäbe mit Kreisquerschnitt.

Die Anwendung dieser Zahlen ist einfach und praktisch von erheblichem Wert. Erwähnt sei, daß die Kehrwerte von α_{11}, α_{22} und α_{33} die in der Technik üblichen Dehnungs-E-Moduln in den zugrunde gelegten Achsenrichtungen sind. Sinngemäß sind $(\alpha_{44})^{-1}$, $(\alpha_{55})^{-1}$, $(\alpha_{66})^{-1}$ die Schubmoduln um die x-, y- und z-Achse. Zur Rundung des Bildes seien noch die Poissonschen Konstanten von Eschenholz errechnet.

Zahlentafel 19. Poissonsche Konstanten für Eschenholz.
(Nach Stamer 1935.)

$\mu_{12} = -\dfrac{\alpha_{21}}{\alpha_{11}}$	$\mu_{31} = -\dfrac{\alpha_{13}}{\alpha_{33}}$	$\mu_{23} = -\dfrac{\alpha_{32}}{\alpha_{22}}$	$\mu_{21} = -\dfrac{\alpha_{12}}{\alpha_{22}}$	$\mu_{13} = -\dfrac{\alpha_{31}}{\alpha_{11}}$	$\mu_{32} = -\dfrac{\alpha_{23}}{\alpha_{33}}$
0,026	0,70	0,30	0,52	0,37	0,045

Da die praktisch geforderten Beziehungen

$$\alpha_{12} = \alpha_{21}; \quad \alpha_{23} = \alpha_{32}; \quad \alpha_{31} = \alpha_{13}$$

ziemlich gut erfüllt sind, lassen sich — wenn man neben den bisher gebrauchten Zahlenzeigern die anschaulichen Abkürzungen $l =$ längs der Faser, $r =$ radial und $t =$ tangential einführt — die folgenden Gleichungen ableiten:

$$\frac{\mu_{23}}{\mu_{32}} = \frac{E_l}{E_r}; \quad \frac{\mu_{21}}{\mu_{12}} = \frac{E_l}{E_t}; \quad \frac{\mu_{31}}{\mu_{13}} = \frac{E_r}{E_t}.$$

---

[1] Voigt, W.: Lehrbuch der Kristallphysik, Leipzig: B. G. Teubner 1928.
[2] Hörig, H.: Ing.-Arch. Bd. 6 (1935) S. 8.

6*

Eine weitere physikalische Konstante, die Kompressibilität $\varkappa$, welche die Änderung φ des ursprünglichen Volumens V durch allseitigen Druck p (kg/cm²) angibt (also $\varphi = \varkappa \cdot p \cdot V$), errechnet sich für Eschenholz mit den Werten in Zahlentafel 17 zu:

$$\varkappa = \alpha_{11} + \alpha_{22} + \alpha_{33} + 2(\alpha_{23} + \alpha_{31} + \alpha_{12}) = 0{,}913 \cdot 10^{-4} \; (\text{cm}^2/\text{kg}).$$

Für den Zusammenhang zwischen Elastizitätsmodul und Rohwichte hat Baumann (1922) eine durch freilich nicht allzuviel Meßpunkte

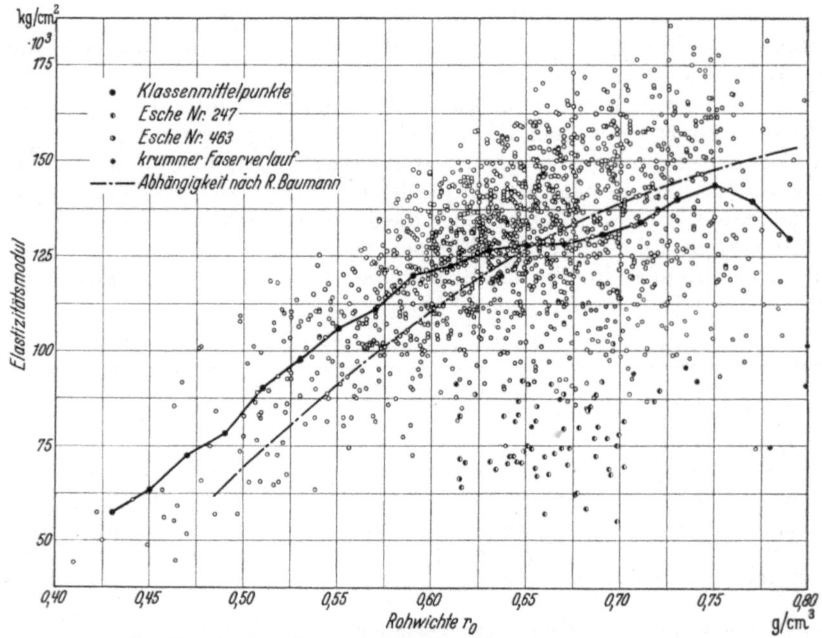

Abb. 72. Zusammenhang zwischen Elastizitätsmodul und Rohwichte.

bestimmte Kurve veröffentlicht. Trotzdem paßt sie in ihrem Verlauf verhältnismäßig gut zu dem Linienzug, der für meine 1546 Zahlen den E-Modul von Eschenholz als Abhängige der Rohwichte darstellt. Man kann aus Abb. 72 ersehen, daß sich der E-Modul im Bereiche niedriger Rohwichten nahezu verhältnisgleich der Wichte erhöht, während bei höheren Rohwichten die Zunahme allmählich langsamer wird. Der Abfall bei Rohwichten über 0,75 dürfte auf irgendwelchen Zufälligkeiten beruhen. Kleine Fehler, wie Äste, Drehwuchs usw. sind hier zu nennen. Beispielsweise sinkt der E-Modul eines Eschenstabes von 113 600 kg/cm² auf 107 600 kg/cm², wenn sich ein Ast auf der Zugseite in Nähe der Mitte befindet, und auf 100 700 kg/cm², wenn der Ast in Mitte der Druckzone liegt. Bei drehwüchsigem Eschenholz ist der E-Modul meist weit geringer als 100 000 kg/cm² (Baumann 1922; vgl. auch Abb. 69).

Wichtig ist der Einfluß der Feuchtigkeit auf die elastischen Formänderungen. Abb. 73 zeigt die Abhängigkeit für Weißeschenholz bei Raumtemperatur (Wilson 1932). Die erhebliche Verminderung der Steifheit durch Dämpfen wird vielfach ausgenützt (s. S. 137). Die

elastische Nachwirkung kann sowohl bei Dehnungs- als auch bei Schub-
versuchen von Bedeutung werden (Huber 1928). Verwiesen sei schließlich auf das Patentbiegeholz, das durch Dämpfen oder Kochen im Vakuum
und anschließende Stauchung längs der Faser erzeugt wird. Eschenholz

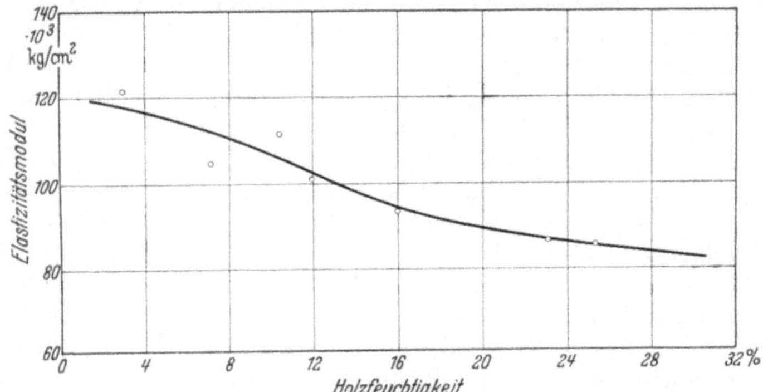

Abb. 73. Abhängigkeit des Elastizitätsmoduls von der Holzfeuchtigkeit.

wird hierzu häufig verarbeitet und findet dann Verwendung zu Fenster-
einfassungen, geschweiften Rand- und Kehlleisten, im Fahrzeugbau,
im Segelflugzeug- und Bootsbau sowie für Sportgeräte (Tennisschläger).

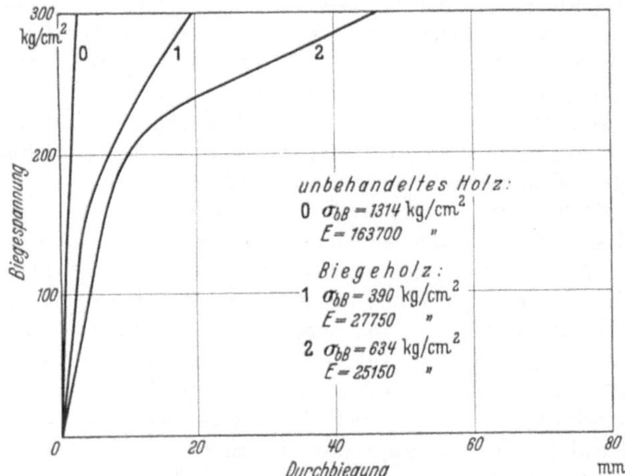

Abb. 74. Verformbarkeit von unbehandeltem Holz und Patentbiegeholz. (Nach L. Vorreiter.)

Die starke Verformbarkeit beim Biegen von Patentbiegeholz im Vergleich zu unbehandeltem Holz zeigt Abb. 74. Die zugehörigen E-Moduln
und Bruchspannungen sind mit eingetragen. Der E-Modul ist durch die
Vorbehandlung auf durchschnittlich $^1/_6$ herabgesunken. Etwa in gleichem
Maße verringert sich die Kraft, die erforderlich ist, um eine bestimmte
Durchbiegung zu erzwingen, abgesehen davon, daß größere Formänderungen bei unbehandeltem Holz infolge Bruchgefahr der gezogenen Rand-

fasern nicht erreichbar sind. Bemerkenswert ist, daß sich die Festigkeitseigenschaften keineswegs in gleichem Maße verändern; zwar sinkt die Biegefestigkeit auf 35 ... 60%, aber die Druck- und Spaltfestigkeit bleiben bei gleichen Feuchtigkeiten praktisch unverändert. Zu beachten ist, daß der Grad der Biegsamkeit eng mit dem Wassergehalt verbunden ist. Erwärmung verringert den Wassergehalt und erhöht damit die Steifheit sowie Festigkeit des Patentbiegeholzes beträchtlich. Der E-Modul von Eschen-Patentbiegeholz betrug beispielsweise in einem Fall bei der Einlieferung 20700 kg/cm², nach 24stündiger Trocknung bei rd. 80⁰ C war er auf 27270 kg/cm² und nach 48stündiger bei 80⁰ sogar auf 39070 kg/cm² gestiegen. Für die gleichen Zustände war die Biegefestigkeit 357 kg/cm² (wobei es zu keinem richtigen Bruch kam), 752 kg/cm² und 1031 kg/cm². Daraus erklärt sich auch die Anwendungslehre, daß Biegeholz kühl in einem Raum mit hoher relativer Luftfeuchtigkeit aufzubewahren, in feuchtem Zustand zu biegen, dann durch Einspannung in der Form festzuhalten und in diesem Zustand langsam bei 70 ... 80⁰ zu trocknen ist. Es tritt so gewissermaßen ein „Erstarren" ein, d. h. die Hölzer bleiben nach dem Trocknen in der ursprünglich unter Spannung gehaltenen Form. Das Zurückfedern ist sehr geringfügig. Quellen und Schwinden des Patentbiegeholzes unterscheiden sich kaum von dem unbehandelten Holzes (Graf 1932).

b) Druckfestigkeit.

Die Druckfestigkeit ist verhältnismäßig einfach zu untersuchen und technisch von großer Bedeutung. Sie spielt deshalb bei der Holzprüfung eine bevorzugte Rolle, die besonders auch im älteren Schrifttum zum Ausdruck kommt. Viele der früheren Zahlen büßen allerdings ihren Wert dadurch ganz oder teilweise ein, daß Feuchtigkeitsangaben fehlen oder doch recht ungenau sind. Im Rahmen meiner Untersuchungen wurde deshalb der Feuchtigkeit besondere Aufmerksamkeit geschenkt. Die Eschenholzstäbe, die zuerst auf den Elastizitätsmodul, dann auf die Bruchschlagarbeit geprüft wurden, und deren unbeanspruchte Enden schließlich zu Druckversuchen dienten, lagerten zunächst mehrere Monate in einem Klimaraum, um eine möglichst gleichmäßige Feuchtigkeit anzunehmen. Da sich die Prüfungen über sehr lange Zeit erstreckten und das Holz äußerst ungleichartig war, mußte trotzdem eine gewisse Schwankung der Feuchtigkeit von etwa 8 ... 14% in Kauf genommen werden. Die Festigkeitswerte des lufttrockenen Holzes wurden aber anschließend einheitlich auf 15% Feuchtigkeit umgerechnet. Dabei wurde angenommen, daß je 1% Feuchtigkeitsabnahme oder -zunahme eine Festigkeitszunahme oder -abnahme von 5% eintritt. Es läßt sich unschwer nachweisen, daß diese geradlinige Beziehung nur in sehr engem Bereich gilt, und daß die Fehler sowohl bei geringen Feuchtigkeiten als auch bei großen in der Nähe des Fasersättigungspunktes beträchtlich werden. Zwischen 10 und 15% sind sie aber äußerst gering und liegen innerhalb der Fehlergrenzen des ganzen Versuchs mit seinen vielerlei Einflußgrößen. Das einfache Rechenverfahren war deshalb in meinem Falle wohl brauchbar. Eingefügt sei, daß nach den Bauvorschriften für Flugzeuge (Ausg. 1939) bei Vollholz zwischen 9 und 15% je 1% Feuchtigkeitszu- oder -abnahme mit 30 kg/cm² Abnahme bzw. Zunahme der Druckfestigkeit (sowie der Biegefestigkeit) gerechnet wird. Oberhalb von 30...40% Feuchtigkeit nimmt die Druckfestigkeit von Eschenholz wie die aller Hölzer bei Temperaturen über 0⁰ nicht mehr mit der Feuchtigkeit ab. Bei gefrorenen Hölzern liegen besondere Verhältnisse vor: sowohl im hygroskopischen als auch im Bereich des tropfbaren Wassers tritt durch die Vereisung sowie die Änderung des Kristallgitters der Zellulose infolge der Abkühlung eine Festigkeitssteigerung ein. Die Beobachtungen an Eschenholz zeigt Zahlentafel 20 (Kollmann 1940).

Zahlentafel 20. Druckfestigkeit gefrorenen Eschenholzes.

Nicht gefroren bei + 20⁰			Gefroren bei −50⁰		
Rohwichte r_0 g/cm³	Feuchtigkeit %	Druckfestigkeit σ_{dB} kg/cm²	Rohwichte r_0 g/cm³	Feuchtigkeit %	Druckfestigkeit σ_{dB} kg/cm²
0,574	0	816	0,603	0	1223
0,616	0	970	0,580	0	1067
0,607	0	985	0,600	0	1114
0,588	10,3	561	0,568	10,3	910
0,599	10,3	582	0,564	10,2	750
0,582	10,3	524	0,550	10,2	787
	130,8	238		124,1	718
0,592	115,8	265	0,578	116,2	740
	124,4	236		116,6	811

Jeweils wurden bei den Versuchen zwei Stabenden gedarrt und nach Abkühlung über Phosphorpentoxyd zerdrückt. Die Häufigkeitskurven

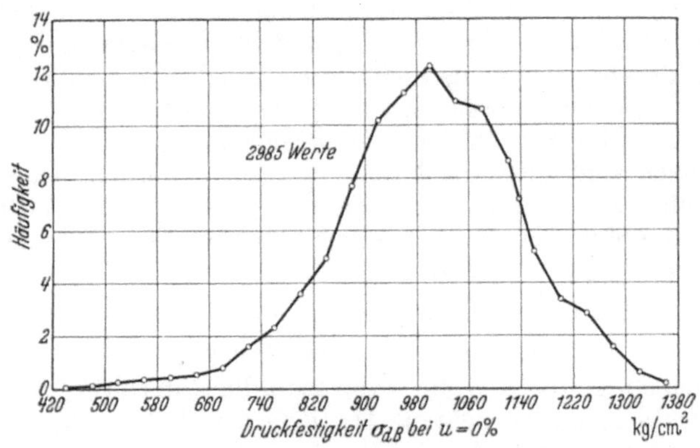

Abb. 75. Häufigkeitsverteilung der Druckfestigkeit gedarrten Eschenholzes.

für die Druckfestigkeit längs der Faser im Darrzustand und bei 15% Feuchtigkeit (für Raumtemperatur) zeigen Abb. 75 und 76. Folgende Grenz- und Mittelwerte lassen sich daraus entnehmen:

Druckfestigkeit bei 0% Feuchtigkeit 440...1000...1360 kg/cm²
Druckfestigkeit bei 15% Feuchtigkeit 200... 440... 680 kg/cm²

Bei frischem Eschenholz beträgt der Mittelwert der Druckfestigkeit etwa 290 kg/cm² (vgl. Zahlentafel 21 und 22). Die Zahlen können als sehr zuverlässig angesehen werden, da für jede Feuchtigkeit rd. 3000 Einzelproben geprüft wurden. Diese Tatsache ist beim Vergleich mit fremden Messungen zu berücksichtigen. Die Abweichungen solcher Messungen von meinen Zahlen sind allerdings, wie Tafel II, in der die Festigkeitsdaten von Eschenholz nach Wuchsgebieten und Eschenarten zusammengestellt sind, zeigt, dann geringfügig, wenn sie sich ebenfalls auf ein größeres Material beziehen.

Zur Beurteilung der eigentlichen Holzgüte in statischer Hinsicht sowie zu einem aufschlußreichen Vergleich des Holzes mit anderen Werkstoffen eignet sich besonders die auf die Rohwichte bezogene Festigkeit. Bildet

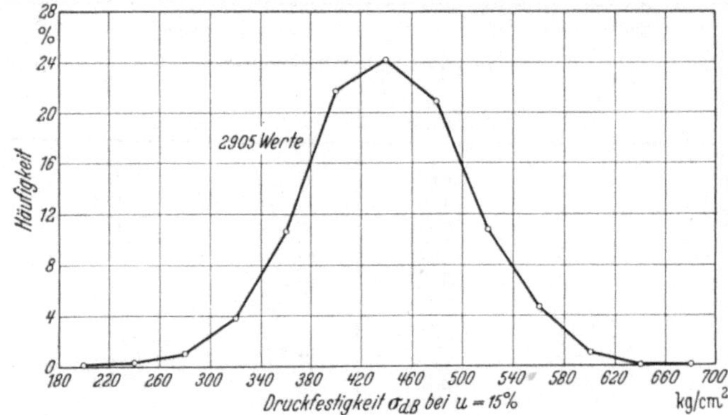

Abb. 76. Häufigkeitsverteilung der Druckfestigkeit lufttrockenen Eschenholzes.

man das Verhältnis Druckfestigkeit zu Rohwichte, so erhält man in der sog. „Stauchlänge" eine Werkstoffestzahl (in km). Deuten läßt sie sich als diejenige Länge einer Säule aus dem betreffenden Stoff, die ausreicht, um durch das Eigengewicht einen Bruch herbeizuführen. Natürlich darf man bei einem organisch gewachsenen Werkstoff wie Holz nicht erwarten, daß die Stauchlänge im strengen Sinne eine Festzahl ist, Abweichungen vom Mittel nach oben und unten werden vielmehr unvermeidlich sein. Aus meinen Meßwerten für Rohwichte und Druckfestigkeit wurde die Stauchlänge oder — wie man nach Monnin sagen kann — die statische Gütezahl I_s berechnet:

Stauchlänge bei   0% Feuchtigkeit 8,70…_15,40_…18,72 km
Stauchlänge bei 11…12% Feuchtigkeit 5,40… _8,92_…13,40 km

Bis zu einem gewissen Grade kann man die Gütezahl I_s für eine Holzart als gleichbleibend betrachten. Da sie ferner als Verhältnis der Druckfestigkeit zur Rohwichte bestimmt ist, muß die Druckfestigkeit angenähert verhältnisgleich der Rohwichte sein. Inwieweit dies zutrifft, zeigt Abb. 77. Trotz aller Streuungen ergibt sich ein langgezogenes Feld für die der Rohwichte zugeordneten Punkte der Druckfestigkeit durch das sich eine allerdings nicht genau durch den Nullpunkt des Achsenkreuzes gehende Gerade legen läßt. Ähnlich eindeutige Beziehungen wurden auch für andere Hölzer, insbesondere Nadelhölzer, in größerer Zahl mitgeteilt. Ohne weiteres vergleichen lassen sich die statischen Gütezahlen aber nicht. Schon Monnin hat nämlich darauf hingewiesen, daß die statische Gütezahl bei Laubhölzern grundsätzlich niedriger ist als bei Nadelhölzern. Innerhalb beider Gruppen ist sie bei dichten und schweren Hölzern wieder etwas geringer als bei leichten oder besonders schweren.

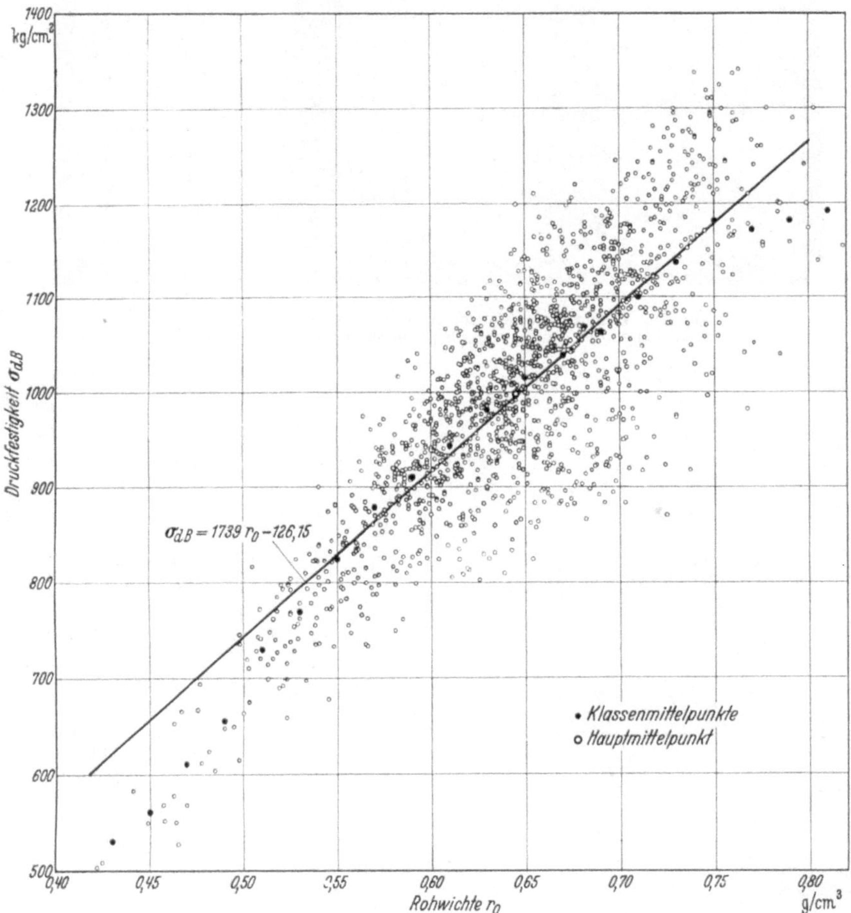

Abb. 77. Abhängigkeit der Druckfestigkeit von der Rohwichte.

Eschenholz gehört zu den „mittelharten" Laubhölzern; als „schlecht" zu bewerten sind diese hinsichtlich ihrer statischen Festigkeitseigenschaften, wenn $I_s < 6$ [km] bei 15% Feuchtigkeit ist; für Holz mittlerer Güte liegt I_s zwischen 6 und 7 km, während es bei gutem Holz größer als 7 km wird (Monnin 1932). Da die statische Gütezahl sehr stark von der Holzfeuchtigkeit abhängt, dürfen die oben für 11…12% Feuchtigkeit mitgeteilten Werte nicht unmittelbar mit diesen Maßstäben gemessen werden. Man muß vielmehr etwa $^1/_6$ abziehen um von den Kennzahlen bei 11…12% auf jene bei 15% zu kommen. Mit einem Mittelwert von rd. 7,4 km gehört das Eschenholz aber auch dann noch zu den guten

Hölzern. Bevor wir auf die inneren Gründe für seine hohe Festigkeit
näher eingehen, sei darauf hingewiesen, daß auch das Bruchbild beim

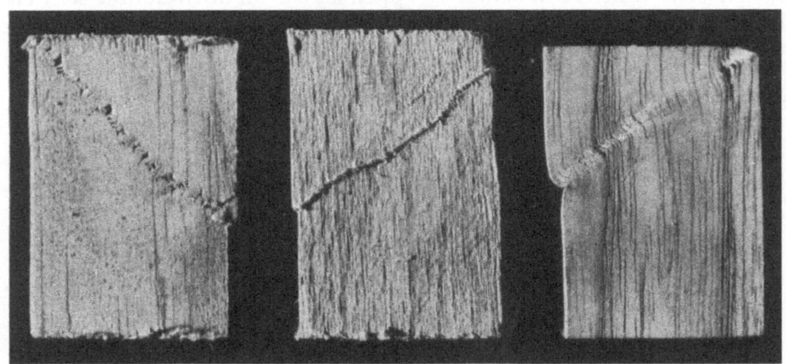

Abb. 78. Bildung von Gleitschichten in gedrückten Holzprismen
in Richtung der größten Schubspannung (Fichte, Buche, Esche).

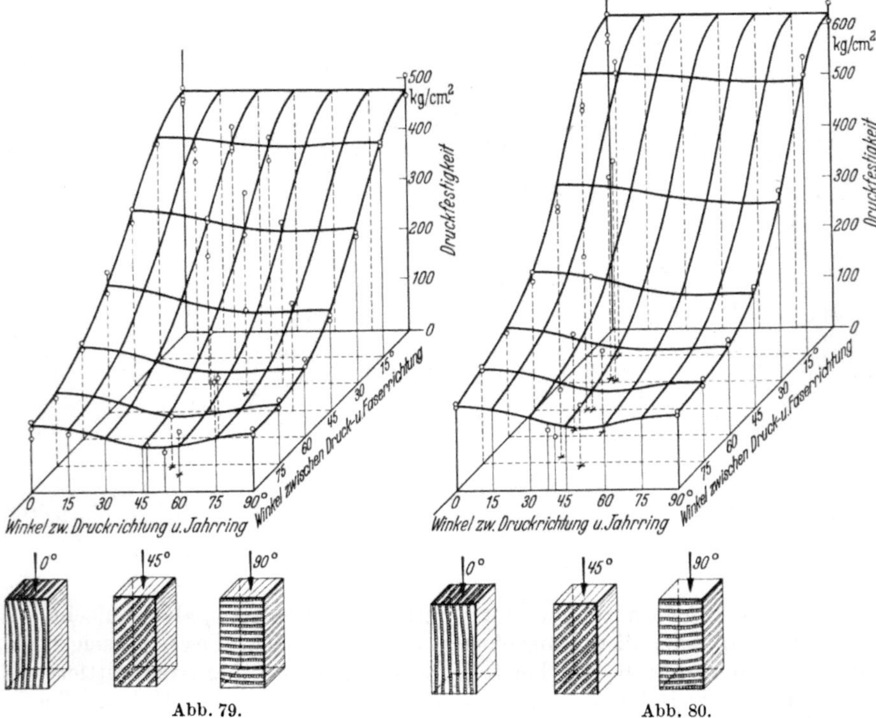

Abb. 79.   Abb. 80.

Abb. 79 und 80. Abhängigkeit der Druckfestigkeit von der Faserrichtung und vom Winkel
zwischen Druckrichtung und Jahrring bei Eschensplint- und -kernholz.

Druckversuch die Festigkeit und Zähigkeit des Eschenholzes anschaulich
macht. Während bei den meisten Hölzern die Fasern in den Gleit-
ebenen, die sich in Richtung der größten Schubspannungen ausbilden,

scharf einknicken oder kurz abgeschert werden, folgen sie im Eschenholz unzerrissen der Bewegung, und die beiden abgeschobenen Teile sind nicht durch eine scharfe Bruchlinie getrennt, sondern sehen noch fest verwachsen aus (Abb. 78).

Auf den Faserverlauf ist bei den Druckversuchen sorgfältig zu achten, da alle Festigkeitseigenschaften in außerordentlichem Maße vom Winkel zwischen Kraft- und Faserrichtung abhängen. Quer zur Faser beträgt die Würfelfestigkeit von Eschenholz nur etwa $^1/_4 \ldots ^1/_3$ der Längs-Druckfestigkeit; wirkt die Beanspruchung nur auf einen Teil der Seitenfläche des Holzes, als Stempel- oder Schwellendruck, so steigt zwar die Widerstandsfähigkeit, da die angrenzenden Fasern zur Kraftübertragung herangezogen werden, aber trotzdem sind auch hier insbesondere die Formänderungen ungleich stärker als bei Druck in Faserrichtung. Raumbilder für die Abhängigkeit der Druckfestigkeit von der Faserrichtung und vom Winkel zwischen Druckrichtung und Jahrringtangente hat Baumann (1922) gezeichnet (Abb. 79 und 80). Die Kurven gelten für lufttrockenes Holz mit etwa 11...12% Feuchtigkeit. Bei geringerer Feuchtigkeit wird der Abfall der Druckfestigkeit mit der Faserneigung wesentlich steiler, während er bei sehr feuchtem Holz flacher verläuft (Kollmann 1936). Die Bilder von Baumann stützen

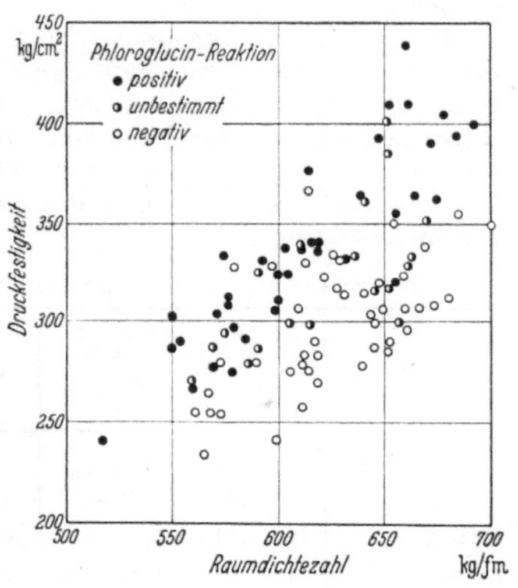

Abb. 81. Druckfestigkeit und Raumdichtezahl von Astholz mit verschiedener Färbung durch Phloroglucin-Salzsäure.

übrigens den früher erbrachten Nachweis, daß Eschen-Splintholz dem -Kernholz durchaus nicht überlegen ist.

Neben anatomischen Gründen (z. B. der Gleichmäßigkeit und Dickwandigkeit der Gewebe) dürften chemische Ursachen für die Festigkeit des Holzes eine besondere Rolle spielen. Beispielsweise erhöht sich die statische Gütezahl mit dem Ligningehalt (Trendelenburg 1939). Eine Bestätigung dafür kann man auch innerhalb einer Holzart finden. Als bequemes Hilfsmittel für rasche Untersuchungen springt die Färbung mit Phloroglucin-Salzsäure ins Auge (s. S. 47). Cross, Bevan und Briggs[1] haben sich erstmals näher mit der eigentümlichen Kondensation von Phloroglucin auf dem Lignin der pflanzlichen Zellwand in Gegenwart von Salzsäure befaßt. Dieser Farbvorgang eignet sich nicht nur zum allgemeinen Nachweis, sondern auch zur zahlenmäßigen Bestimmung des Ligningehaltes, da der Phloroglucinverbrauch dem Ligningehalt gleichläuft. Es lag deshalb nahe, das Verfahren zu einer Schnellprüfung von Holz auf seine Druckfestigkeit zu verwenden, wenn diese mit dem

---

[1] Cross, Bevan und Briggs: Über die Farbenreaktionen der Lignocellulosen. Ber. dtsch. chem. Ges. Bd. 40 (1907) S. 3119.

Ligningehalt verknüpft ist. Über die Erfahrungen mit diesem Verfahren wurde bereits berichtet (vgl. Abb. 40 und 41); sie sind alles in allem nicht ungünstig, trotzdem muß vor einer Überschätzung gewarnt werden. Zwar scheint man mit der Phloroglucinprobe eine Möglichkeit zu gewinnen, für einen und denselben Standort festes von weniger festem Holz zu unterscheiden, das Verfahren versagt jedoch mehr oder minder, wenn es auf Hölzer aus verschiedenen Wuchsgebieten angewendet wird. Holz aus einem Stamm verhält sich bei der Reaktion oft recht ähnlich. Trotzdem zeigt Abb. 81, daß man bei Untersuchungen eines Astes eine ziemlich eindeutige Abgrenzung der festen gegenüber den weniger festen Proben erreicht.

In diesem Zusammenhang ist hervorzuheben, daß die Änderungen der Druckfestigkeit innerhalb eines Stammes etwa denselben Gesetzen gehorchen wie die der Rohwichte. Es war schon davon die Rede, daß diese deutlich mit der Baumhöhe ansteigt, und daß ihre Höchstwerte fast stets im Zopf zu finden sind. Ganz ähnliche Beobachtungen liegen für die Druckfestigkeit vor und seien in Zahlentafel 21 ausschnittweise zusammengestellt.

Zahlentafel 21. Höhenlage im Stamm und Druckfestigkeit.

| Beobachter | | Clarke, Chaplin und Armstrong (1934) | | Kaktinš | Kollmann | | |
		Standort 13 und 21	Standort 97		Stamm I	Stamm II	Stamm III
Druckfestigkeit σ_{dB} (kg/cm²)	Holzfeuchtigkeit . . .	Grünes Holz	Grünes Holz	13...15%	0%	0%	0%
	Erdstamm. .	195...214	242...313	463...560	714...1102	834...1242	750...108(
	Stammitte .	242...248	281...328	494...612	824...1208	852... 979	890...112(
	Zopf	249...274	288...348	476...599	955...1345	736...1112	1004...114!

Ein nicht minder ausgeprägter, freilich ebenfalls bei diesem oder jenem Einzelstamm zurücktretender Zusammenhang besteht zwischen der Druckfestigkeit und dem Abstand vom Mark. Sieht man dabei von der Zone unmittelbar um den Markstrang ab, dann ist das Holz der inneren Jahrringe meist etwas schwerer und druckfester als das in einem größeren Abstand von der Baumlängsachse. Einige Werte seien in Zahlentafel 22 zusammengestellt.

Zahlentafel 22. Abstand vom Mark und Druckfestigkeit.

| Beobachter | | | Clarke, Chaplin und Armstrong (1934) | | | Kaktinš |
			Standort 13	Standort 21	Standort 97	
Druckfestigkeit σ_{dB} kg/cm²	Abstand cm	Holzfeuchtigkeit	grün	grün	grün	13...15%
		0... 7,5	249	253	328*	458...485*
		7,5...12,5	243	250	316*	—
		12,5	235	251	295	398...447**

* Kern. ** Splint.

Schließlich sei noch kurz die Frage aufgerollt, ob sich aus der Jahrringbreite und dem Spätholzanteil einigermaßen sichere Schlüsse auf die Druckfestigkeit des Eschenholzes ziehen lassen. Bis zu einem gewissen Grade darf man diese Frage im Vorhinein bejahen, da die Druckfestigkeit eine lineare Veränderliche der Rohwichte ist, und diese wiederum mit der Jahrringbreite und dem Spätholzanteil zusammenhängt. Allerdings entsinnen wir uns der erheblichen Streuungen, die hierbei zu beobachten sind. Es wurden deshalb lediglich aus den Mittelwertkurven für die Rohwichte in Abhängigkeit von Jahrringbreite und Spätholzanteil unter Zuhilfenahme der statischen Gütezahl grundsätzliche Kennlinien für die Druckfestigkeit entworfen. Abb. 82 zeigt diese Linien und

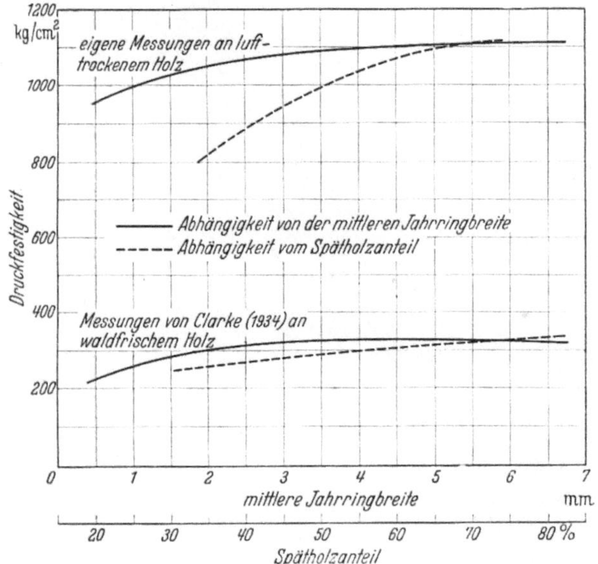

Abb. 82. Einfluß der mittl. Jahrringbreite und des Spätholzanteils auf die Druckfestigkeit.

stellt sie ähnlichen Kurven von Clarke, Chaplin und Armstrong (Juni 1934) gegenüber. Man kann daraus schließen, daß zwar einer Zunahme der Ringbreite bis zu 2,5 mm fast stets eine Erhöhung der Druckfestigkeit gleichläuft, daß im Bereich noch breiterer Ringe aber keine Schlüsse mehr auf die Festigkeit gezogen werden können. Der Spätholzanteil hingegen erweist sich auch hier als sichererer Maßstab; ihm kann die Druckfestigkeit nahezu verhältnisgleich gesetzt werden. Bemerkenswerterweise ist aber für eine gegebene gleichbleibende Rohwichte die Druckfestigkeit um so niedriger, je höher der Spätholzanteil ist. Clarke (Mai 1933) hat hierfür ein Schaubild entworfen (Abb. 83). Bei Auswertung meiner Zahlen unter gleichem Gesichtswinkel ergaben sich allerdings keine so eindeutigen Beziehungen, wenngleich auch ich fand, daß bei unveränderlicher Rohwichte die Druckfestigkeit besonders bei sehr hohen Spätholzprozenten deutlich niedriger ist als bei geringem Spätholzanteil.

Überblicken wir zum Schluß nochmals die ganze Fragengruppe, so
stellt sich heraus, daß die Höhe der Druckfestigkeit, wie wohl die aller
Festigkeitseigenschaften, von sehr vielen inneren und äußeren Umständen bedingt ist. Zu nennen sind hier neben der Menge an Zell-
wandungssubstanz in der Raumeinheit ihre Anordnung und ihre chemische

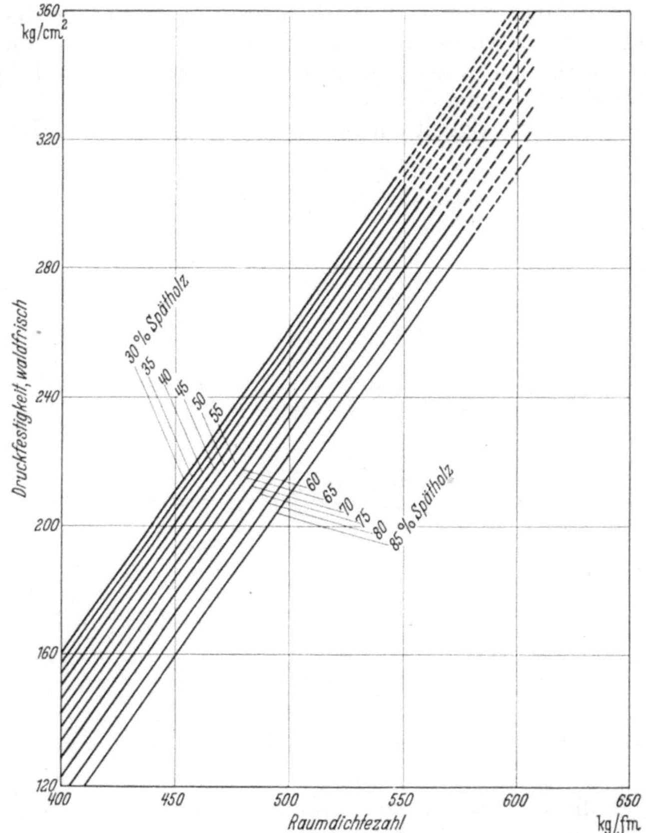

Abb. 83. Einfluß des Spätholzanteils auf die Abhängigkeit der Druckfestigkeit
von der Raumdichtezahl. (Nach Clarke.)

Beschaffenheit. Dabei wirken sich z. B. die Jahrringbreite und der Spätholzanteil nicht nur auf die Menge, sondern auch auf die Anordnung
und Gleichmäßigkeit der Gewebe aus. Das gleiche gilt für die Dicke der
Zellwandungen und das Verhältnis von Festigungs- zu Leit- und Speichergewebe. Hierzu gesellen sich weitere innere Umstände wie die Höhenlage
und das Alter des Holzes. Diese haben zweifellos aber nicht nur auf
das Verhältnis der Holzmasse zum Gesamtvolumen, sondern auch auf
die chemische Beschaffenheit der Zellwände Einfluß. Schließlich sind
am Aufbau des Holzes und der Formung seiner Eigenschaften äußere
Umstände, z. B. die Art des Bodens, Erziehungsmaßnahmen usw. mit-
beteiligt.

c) Zugfestigkeit.

Zugversuche stoßen bei Hölzern auf gewisse technische Schwierigkeiten, da die Probekörper mühsam herzustellen sind und unter Umständen nicht durch Zugbeanspruchung, sondern durch Abscherung an den Einspannköpfen zerstört werden. Trotzdem wissen wir längst, daß die Zugfestigkeit der Hölzer sehr hoch ist, im Durchschnitt 2,5 bis 3mal so hoch wie die Druckfestigkeit. Die bedeutente Zerreißfestigkeit der Einzelfasern und ihre vorzügliche Verkittung in den Holzgeweben sind als Ursache dafür zu buchen. Zum Ausdruck kommt die Überlegenheit des Holzes in dieser Hinsicht wieder besonders deutlich, wenn man die Zugfestigkeit auf die Rohwichte bezieht, d. h. die „Reißlänge" ausrechnet. Bei Eschenholz mit 11% Feuchtigkeit kommt man beispielsweise auf etwa 25 km, während die Reißlänge hochwertiger

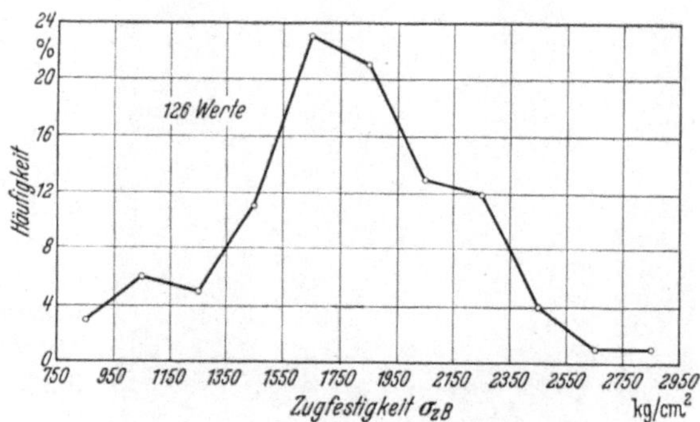

Abb. 84. Häufigkeitsverteilung der Zugfestigkeit.

Baustähle 7,5 km nur ganz selten übersteigt. Anderseits kann man die hohe Zugfestigkeit des Holzes in der Praxis nicht genügend ausnützen, da sie durch die geringsten Wuchsfehler, insbesondere Schrägfaser oder auch kleine Schwindrisse u. ä., außerordentlich vermindert wird. Freilich gilt diese Einschränkung weit mehr für Bauholz mit großen Abmessungen und fehlender oder dem Gebrauchszweck Rechnung tragender grober Sortierung als für Werkhölzer, die in kleinen Querschnitten und nach sorgfältigster Auswahl verwendet werden. Zu letzterem zählt aber gerade das Eschenholz.

Da in Anbetracht der eingangs erwähnten Schwierigkeiten Zugversuche parallel zur Faser bisher nur in beschränkter Zahl durchgeführt und veröffentlicht wurden, seien die bekannt gewordenen Ergebnisse in Zahlentafel 23 zusammengefaßt. Die Häufigkeit der von mir bestimmten

Zahlentafel 23. Zugfestigkeit von Eschenholz.

Beobachter	Rohwichte des Holzes g/cm³	Feuchtigkeit %	Zugfestigkeit σ_{zB} kg/cm²	Bemerkungen
Kollmann	—	11	749...*1760*...2929	
Kaktiņš	0,62...0,77	15	822...*1410*...1880	Briefl. Mitteilung
Baumann 1922	0,44...0,76	lufttrocken	303...2179	
Kraemer 1930	0,65	9,5	1260...1400	
Küch 1939	0,65...0,77	6,9...10,0	964...1870	Versuche d. DVL.
Markwardt u. Wilson 1935	—	grün	*1160*	Weißesche

* Häufigster Wert 1650 kg/cm².

Zugfestigkeitswerte bringt ergänzend Abb. 84, während Abb. 85 drei
Zugstäbe mit sehr verschiedenen Zugfestigkeiten zeigt; man beachte
dabei den kurzfaserigen Bruch bei dem schlechtesten, den sehr
langsplitterigen beim besten Holz. Hingewiesen sei weiter auf den
besonders kleinen Querschnitt des eigentlichen Zugteils der Proben
(0,5 cm²) und auf die breiten,
aus der Zeichnung gut er-
sichtlichen Jahrringe des
festesten Holzes.

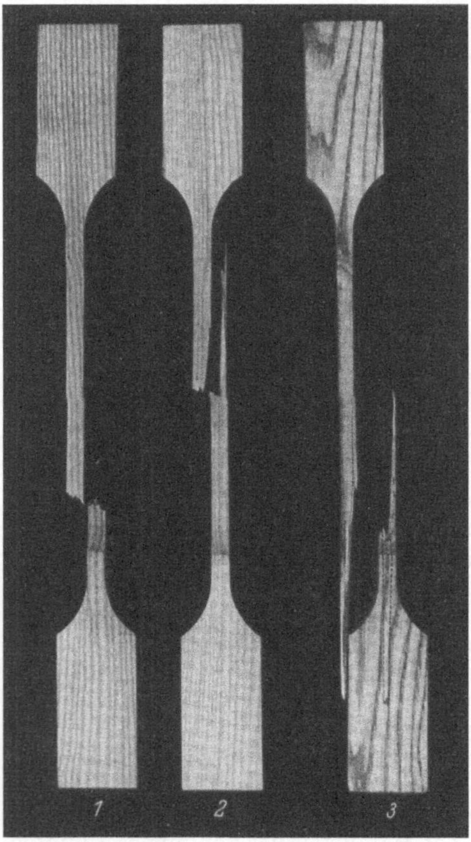

Mit der Rohwichte steigt
die Zugfestigkeit wie alle
übrigen Festigkeitseigenschaften an (Abb. 86), jedoch
wirkt sich Schrägfaser viel
stärker aus als auf die Druck-
und Biegefestigkeit. Nach
Versuchen von Baumann
(1922) beträgt die Querzugfestigkeit von Eschenholz im
Mittel tangential 8,5%, radial
9,2%. Unter 45⁰ fand Bau-
mann die Zugfestigkeit im
Mittel sogar nur zu 8%.
Mag dies auch durch Fehler
im Holz bedingt gewesen
sein, so zeigt es doch, mit
einem wie raschen Abfall
man bei der Zugfestigkeit zu
rechnen hat. Bei Fraxinus
americana beträgt die Querzugfestigkeit in grünem Zustand (42% Feuchtigkeit)
41,5 kg/cm², lufttrocken (12%
Feuchtigkeit) 66 kg/cm²
(Markwardt und Wilson
1935). Das Verhältnis scheint
also noch ungünstiger zu
sein als bei Fraxinus excelsior. Man wird in der Praxis

Abb. 85. Bruchbilder an Zugproben.
Zugfestigkeit 1 : 749, 2 : 1768, 3 : 2339 kg/cm².

vorsichtshalber bei Eschenholz einen Abfall auf 5% annehmen. Für
beliebige Winkel zwischen Zug- und Faserrichtung läßt sich dann die
Zugfestigkeit σ_γ wie folgt berechnen:

$$\sigma_\gamma = \frac{\sigma_\| \sigma_\perp}{\sigma_\| \sin^2 \gamma + \sigma_\perp \cdot \cos^2 \gamma} = \frac{0,05\, \sigma_\|}{\sin^2 \gamma + 0,05 \cdot \cos^2 \gamma}\,.$$

Mit dieser Gleichung wurde Abb. 87 entworfen. Nicht untersucht
wurde bisher der Einfluß der Feuchtigkeit auf die Zugfestigkeit von
Eschenholz. Man darf aber annehmen, daß ähnliche Zusammenhänge
bestehen wie bei anderen Hölzern, daß also die Zugfestigkeit vom Darr-

zustand an zunächst zunimmt, bei etwa 8…12% Feuchtigkeit einen Höchstwert erreicht, der ungefähr um etwa 25% über der Darrzugfestig-keit liegt und von da an bis zum Fasersättigungs-punkt wieder auf etwa $^2/_3$ dieses Höchstwertes ab-fällt. Jenseits des Faser-sättigungspunktes dürfte sich die Zugfestigkeit nicht mehr nennenswert mit dem Wassergehalt ändern.

d) Biegefestigkeit.

Biegeversuche wurden im Rahmen meiner Un-tersuchungen an Eschen-holz nur in beschränkter Zahl durchgeführt, da die Stäbe zu der schon er-wähnten Versuchsfolge: Bestimmung des Ela-stizitätsmoduls — der

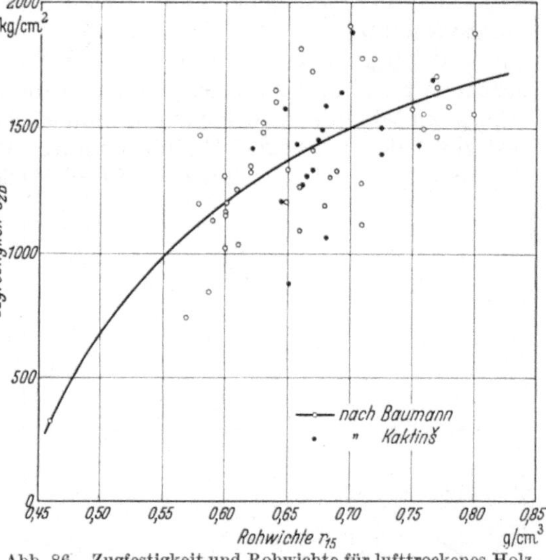

Abb. 86. Zugfestigkeit und Rohwichte für lufttrockenes Holz.

Bruchschlagarbeit — der Druckfestigkeit — der Rohwichte dienten. Hätte ich die Bruchspannung beim Biegeversuch messen wollen, so hätte auf den Schlagversuch verzichtet werden müssen. Letzterer er-schien aber unter dem prakti-schen Gesichtswinkel bedeutend wichtiger. Dazu kam, daß das Verhalten unter dem Pendel-hammer wesentlich weniger er-forscht war als die statische Biege-festigkeit, für die im Schrifttum zahlreiche Angaben vorliegen. Diese Angaben wurden von mir bereits früher zusammengestellt und kritisch gesichtet (Koll-mann 1936). Es ergab sich da-bei folgender Bereich der Biege-festigkeit:

Biegefestigkeit bei rd. 15% Feuchtigkeit 490…*1020*… 1780 kg/cm². Biegefestigkeit von grünem Holz *750* kg/cm².

In Tafel II folgen weitere

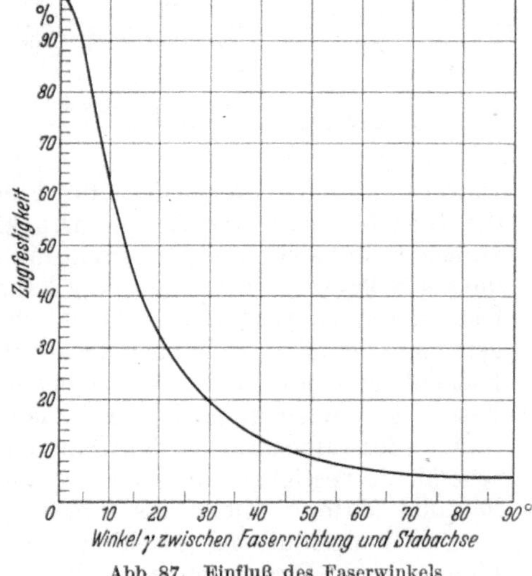

Abb. 87. Einfluß des Faserwinkels auf die Zugfestigkeit.

Angaben über die Biegefestigkeit von Eschenholz aus verschiedenen Wuchsgebieten. Die Gültigkeit des obenerwähnten Mittelwerts läßt

sich noch auf folgende Weise darlegen: Bekanntlich ist die Zugfestigkeit
des Holzes wesentlich größer als die Druckfestigkeit, und zwar bei
Eschenholz im Durchschnitt rd. 3mal so groß. Beim Biegen von Holz
wirkt sich dies dahingehend aus, daß keineswegs eine geradlinige Span-
nungsverteilung zustande kommt, wie sie der Navierschen Gleichung
zugrunde liegt; die neutrale Faser ist vielmehr erheblich gegen die
gezogene Randfaser zu verschoben und die Zugspannungslinie steigt viel
steiler an als die Druckspannungslinie. Dadurch wird zwar die Zugfestigkeit der konvexen Randfaser ausschlaggebend für die Einleitung
des Bruches, die rechnerische Biegefestigkeit liegt aber etwa in der
Mitte zwischen der Druck- und Zugfestigkeit. Hiermit läßt sich die Größe der Biegefestigkeit wenigstens roh überschlagen.

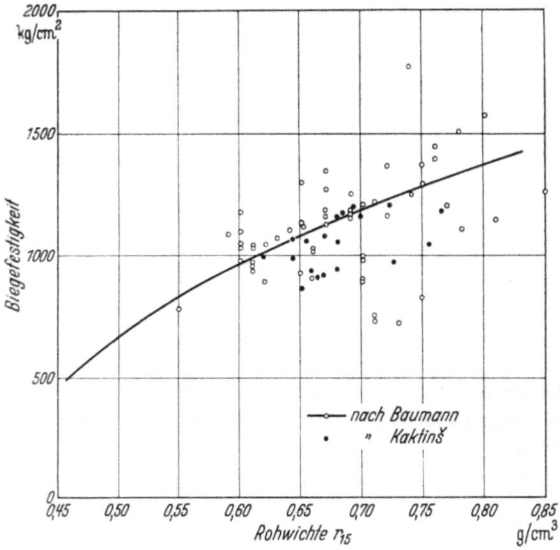

Beeinflußt wird die Biegefestigkeit von der Rohwichte, der Holzfeuchtigkeit und dem Faserverlauf, um die wichtigsten inneren Umstände herauszugreifen. Die Zunahme mit der Rohwichte, die im Bereich mittlerer Rohwichten verhältnismäßig stärker als bei sehr schwerem Holz ist, zeigt Abb. 88. Die Abnahme im hygroskopischen Bereich verläuft ganz ähnlich wie die der Druckfestigkeit, wenngleich etwas weniger ausgeprägt. Trotzdem schreiben — wie schon kurz mitgeteilt

Abb. 88. Biegefestigkeit und Rohwichte
für lufttrockenes Eschenholz.

wurde — die Bauvorschriften für Flugzeuge dieselbe Abminderung für
die Biegefestigkeit wie für die Druckfestigkeit vor. Auch der Winkel
zwischen Stabachse und Faserrichtung wirkt sich in bekannter Weise aus;
die auf S. 96 angeführte Gleichung kann benutzt werden, wenn die Biege-
festigkeiten parallel und senkrecht zur Faser vorliegen. Für eine allgemeine Abschätzung kann man annehmen, daß die Biegefestigkeit von
Eschenholz senkrecht zur Faser etwa 8% der Biegefestigkeit längs der
Faser ist. Unbedeutend ist der Umstand, ob parallelfaserige Biegestäbe
radial oder tangential zu den Jahrringen belastet werden; bei letzteren
scheint die Festigkeit um etwa 2% höher zu sein, jedoch reicht das vor-
liegende Material nicht aus, um völlig sichere Aussagen zu machen.

Sehr aufschlußreich ist hingegen die Aufnahme von Arbeitsschau-
bildern beim Biegeversuch, in denen die Formänderungen, und zwar
möglichst auch nach dem Bruch, als Veränderliche der Belastung aufgetragen sind. Derartige Untersuchungen liefern einen guten Einblick
in die Werkstoffmechanik und bauen eine Brücke zwischen dem Ver-

halten bei statischer und bei dynamischer Beanspruchung. Auf eine einfache Formel gebracht, zeigen sie, ob man es mit einem zähen oder spröden Holz zu tun hat, da bei ersterem nach der Bruchlast noch erhebliche Restwiderstände zu überwinden und damit größere Formänderungen möglich sind. Bei letzterem hingegen erfolgt der Bruch plötzlich nach an sich kleiner Formänderung und führt zu einem Zerfall des Probekörpers in zwei oder sogar mehr Teile, so daß keinerlei Spannung mehr aufgenommen werden kann. In dem später folgenden Abschnitt über die Bruchschlagfestigkeit wird hierüber noch näher zu sprechen sein, und es werden insbesondere Bruchbilder beigesteuert, die auch die äußeren

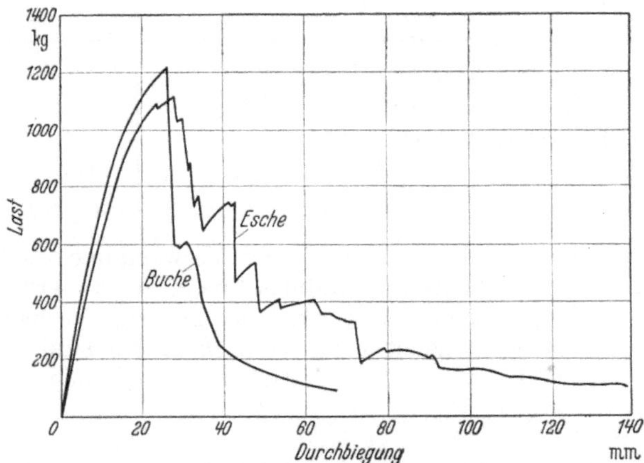

Abb. 89. Belastungs-Durchbiegungs-Schaubilder für Buche und Esche.

Unterschiede beider Brucharten: Die kennzeichnenden glatten oder treppenförmigen Brüche bei sprödem Holz sowie die stark splittrigen, pinselartig zerfaserten bei zähem aufzeigen. Eine leicht verständliche Folge dieser Splitterbildung und der nur Schritt für Schritt erfolgenden Trennung aller Faserbündel sind neben den erwähnten, auch bei stärker werdender Zerstörung und Durchbiegung noch wirkenden Restwiderständen Verkeilungen, die zu charakteristischen Spannungsspitzen lange nach Überschreiten der Höchstlast führen können. Diese Verkeilungen müssen um so häufiger und stärker sein, je mehr und größere Splitter sich bilden, und je fester sie noch teilweise mit ungebrochenen Stabteilen zusammenhängen. Ihr Auftreten ist somit ein sicheres Merkmal für sehr zähes Holz (Abb. 89). Auf dieselbe Erscheinung werden wir nochmals bei den Planbiege-Schwingungsversuchen stoßen, freilich in sehr verkleinertem Maßstab, da dort die Formänderungen bedeutend kleiner und damit die Möglichkeiten der Verkeilung verringert sind.

e) Dreh- und Scherfestigkeit.

Die Zähigkeit des Eschenholzes zeigt sich in sehr einprägsamer Weise beim Drehversuch. Während hier viele Hölzer (insbesondere die Nadelhölzer) nach verhältnismäßig beschränkter Verformung brechen, wird beim Eschenholz die Höchstlast erst nach sehr starker Verwindung

7*

erreicht; bei den von mir durchgeführten Messungen an Stäben von $2 \cdot 2 \cdot 35$ cm ($u = 9 \ldots 15\%$), deren freie Einspannlänge 28,2 cm betrug, lag die gesamte Verdrehung zwischen 41,8 und 84,9°. Die nach St. Venant berechnete Drehfestigkeit — die gleich der Schubfestigkeit gesetzt werden kann — ist nach verschiedenen Untersuchungen in Zahlentafel 24 für Eschenholz zusammengestellt.

Zahlentafel 24. Drehfestigkeit von Eschenholz.

Beobachter	Rohwichte r_u	Feuchtigkeit u	Längsstäbe		Querstäbe	
			Drehfestigkeit τ_{dB}	Bruch-Verdrehung	Drehfestigkeit	Bruch-Verdrehung
	g/cm³	%	kg/cm²	°/cm	kg/cm²	°/cm
Kollmann	—	9	156…*210*…247	1,48…2,48	—	—
		12,0…16,3	138…*186*…235	1,55…3,01	—	—
Baumann 1922	—	lufttrocken	208…242	—	—	—
K. Huber 1928	0,73	11,3	254, 273	2,08, 1,84	154, 156	1,21, 1,49
Kraemer 1930	0,65	9,5	177…*259*…341	1,3	134…*165*…207	1,5

Praktisch spielt die Drehfestigkeit bei der Verwendung des Eschenholzes zu Wellen von einfachsten Landmaschinen, zu Rudern und im Flugzeugbau eine Rolle. Bemerkenswert ist das günstige Verhältnis der Querfestigkeit zur Längsfestigkeit beim Verdrehen. So fand beispielsweise Kraemer (1930), daß die Drehfestigkeit von Eschenquerstäben

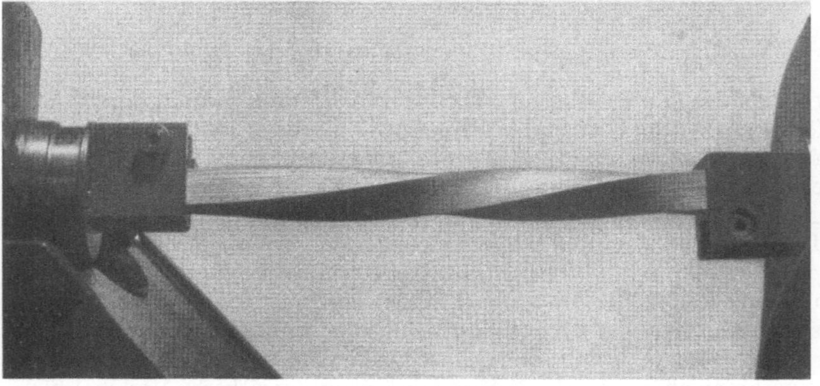

Abb. 90. Eschenstab beim Verdrehversuch.

rd. 64% von jener der Längsstäbe erreicht, während bei der Druck-, Zug- und Biegebeanspruchung die Querfestigkeit immer außerordentlich viel kleiner ist als die Längsfestigkeit. Im Bruchbild beider Stabarten besteht freilich ein erheblicher Unterschied: Die Längsstäbe werden stark verwunden, eine Verformung, die sich auch nach Überschreiten der Höchstlast meist noch weiter fortsetzen läßt (Abb. 90), die Querstäbe hingegen brechen scharf in zwei Teile. Mit der Rohwichte steigt die Drehfestigkeit an, mit der Feuchtigkeit nimmt sie, wenngleich weniger rasch als die Druckfestigkeit, ab.

Während beim Drehversuch im wesentlichen nur Schubbeanspruchungen auftreten, läßt sich dies beim Scherversuch nie völlig erreichen. Wie auch die Versuchsanordnung und Gestalt der Probekörper im einzelnen sein mag, Nebenbeanspruchungen durch Biegung, Druck und Schwellenpressung sind unvermeidlich. Die Scherfestigkeit ergibt sich deshalb stets niedriger als die Drehfestigkeit. Ermittelt wurde sie von mir an Probekörpern gemäß DIN DVM 2187, also bei zweischnittiger Scherung. Die Scherebenen lagen einmal radial, das andere Mal tangential

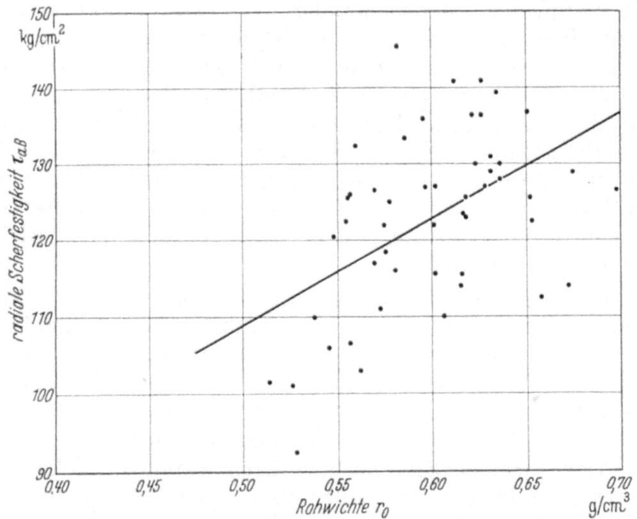

Abb. 91. Zusammenhang zwischen radialer Scherfestigkeit und Rohwichte.

zu den Jahrringen. Folgende Ergebnisse wurden bei etwa 12% Feuchtigkeit erhalten:

Scherfestigkeit radial 92,5...*123*...145,5 kg/cm²
Scherfestigkeit tangential 90,0...*117*...144,5 kg/cm².

Die Streuungen und Unregelmäßigkeiten sind, wie zu erwarten ist, bei tangentialen Scherebenen wesentlich größer als bei radialen, da bei ersteren die gekrümmten Jahrringe niemals genau in die Scherebenen hineinfallen. Gesetzmäßige Zusammenhänge erforscht man deshalb zweckmäßig bei radialer Scherung. Beispielsweise konnte für die Zunahme der Scherfestigkeit mit der Rohwichte Abb. 91 entworfen werden; die Meßpunkte bei tangentialer Scherung streuten hingegen so stark, daß ein Ausgleich durch eine Gerade nicht mehr statthaft erschien. Mit dem Feuchtigkeitsgehalt nimmt die Scherfestigkeit im hygroskopischen Bereich ab, und zwar in der Nähe von 10% um etwa 3% je 1% Feuchtigkeitsänderung.

f) Härte und Abnützungswiderstand.

Auf den ersten Blick hin erscheint die Härte als wichtige, besonders einfach zu bestimmende mechanische Eigenschaft der Hölzer. Bei näherem Zusehen ergeben sich aber bereits grundsätzliche Schwierigkeiten aus der Begriffsfassung: Man versteht unter Härte die Widerstandskraft eines Körpers gegen einen eindringenden fremden Körper. Bei isotropen oder quasiisotropen Körpern, darunter den meisten Metallen, kann man eine Kugel oder einen Kegel zur Härteprüfung verwenden. Die Zahlen werden eindeutig und vergleichbar, wenn sie unter bestimmten Voraussetzungen, die sich leicht einhalten lassen, gewonnen werden. Bei der Prüfung von Holz ist dies nicht ohne weiteres der Fall, denn — abgesehen von dem Einfluß der hygroskopischen Feuchtigkeit und der Faserrichtung — in der Schnittfläche liegen verschieden harte und weiche Teile unmittelbar nebeneinander. Die erste Anforderung an ein Verfahren zur Härteprüfung von Holz ist deshalb der Gebrauch nicht zu kleiner Eindringkörper. Nadeln und Kegel scheiden aus, da ihre Spitzenquerschnitte viel zu gering sind. Aber auch bei Kugeldruckversuchen sind kleine Kugeln nach neueren Erkenntnissen nicht unbedenklich. Bei verhältnismäßig harten Hölzern, zu denen das Eschenholz zählt, sind die Störungen freilich geringer als bei Nadelhölzern mit großem Wechsel der Holzhärte in Früh- und Spätholz. Weiter sind die Fehlermöglichkeiten bei Prüfung der Hirnhärte bedeutend kleiner als bei Ermittlung der Querhärte.

An über 1500 einzelnen Proben von Eschenholz (mit 8...16% Feuchtigkeit) wurden nach dem Brinell-Verfahren Hirnhärten zwischen 2,97 und 10,01, im Mittel 6,35 kg/mm², gemessen. Hirnhärten unter 4 kg/mm² und über 9 kg/mm² sind aber sehr selten. Die gezeichnete Häufigkeitskurve ist mehrgipflig und zeigt auch damit die Schwächen der Härteprüfung. Von einer Veröffentlichung wird deshalb Abstand genommen. Bei einzelnen Stammabschnitten waren die Schwankungen der Hirnhärte ganz bedeutend größer als die der Rohwichte, beispielsweise betrug bei dem Abschnitt 247 die Rohwichte 0,643...0,759 g/cm³, die Brinell-Härte 5,31...8,56 kg/mm². Mörath (1932) gibt für einige Eschenarten die in Zahlentafel 25 zusammengestellten Härteziffern.

Zahlentafel 25. Brinell-Härten von Eschen bei 15% Feuchtigkeit.

Art	Brinell-Härte kg/mm²		
	Hirnschnitt	Radial-schnitt	Tangential-schnitt
Fraxinus excelsior	6,5	3,7	2,9
Fraxinus americana	6,4	3,1	3,1
Fraxinus nigra	4,6	2,0	1,9
Fraxinus oregona	4,6	2,3	2,4

Ergänzend seien auch einige Härteangaben nach dem Janka-Verfahren mitgeteilt. Janka (1915) fand bei 10...15% Feuchtigkeit (durch Eindrücken einer Kugel mit 5,642 mm Halbmesser bis zum Äquator und Bezug der Eindruckkraft auf die Eindruckfläche von 1 cm²) für die gemeine Esche 410...*755*...1150 kg/cm² über Hirn. Die Zahlen für Weißesche lagen mit 520...*718*...880 kg/cm² im Mittel- und Größtwert niedriger.

Wiederholt wird neuerdings vorgeschlagen, noch größere Kugeln zur Härteprüfung zu verwenden[1]. Dabei leitet der Gedanke, besser vergleichbare, eindeutige Härteziffern, und zwar Größtwerte, zu erhalten. Außerdem soll die Hirnhärte zur Querhärte in einem vernünftigen Verhältnis stehen. Bei der Janka-Probe ist vor allem letzteres nicht der Fall, da man senkrecht zur Faser oft nahezu den gleichen Wert wie parallel zur Faser erreicht, ein Befund, der den praktischen Erfahrungen bei Verarbeitung und Verwendung des Holzes widerspricht. Auch bei Esche wird dies klar; Huber (1938) maß beispielsweise für Esche mit 0,70 g/cm³ Rohwichte (bei etwa 7% Feuchtigkeit) eine Hirnhärte von 843 und eine Querhärte von 633 kg/cm². Für Esche läßt sich allerdings aus der Arbeit von Huber auch entnehmen, daß eine Vergrößerung

Zahlentafel 26. Werkstoffkennziffern für Eschenholz beim Kugeldruckversuch. (Nach Huber.)

Druckrichtung zur Faser	11,284 mm Kugel		30 mm Kugel	
	a	n	a	n
$\perp$	3,0 0,4	2,3 2,9	3,3 0,2	2,3 2,8

des Kugeldurchmessers gegenüber Janka und Brinell bei Verringerung der Eindrucktiefe gegenüber Janka, nicht als vollkommener Ausweg bezeichnet werden kann. Die Widersprüche können alles in allem noch nicht als behoben gelten. Erwähnt sei jedoch, daß das Meyersche Potenzgesetz, das bei der Metallprüfung aufgestellt wurde, auch bei Holz gilt. Das Gesetz lautet:

$$P = a \cdot d^n,$$

wobei P die auf die Kugel wirkende Last in kg, d der Eindruckdurchmesser in mm, a die Einheitslast zur Erzeugung eines Eindrucks von 1 mm Durchmesser und n eine die Verfestigungsfähigkeit des Werkstoffes bezeichnende Kennziffer ist (Zahlentafel 26).

Bei Metallen bedeutet $n < 2$, daß durch Kaltverformung keinerlei Festigkeitsteigerung im Werkstoff möglich ist; bei $n > 2$ kann die

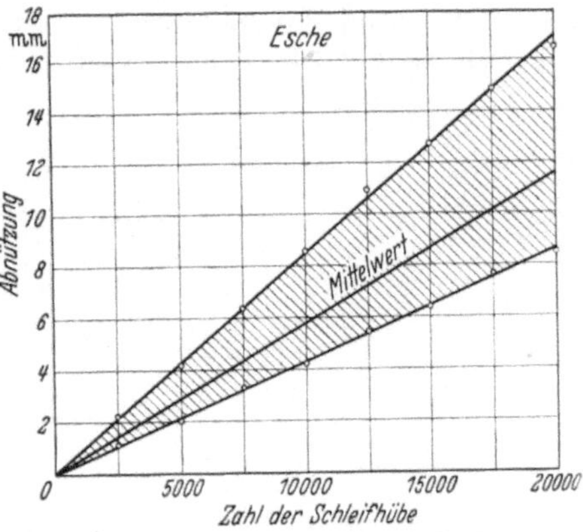

Abb. 92. Abnützungsschaubild nach Kollmann.

Festigkeit noch gesteigert werden. Auf das Eschenholz angewandt heißt das, daß sowohl bei Druck senkrecht als auch bei Druck parallel zur Faser theoretisch eine Verfestigungsmöglichkeit bestehen sollte. Für den erstgenannten Fall stimmt dies, während durch Druck parallel zur Faser nach praktischer Erfahrung keine Verfestigung, wohl aber unter bestimmten Bedingungen eine Erhöhung der Verformbarkeit möglich ist (Patentbiegeholz). Überraschenderweise ist nun von den geprüften einheimischen Laubhölzern nur bei Esche für beide Kugel-

---

[1] Pallay, N.: Über Holzhärteprüfung, Holz als Roh- und Werkstoff Bd. 1 (1938) S. 126. — Ergänzende Angaben zum Holzhärte-Prüfverfahren nach Krippel: Holz als Roh- und Werkstoff Bd. 2 (1939) S. 413.

größen $n > 2$. Es erscheint denkbar, daß hier ein freilich noch im
einzelnen ungeklärter Weiser der großen Zähigkeit des Eschenholzes
vorliegt. Erwähnt sei schließlich, daß die Härte im hygroskopischen
Bereich zwischen etwa 5 und 20% Feuchtigkeit stark mit dem Feuchtigkeitsgehalt abnimmt, und zwar längs der Faser um etwa 3%, quer zur
Faser um etwa 1,5% je 1% Feuchtigkeitszunahme.

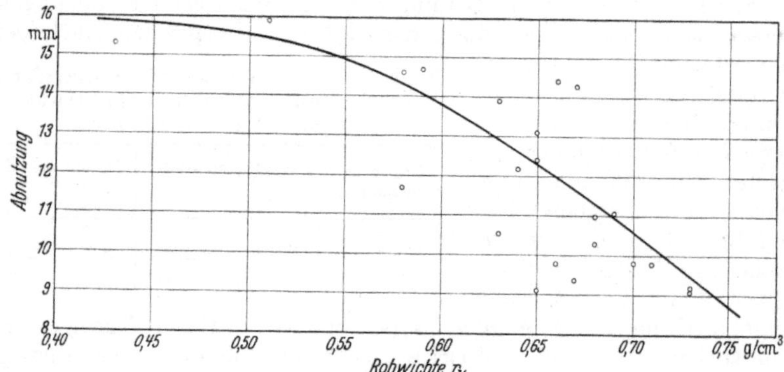

Abb. 93. Einfluß der Rohwichte auf die Abnutzung.

Besondere Beachtung verdient auch der Abnützungswiderstand, der
beispielsweise im Fahrzeugbau, bei Schlittenkufen, Schneeschuhen usw.
praktisch sehr wichtig ist. Man hatte hierfür lange kein geeignetes
Prüfverfahren, da das Anblasen mit dem Sandstrahl nicht als solches angesprochen werden kann. Das von Kollmann[1] entwickelte neue Prüfverfahren, bei dem der Probekörper unter einem auf- und abgehenden auf der Unterseite mit genormtem Schleifband belegten künstlichen Fuß bewegt wird, liefert jedoch wirklichkeitsgetreue Kennlinien. Für Eschenholz wurde Abb. 92 entworfen; die beiden äußeren, durch die zugehörigen Meßpunkte bestimmten Linien geben den oberen und unteren Grenzwert, die im geschrafften Feld verlaufende Gerade einen mittleren Wert für die Abnützung wieder. Untersucht wurde die technisch allein wichtige Abnützung auf Querflächen des Holzes (mit senkrecht stehenden Jahrringen). Abb. 93 zeigt, daß die Abnützung von sehr leichtem Eschenholz $r_0 \leq 0{,}50\ \mathrm{g/cm^3}$ mit einem Höchstwert annähernd gleichbleibt. Mit steigender Rohwichte fällt die Abnützung, wie nicht anders zu erwarten ist. Durch den Entwurf von Abb. 94

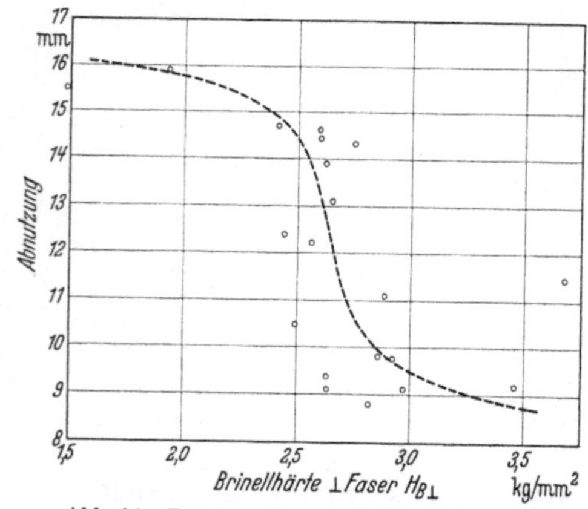

Abb. 94. Zusammenhang zwischen Brinell-Härte
und Abnutzung.

<hr>

[1] Kollmann, F.: Eine neue Abnützungsprüfmaschine, Holz als Roh- und
Werkstoff Bd. 1 (1938) S. 87.

sollte allgemein untersucht werden, ob ein und gegebenenfalls welcher Zusammenhang zwischen der Seitenhärte nach Brinell und der Abnützung besteht. Es zeigte sich, daß zwar die niedrigsten Seitenhärten auch den größten Abnützungszahlen entsprechen, daß aber bei normalen Härten von $2,5\ldots3,0$ kg/mm² nahezu alle Abnützungswiderstände vorkommen können. Als Abnützungswiderstand gilt dabei der Kehrwert der Abnützung. Daraus folgt klar, daß die Härte nicht, wie oft im Schrifttum behauptet ist, einen befriedigenden Maßstab für den Abnützungswiderstand gibt, daß vielmehr offenbar noch andere zum Teil der Härte entgegenwirkende Holzeigenschaften Größe und Verlauf der Abnützung bestimmen. Man kann deshalb auf ein getrenntes Prüfverfahren nicht verzichten.

g) Spaltbarkeit und Spaltfestigkeit.

Eschenholz zählt zu den gut spaltbaren Hölzern, zu denen beispielsweise noch Stieleiche, Rotbuche, Walnuß, Kiefer, Lärche und Eibe gehören. So alt die Technik des Spaltens ist, so spärlich sind trotzdem einwandfreie wissenschaftliche Untersuchungen darüber. Insbesondere genügt zur Beurteilung der Spaltbarkeit die Spaltfestigkeit, d. h. die Kraft, die erforderlich ist, um genormte, gekerbte Proben zu zerreißen, allein durchaus nicht. Man muß vielmehr auch die Spaltebenen und den Zustand der Spaltstücke in Betracht ziehen[1]. Gespalten werden aus Eschenholz unter anderem folgende Gegenstände und ihre Rohformen: Möbelbeine, Ruder, Beine und Holme von Turngeräten, Leitersprossen, Schneeschuhe, Lanzen, Speerschäfte, Stiele, Holznägel. Bei Verwendung der üblichen Spaltkörperformen wurden bisher die in Zahlentafel 27 zusammengestellten Spaltkräfte gemessen.

Zahlentafel 27. Spaltkräfte von Eschenholz.

Beobachter		Rohwichte r_u g/cm³	Feuchtigkeit %	Spaltkraft (bezogen auf Spaltfläche) kg/cm²	
				tangential	radial
Kollmann	(N)	$r_0\approx$	—	$5,3\ldots\ 7,1\ldots\ 8,5$	$6,5\ldots\ 7,5\ldots\ 8,7$
	(M)	—	$9,7\ldots10,7$	$7,7\ldots10,9\ldots16,2$	$6,3\ldots10,1\ldots13,1$
Stoy 1935	(N)	0,625	14 …17	—	6,2
		0,71	14 …17	7,3	4,7
Schwankl 1939 (N)		0,79	11,5	—	6,9

N Probekörperform nach Nördlinger, M Probekörperform nach Monnin.

Die Spaltkraft von Eschenholz ist also verhältnismäßig hoch, denn sie beträgt beispielsweise bei Fichten- und Tannenholz (Nördlinger-Form) nur $2\ldots3$ kg/cm², bei Eiche radial 3,5 bis 4,5 kg/cm², bei Walnuß 4,5 kg/cm². Man ersieht daraus deutlich, daß es allein auf die Kraft nicht ankommt. Wichtiger ist vielmehr — besonders für das Aussehen und die weitere Verarbeitung des Holzes —, ob beim radialen Spalten, das fast ausschließlich eine gewerbliche Rolle spielt, die Spaltebene mit

---

[1] Ugrenović, A.: Planmäßige Untersuchungen über Spaltfestigkeit und Spaltbarkeit. Z. Holz als Roh- und Werkstoff Bd. 3 (1940) S. 143.

der Lage der Markstrahlen im gefährdeten Querschnitt zusammenfällt. Die Abweichungen davon bzw. die verhältnismäßige Übereinstimmung der Spaltstrecke mit dem Mittelmarkstrahl können hierfür als Kenngröße gelten. In dieser Hinsicht schneidet Eschenholz sehr gut ab, da bei Versuchen die Gesamtabweichung vom sog. Nullmarkstrahl nach links und rechts nur 1,22 mm betrug (gegenüber 1,95 mm bei Fichte, 1,34 mm bei Tanne, 2,15 mm bei Birke, während die Abweichungen bei Eiche, Rotbuche und Walnuß noch geringer waren) und die Spaltstrecke sich zu rd. 86% mit dem Markstrahl deckte (Schwankl 1939). Mit der Rohwichte nimmt die Spaltfestigkeit innerhalb einer Holzart zu, während die Beziehung zur Feuchtigkeit ähnlich ist wie bei der Zugfestigkeit, also durch einen Höchstwert bei etwa 8...10% gekennzeichnet wird.

h) Bruchschlagfestigkeit.

Bei Holzteilen von Flugzeugen, Fahrzeugen, Maschinen, Sportgeräten, Leitern, Stielen usw. gilt noch mehr als bei hölzernen Hochbauteilen, daß statische Brüche äußerst selten vorkommen und die Hauptgefahr in plötzlichen, schlagartigen Beanspruchungen liegt. Das Verhalten der Hölzer gegen solche Beanspruchungen ist deshalb in neuerer Zeit in den Brennpunkt von Forschung und Prüfung gerückt. Da es sich anderseits um verhältnismäßig junge Prüfverfahren handelt, bestehen noch keine international einheitlichen Vorschriften. In Deutschland und Frankreich arbeitet man mit dem Pendelhammer, in den Vereinigten Staaten und in Kanada mit dem Fallhammer, in England schwankt man, welches Verfahren man, gegebenenfalls nach Abwandlung, wählen soll. Eine Umrechnung der Ergebnisse ist nur mit Vorbehalt möglich, da die Theorie des Schlagvorganges äußerst verwickelt und noch mangelhaft erforscht ist. In der vorliegenden Arbeit über Eschenholz begnüge ich mich deshalb damit, die Ergebnisse von Pendelschlagversuchen an Eschenstäben mit $2 \cdot 2 \cdot 30$ cm zu erörtern. Dabei handelt es sich um Versuche, die nach DIN DVM 2189 durchgeführt wurden, also bei 24 cm Stützweite und Schlag tangential zu den Jahrringen. Die dem Pendelhammer entzogene, vom Stab aufgenommene Energie wird dabei auf den Stabquerschnitt bezogen. Bei Durchführung der Versuche fiel von Anfang an auf, daß die so erhaltenen Zahlen außerordentlich streuten. Hierauf weisen übrigens auch die Angaben im Schrifttum hin, beispielsweise hat Baumann (1922) für Eschenholz gefunden, daß die Bruchschlagarbeit zwischen 0,1 und 1,8 mkg/cm² liegen kann. Bei meinen etwa 1500 Schlagversuchen erweiterte sich der Bereich. Abb. 95 zeigt dies und läßt erkennen, daß das Dichtemittel bei rd. 0,7 mkg/cm² liegt. Höhere Bruchschlagfestigkeiten als 1,4 mkg/cm² sind recht selten; immerhin ist es auffällig, daß sie überhaupt vorkommen und sich bis 2,5 mkg/cm² erstrecken. Es bleibt Sonderuntersuchungen vorbehalten, die anatomischen und chemischen Ursachen dieser ungewöhnlichen dynamischen Festigkeit aufzudecken, selbst wenn sie für die Praxis keine größere Bedeutung erlangen kann.

An sich ist dringend erwünscht, die verschiedenen Umstände möglichst genau aufzudecken, von denen die Bruchschlagfestigkeit abhängt.

Leider sind hier erheblich mehr Schwierigkeiten zu überwinden als bei
der statischen Festigkeit. Dies kommt bereits in der Beziehung zur
Rohwichte klar zum Ausdruck. Abb. 96 enthält sämtliche Meßpunkte
der Bruchschlagarbeit und Rohwichte bei meinen Untersuchungen.
Für Klassen von 0,02 g/cm³ sind die Generalmittelpunkte errechnet.
Diese Punkte lassen sich, wie ersichtlich, durch eine Gerade befriedigend
ausgleichen. Für andere Hölzer wurde allerdings eine quadratische Beziehung zwischen Bruchschlagarbeit und Rohwichte gefunden. Besser
paßt bei Eschenholz eine kubische Parabel (etwa $a = 2,33\ r^3$) zu den
Generalmittelpunkten; es sei erwähnt, daß Ghelmeziu[1] für das ebenfalls ringporige Eichenholz eine ganz ähnliche Beziehung ermittelte.

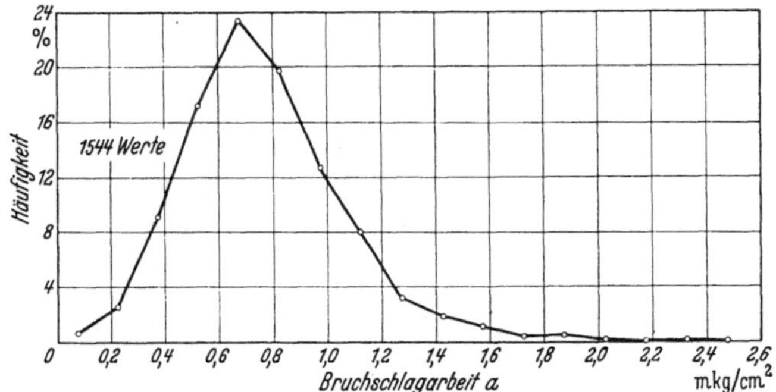

Abb. 95. Häufigkeitsverteilung der Bruchschlagarbeit.

Monnin (1919) hat das Verhältnis a/r_0^2 als dynamische Gütezahl bezeichnet
und festgestellt, daß es für schlagbiegefeste Hölzer zwischen 1 und 2
liegen muß. Diese Forderung wird auch vom Eschenholz im Mittel
erfüllt. Im einzelnen kommen jedoch außerordentliche Abweichungen
vor, da die Streuungen der Bruchschlagarbeit verhältnismäßig viel
größer sind als die der statischen Festigkeitseigenschaften. Anschaulich
wird dies aus folgender Überlegung: Bei der Druckfestigkeit ist der
höchstmögliche Wert 3,4mal so groß wie der Mindestwert, bei der Bruchschlagarbeit hingegen ist das Verhältnis 2,45 zu 0,07 mkg/cm², also
35:1. Bemerkenswert ist, daß die höchsten Bruchschlagarbeiten nicht
bei den schwersten Hölzern, sondern bei mittelschweren auftreten.
Die niedrigsten Schlagfestigkeiten mit 0,2 und weniger mkg/cm² finden
sich fast über der ganzen Rohwichte verteilt. Daraus ergibt sich, daß
die Rohwichte allein keinesfalls als zuverlässiger Maßstab für die Zähigkeit bzw. Sprödigkeit benutzbar ist. Lediglich nach unten ist eine Abgrenzung möglich; man kann nämlich sagen, daß Eschenholz mit weniger
als 0,50 g/cm³ Rohwichte im Darrzustand stets unzureichende Schlagfestigkeit besitzt. Da freilich (vgl. Abb. 56) nur etwa 3% eines größeren
Eschenholzkollektivs eine so niedrige Wichte haben, ist diese Regel
praktisch von sehr geringer Bedeutung. Man muß also nach anderen
Kennzeichen für die Bruchschlagfestigkeit suchen und rollt damit eine
der schwierigsten Fragen der Prüfung und Beurteilung von Holz auf.

---

[1] Ghelmeziu, N.: Untersuchungen über die Schlagfestigkeit von Bauhölzern.
Z. Holz als Roh- und Werkstoff Bd. 1 (1938) S. 585.

Zunächst stellt sich heraus, daß es nicht möglich ist, aus den statischen Festigkeitseigenschaften und dem elastischen Verhalten sichere Schlüsse auf die Bruchschlagarbeit zu ziehen. Im Elastizitätsmodul können beispielsweise zähes und sprödes Eschenholz nicht nur kaum verschieden sein, sondern es kann elastisches und hochwertiges Holz eine besonders niedrige Bruchschlagarbeit und umgekehrt Eschenholz mit geringem

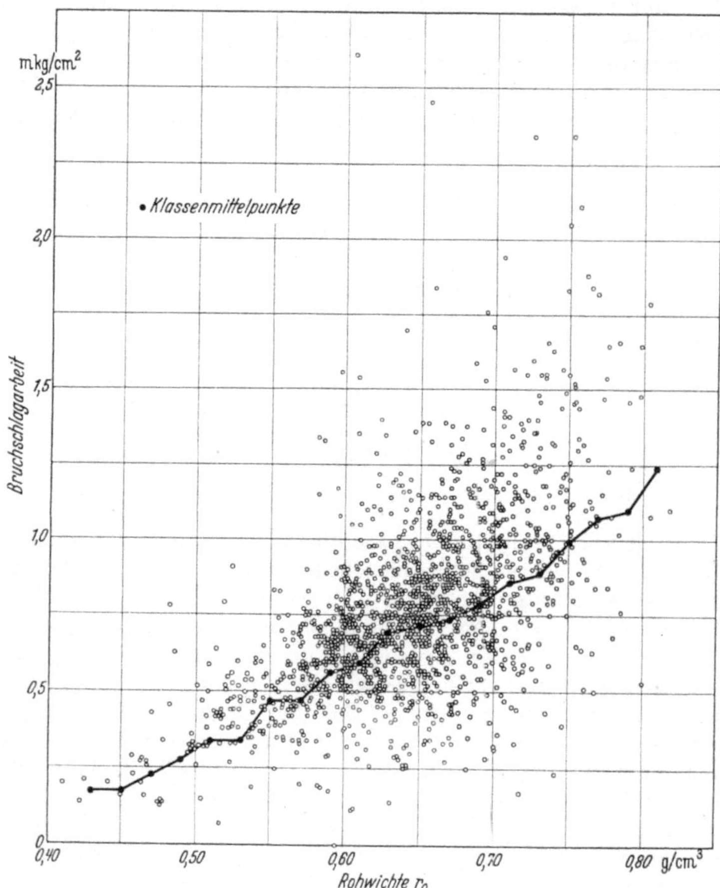

Abb. 96. Bruchschlagarbeit lufttrockener Eschenproben in Abhängigkeit von der Rohwichte r_0.

E-Modul große Bruchschlagarbeit aufweisen. Auf Zahlentafel 4 ist hier zu verweisen. Der dort zergliederte, in Abb. 22 schematisch im Querschnitt dargestellte Eschenstammabschnitt hat durchweg einen außergewöhnlich niedrigen E-Modul, während die mittlere Bruchschlagarbeit sowohl des Splint- als auch des Kernholzes überdurchschnittlich hoch ist.

Koehler (1933) war der Auffassung, daß die Durchbiegung unter der Höchstlast oder besser noch die Arbeit, die von einem Eschenstab beim statischen Biegeversuch bis zu diesem Punkt aufgenommen wird, eine brauchbare Kenngröße für die Bruchschlagfestigkeit darstellt. Mag dies auch bis zu einem gewissen Grade zutreffen, eine sichere Regel läßt sich daraus nicht herleiten. Wesentlich besser ist es schon, die ganze Arbeit während des Biegevorgangs, der nach Überschreiten der Höchstlast bis zur völligen Trennung des Stabes fortgesetzt werden muß, als Maßstab heranzuziehen (vgl. Abb. 89). Die Biegefestigkeit selbst sagt über die Zähigkeit des Holzes bedeutend weniger aus. Von der Druckfestigkeit kann nicht mehr, aber auch kaum weniger erwartet werden als von der Rohwichte. Mit sehr starken Streuungen wird gelten, daß im Mittel mit der Druckfestigkeit auch die Bruchschlagarbeit wächst, daß aber keineswegs mit Sicherheit von ersterer auf letztere geschlossen werden kann. Es ist anzunehmen, daß der Zusammenhang mit der Zugfestigkeit ein engerer ist, leider aber lassen sich an ein und derselben Probe der Zug- und der Bruchschlagversuch gemäß Normvorschrift nicht nacheinander durchführen; bei nebeneinander liegenden Proben verliert man aber bereits die sicheren Vergleichsgrundlagen, da die Bruchschlagarbeit oft sprunghaft wechseln kann (vgl. Abb. 105). Damit ist auch bereits angedeutet, daß die Lage im Stamm, weder der Höhe noch dem Abstand vom Mark nach, einen gesetzmäßigen Einfluß auf die Schlagfestigkeit ausübt. Im allgemeinen kommt zähes Holz zwar besonders häufig im Erdstamm vor, aber dies heißt nicht, daß sich unbedingt sprödes in den höher gelegenen Stammteilen vorfinden muß. Auf jeden Fall spröde oder sogar sehr spröde ist aber das Holz aus den verdickten Stammenden von Eschen in Überschwemmungsgebieten ohne Entwässerung (s. S. 34 und Abb. 24).

Entgegen der vorherrschenden Ansicht ist das Eschenkernholz im Durchschnitt nicht spröder als das -splintholz. Der Beweis dafür wurde in einem früheren Abschnitt ausführlich erbracht (s. S. 28). Lediglich in alten Bäumen mit sehr langsamem und gehemmtem Wuchs ist das besonders feinjährige und leichte Splintholz stets spröde. In diesem Sinne kann die Jahrringbreite einen gewissen Fingerzeig geben, da ungewöhnlich schmale Ringe, z. B. unter 1 mm, beim Eschenholz stets von Sprödigkeit begleitet sind. Breite Jahrringe bedeuten jedoch keineswegs in allen Fällen hohe dynamische Widerstandskraft. Gleiche Einschränkungen sind hinsichtlich des Spätholzanteils am Platze: Zwar ist er in jenen besonders feinringigen spröden Hölzern äußerst niedrig, aber normale mittlere Spätholzanteile finden sich ebenso in sehr zähem wie in sehr sprödem Holz. Auch bei dem ringporigen Eichenholz wird ein klarer Zusammenhang zwischen Spätholzanteil und Bruchschlagarbeit vermißt, während bei Kiefer und Fichte die Bruchschlagarbeit im allgemeinen mit zunehmendem Spätholzanteil ansteigt.

Schrägfaser senkt die Bruchschlagfestigkeit rascher ab als andere Festigkeitseigenschaften. Für Rotbuchenholz fand beispielsweise Ghelmeziu, daß bereits ein Winkel von 10° zwischen Stabachse und Faserrichtung die Bruchschlagfestigkeit um 45% verringert. Bei 90°, d. h. bei reinen Querstäben, betrug die Bruchschlagfestigkeit etwa 8%. Das gleiche Verhältnis des Längs- zum Querwert läßt sich beim Elastizitätsmodul finden, der aber bei 10° Faserabweichung nur um rd. 15% abnimmt. Drehwuchs, Spiralwuchs, wimmeriger Faserverlauf und alle übrigen Abweichungen der Fasern von Parallelen zur Stabachse sind eine vorherrschende Ursache von statischen und dynamischen Brüchen in Holzteilen; aber das Bruchbild zeigt nicht die Kennzeichen spröden Holzes (Koehler 1933). Typische, d. h. glatte Brüche findet man bei Hölzern mit Faserstauchungen. So bemerkenswert diese Tatsache ist, praktische Bedeutung kommt ihr wohl bei Nadelholz, nicht aber bei Eschenholz zu, da Faserstauchungen dort selten oder zum mindesten nur sehr schwach ausgebildet sind. Auch eine Zergliederung der Holzgewebe vermochte bisher kein Licht in die inneren Ursachen für Zähigkeit und Sprödigkeit zu bringen. Als sicher kann vielmehr gelten, daß weder die Faserlänge noch die Faserdicke einen entscheidenden eindeutigen Einfluß auf die Bruchschlagarbeit haben.

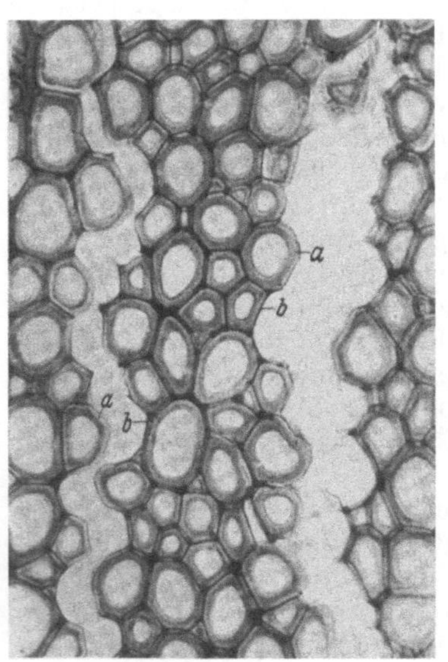

Abb. 97. Mikroschnitt durch einen Schlagbiegebruch. *a* Sekundärlamellen, *b* Bruch in der Mittellamelle.

Selbst der verhältnismäßige Anteil von Festigungs-, Leitungs- und Speichergewebe läßt sich — abgesehen davon, daß er nur schwierig und zeitraubend festzustellen ist — nicht als sicheres Merkmal heranziehen. Es gilt lediglich, daß ungewöhnlicher Reichtum an Gefäßen (vgl. Abb. 28 und Tafel I) die Schlagfestigkeit zwangläufig herabsetzt. Im Raumanteil der Markstrahlen besteht zwischen zähem und sprödem Holz kein Unterschied. Es lag nahe, nachdem die mikroskopischen Untersuchungen bei Aufklärung der tieferen Gründe für die Sprödigkeit versagten, noch einen Schritt weiterzugehen und den Feinbau damit in Zusammenhang zu bringen. Obwohl hier erst Anfangsversuche und einige Sonderbeobachtungen vorliegen, ergaben sich doch schon Anhaltspunkte, daß tatsächlich im Feinbau nicht nur die Ursache von Sprödigkeit und Festigkeit, sondern auch der Unterschied zwischen dynamischer und statischer Festigkeit weitgehend bedingt ist.

Beispielsweise wissen wir — worauf auch die früher schon besprochene Phloroglucinprobe hinweist —, daß die Druckfestigkeit in erster Linie von der Beschaffenheit der Sekundärlamelle der Holzfasern abhängt. Da die Sekundärlamellen ihrerseits die Hauptmasse der Holzfasern bilden, ist ihr Gesamtanteil am Holz mit ausschlaggebend für die Höhe der Rohwichte. Die enge Beziehung zwischen Rohwichte und Druckfestigkeit erhält damit von dieser Seite her eine neue Bedeutung. Umgekehrt versagt die Färbung mit Phloroglucin völlig als Zeiger für die Bruchschlagfestigkeit. Diese kann also mit der Sekundärlamelle nicht in ähnlich innigem Zusammenhang stehen wie die Druckfestigkeit. Versuche von Clarke (1933) haben nun in der Tat ergeben, daß bei Schlagprüfungen an normalem Eschenholz die Brüche im Holzgewebe hauptsächlich dadurch zustande kommen, daß die Primär- von den

Sekundärlamellen gelöst und die Mittellamellen zerstört werden (Abb. 97).
Die Sekundärwand kann aber trotzdem in den Vordergrund treten,
und zwar dann, wenn der Steigungswinkel der Fibrillen regelwidrig
flach ist. Im Abschnitt über den Feinbau wurde bereits erwähnt, daß
die Fibrillen in der Sekundärwand der Eschenfasern gewöhnlich sehr
steil ansteigen, d. h. nahezu parallel zur Faserhauptachse verlaufen.
Pillow (1939) fand, wie früher schon mitgeteilt, für normales Weißeschenholz einen Steigungswinkel der Micelle von 83° 20′, also eine Ab-
weichung von nur 6° 40′. Koehler (1933) schreibt, daß im Spätholzanteil von normaler zäher Weißesche die Fibrillen Winkel von 3…10°
zur Faserlängsachse einschließen. Eine bemerkenswerte Ausnahme
wurde bereits erwähnt: Das Holz in den wulstartig verdickten Erd-
stämmen von Eschen aus sehr nassen Überschwemmungssümpfen in
den Südstaaten Nordamerikas. In diesem Holz sind die Fasern nicht
nur weitlichtig und dünnwandig, sondern die Fibrillen haben Steigungswinkel von 40 bis 70°. Zwangläufig ergibt sich daraus eine zusätzliche
Schwächung der Holzfestigkeit in statischer und dynamischer Hinsicht.
Auf die gleiche Erscheinung und nämliche Auswirkung stößt man beim
Druckholz der Nadelbäume. Auch übermäßiger Anteil von Frühholz
muß in den ringporigen Hölzern, wie Esche, die Sprödigkeit auf dem
Umweg über den Feinbau erhöhen, da die Fibrillen in den Gefäßwänden
oft nahezu senkrecht zur Faserlängsachse verlaufen. Bei Esche gilt
dieses Gesetz allerdings nicht uneingeschränkt (s. S. 57).

Da ferner in der dynamisch leicht zerstörbaren Mittellamelle und
in dem besonders spröden Nadel-Druckholz der Ligningehalt ungewöhnlich hoch ist, liegt die Annahme nahe, daß die Bruchschlagarbeit unmittelbar mit dem Ligningehalt zusammenhängt. Bei meinen Versuchen
wurde deshalb für mehrere, verschieden zähe und spröde Stamm-
abschnitte der mittlere Ligningehalt bestimmt. Das Ergebnis enthält
Zahlentafel 28.

Zahlentafel 28. Bruchschlagarbeit und Ligningehalt.

Stamm Nr.	Harz-Fett %	Feuchtigkeits- gehalt %	Lignin %	Bruchschlagarbeit mkg/cm²
240	0,29	14,60	30.16	0,11…*0,36*…0,52
438	—	8,45	24,3	0,13…*0,40*…0,75
422	0,33	12,96	24,91	0,14…*0,43*…0,78
226	—	8,75	25,9	0,29…*0,45*…0,60
444	0,39	13,80	26,13	0,27…*0,46*…0,74
421	—	10,06	26,0	0,33…*0,48*…0,78
458	—	7,74	25,6	0,80…*0,99*…1,18
430	—	8,95	24,4	0,73…*1,01*…1,31
448	—	10,25	23,4	0,76…*1,14*…1,70
429	0,54	13,09	26,76	0,50…*1,22*…2,11
455	—	9,45	24,5	0,77…*1,25*…1,84
462	0,31	13,51	21,12	1,00…*1,32*…2,34
237	0,43	12,24	21,17	0,96…*1,73*…2,50

Man ersieht daraus, daß tatsächlich der Stammabschnitt mit der
schlechtesten Bruchschlagfestigkeit den höchsten Ligningehalt von über

30% hatte; sinngemäß lag bei den zwei zähesten Eschenstammabschnitten der Ligningehalt mit etwa 21% erheblich unter dem Durchschnitt. Mittlere Ligningehalte von 24…26% fanden sich aber sowohl bei besonders zähem als auch bei sehr sprödem Eschenholz. Der Ligningehalt scheint deshalb ebenfalls nur in gewissen Grenzfällen eindeutige Vorhersagen der Bruchschlagfestigkeit zu gestatten, ähnlich wie beispielsweise die Ringbreite. Mit Rücksicht auf die vielen Einflüsse, die für Zähigkeit oder Sprödigkeit maßgebend sind, darf man auch allgemein gültige einfache Beziehungen zwischen der Bruchschlagfestigkeit und einer bestimmten anatomischen, physikalischen oder chemischen Holzeigenschaft nicht erwarten. Um so mehr Bedeutung kommt der Prüfung des Holzes auf seine Bruchschlagfestigkeit zu, zumal da die Ergebnisse dieser Prüfung nicht nur eine zahlenmäßige Bewertung von Stichproben ermöglichen, sondern durch das Bruchgefüge tiefere Einblicke in die Vorgänge beim Schlagversuch und insbesondere das Verhalten der Hölzer dabei gestatten.

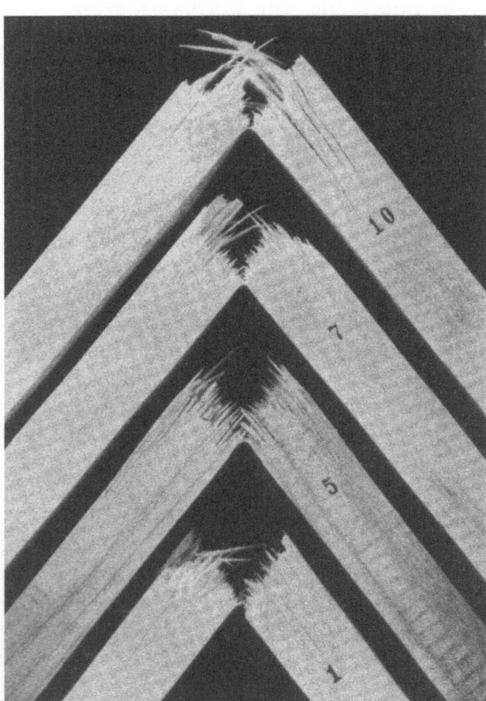

Abb. 98. Schlagbiegebrüche an Proben mittlerer Schlagfestigkeit *a*.

Stab Nr.	a mkg/cm²	E kg/cm²	σ_{dB} kg/cm²	r_0 g/cm³
10	0,71	103900	887	0,583
7	0,47	100700	840	0,564
5	0,59	94900	900	0,572
1	0,56	121700	1031	0,653

Eschenholz mittlerer oder auch guter Schlagfestigkeit mit etwa 0,5…0,9 mkg/cm² bricht unter dem Pendelhammer ziemlich genau in der Mitte, wo die Hammerschneide auftrifft. Dabei kommt es zu einer fast vollständigen Durchtrennung des Stabes, höchstens auf der Druckseite können noch einige Fasern zusammenhängen. Das Bruchgefüge ist feinsplittrig bis grobsplittrig. Die Splitter auf der Zugseite sind vorherrschend länger als die auf der Druckseite; Scherspalten, die parallel zur Stammachse verlaufen, können vorhanden sein, aber auch fehlen (Abb. 98). Bei weiter steigender Zähigkeit, also wachsender Bruchschlagfestigkeit vergröbert sich das Bruchgefüge, die Splitter werden länger, Scherspalten sind jetzt stets vorhanden und auf der

Druckseite kann ein breiteres Gewebeband unzerbrochen bleiben. Vergleicht man Abb. 98 mit Abb. 99, so wird das Gesagte deutlich. Gleichzeitig sieht man, daß in den gezeigten normalen Fällen den besonders

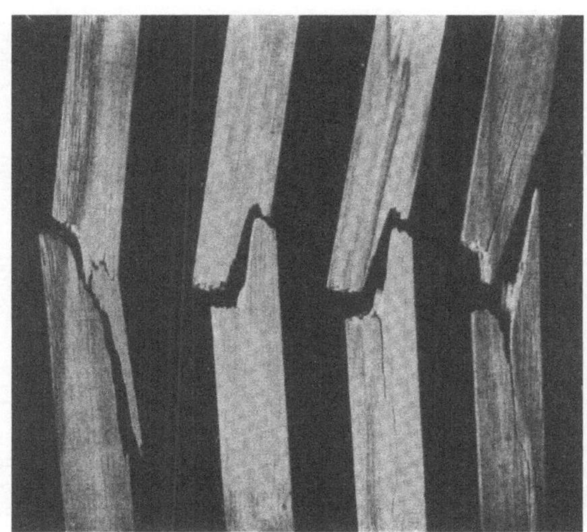

Abb. 100. Schlagbiegebrüche an Proben niedriger Schlagfestigkeit a (Stamm 247).

Stab Nr.	a mkg/cm²	E kg/cm²	σ_{dB} kg/cm²	r_0 g/cm³
247,45	0,46	72200	923	0,687
247,47	0,40	55100	906	0,698
247,44	0,31	57100	898	0,660
247,48	0,41	73000	889	0,665

Abb. 99. Schlagbiegebrüche an Proben hoher Schlagfestigkeit a.

Stab Nr.	a mkg/cm²	E kg/cm²	σ_{dB} kg/cm²	r_0 g/cm³
265,1	1,23	146600	1191	0,727
236,2	1,35	147600	1122	0,711
271,2	1,37	169600	1281	0,718

großen Schlagfestigkeiten auch hohe Elastizitätsmoduln und überragende Druckfestigkeiten entsprechen. Bei sprödem Holz fehlt das splittrige, zerfaserte Bruchgefüge völlig. Die Bruchflächen sind entweder ganz glatt oder wellig und treppenförmig. Abb. 100 gibt dafür einige Beispiele. Alle in ihm gezeigten Stäbe stammen aus der Eschenrolle

Nr. 247, die im Rahmen dieses Buches schon wiederholt zur Besprechung herangezogen wurde (vgl. Abb. 22). Lehrreich ist, daß die mittleren Stäbe in Abb. 100 (247,47 und 247,44) mit den verhältnis-

Abb. 102. Schlagbiegebrüche an Proben desselben Stammes (Nr. 247) mit hervorragender Schlagfestigkeit.

Stab Nr.	a mkg/cm²	E kg/cm²	σ_{dB} kg/cm²	r_0 g/cm³
247,37	1,71	78000	933	0,699
247,43	1,59	88700	970	0,687
247,17	1,55	89700	993	0,721
247,19	1,39	75100	903	0,651

Abb. 101. Schlagbiegebrüche an Proben desselben Stammes (Nr. 247) mit guter Schlagfestigkeit.

Stab Nr.	a mkg/cm²	E kg/cm²	σ_{dB} kg/cm²	r_0 g/cm³
247,30	0,90	72200	834	0,643
247,35	0,86	74300	862	0,653
247,15	0,84	75100	972	0,698
247,25	0,89	81600	910	0,644

mäßig niedrigsten Bruchschlagwerten auch die niedrigsten E-Moduln und die kürzeste Bruchfläche haben. Die Unterschiede in der Rohwichte und der Druckfestigkeit sind aber vernachlässigbar klein. In demselben Eschenstammabschnitt 247 fanden sich Stäbe mit außerordentlich verschiedenem dynamischen Verhalten. Abb. 101 greift als Beispiel einige

Stäbe heraus mit guter bis recht guter Bruchschlagfestigkeit. Wie ersichtlich, sind die Bruchflächen erheblich vergrößert, es sind Scherbrüche hinzugekommen, auch treten an einigen Stellen größere Splitter

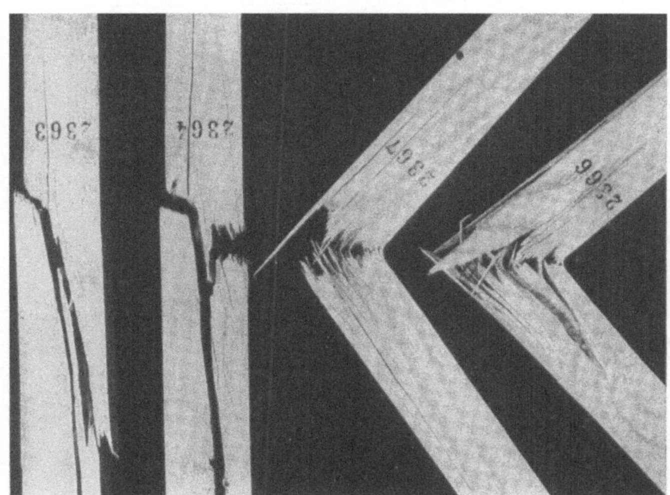

Abb. 104. Schlagbiegebrüche an spröden und zähen Proben des Stammes 236.

Stab Nr.	a mkg/cm²	E kg/cm²	σ_{dB} kg/cm²	r_0 g/cm³
236,3	0,48	85900	903	0,577
236,4	0,75	94900	970	0,655
236,7	1,10	124700	956	0,614
236,6	1,66	104300	1161	0,735

Abb. 103. Schlagbiegebrüche an spröden und zähen Proben des Stammes 429.

Stab Nr.	a mkg/cm²	E kg/cm²	σ_{dB} kg/cm²	r_0 g/cm³
429,13	0,50	101200	1057	0,658
429,11	1,36	124000	1243	0,727

auf. Aus demselben Stammabschnitt wurden schließlich Stäbe mit überragend hoher, weit überdurchschnittlicher Bruchschlagfestigkeit herausgeschnitten. Ihr Bruchgefüge zeigt Abb. 102. Zerfaserung Splitterbildung und Häufigkeit der Bruchspalten haben weiter bedeutend zugenommen. Bei diesen zähesten Stäben sind aber die übrigen mecha-

nischen Eigenschaften von denen der dynamisch normalen oder sogar
spröden Hölzer nicht nennenswert verschieden. Es wurde nun weiter
erforscht, ob und inwieweit die gezeigten Gesetzmäßigkeiten für das
Bruchgefüge allgemeine Gültigkeit haben. Aus dem sehr großen Zahlen-
und Bildstoff, der vorliegt, seien nur noch einige wenige Beispiele heraus-
gegriffen. Dabei empfiehlt es sich, wieder Stäbe mit verschieden hoher
Schlagfestigkeit aus jeweils einem Stammabschnitt gegenüberzustellen,
da man hierbei die sicherste Vergleichsgrundlage erhält. Abb. 103 und 104
geben solche Beispiele und unterstreichen ebenso kräftig den Satz, daß
überdurchschnittliche Zähigkeit immer splittrige, stark zerfaserte Brüche

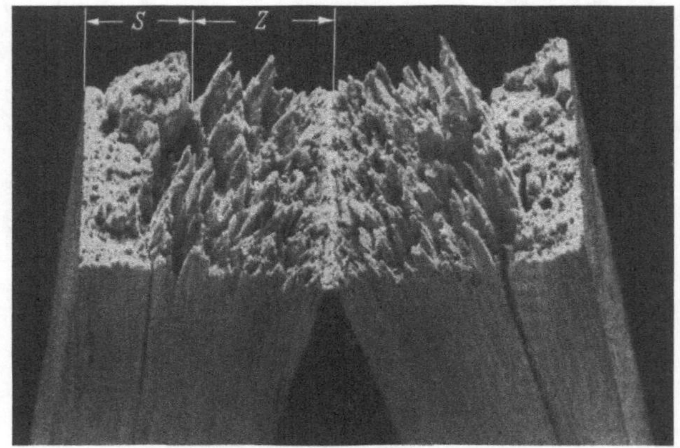

Abb. 105. Sprunghafter Wechsel zwischen sprödem und zähem Holz.
S sprödes Holz, kurzfaseriger Bruch, *Z* zähes Holz, langfaseriger Bruch.

überdurchschnittliche Sprödigkeit aber kurzfaserige oder glatte, treppen-
förmige Brüche herbeiführt, wie die Tatsache, daß aus Rohwichte,
Elastizitätsmodul und Druckfestigkeit nur recht bedingt auf die Bruchschlagarbeit geschlossen werden kann. Daß der Wechsel zwischen
zähem und sprödem Holz sprunghaft erfolgen kann, zeigte sich bei
einigen Stäben, in denen zähe, langfaserige Brüche ganz plötzlich in
spröde, kurzfaserige übergingen (Abb. 105).

Die Verschiedenheit der Bruchgefüge ist auch ein Beweis dafür, daß
der Bruchvorgang selbst in mechanischer Hinsicht ganz verschieden-
artig bei zähem und sprödem Holz verläuft. Folgendes hat man zu
erwarten: Bei sprödem Holz muß der auftreffende Hammer in kürzester
Zeit den Stab mit der zur Zerstörung nötigen Energie aufladen, dieser
bricht jäh ohne nennenswerte Formänderungen; bei zähem Holz jedoch
muß der Bruch von einem verwickelten Schwingungsvorgang begleitet
sein; es ist anzunehmen, daß der Hammer nicht nur nach dem ersten
Auftreffen zurückprallt, und daß sich dieser Vorgang trotz seines hohen
Energieinhaltes mehrfach wiederholt, sondern daß der Schwingungsvorgang auch nach Überschreiten der Höchstspannung, die keineswegs
eine völlige Trennung des Stabes in zwei Hälften wie bei sprödem Holz
bewirkt, erst allmählich abklingt. Es erschien wünschenswert, diese

zunächst lediglich aus den Bruchbildern abgeleitete Vorstellung durch Messungen zu stützen. Der Versuch, mit Hilfe des Laufbildes zu arbeiten, scheiterte, da eine Zeitlupenkamera nicht zur Verfügung stand und für ein gewöhnliches Filmgerät die Geschwindigkeit des Schlagvorganges zu hoch ist. Zudem hätte eine Filmaufnahme nur Einblick in den genauen Verlauf der Formänderungen, nicht aber der Spannungen bzw, Kräfte gegeben.

Um die Kräfte im Stab während des Schlagversuchs zu bestimmen, wurde bereits frühzeitig in Frankreich eine Sondervorrichtung entwickelt. Sie besteht im wesentlichen aus einer kleinen Brinell-Presse, die unter ein Auflager des Stabes so eingebaut ist, daß die Brinell-Kugel mit der beim Schlag dem Holz erteilten Kraft gegen einen Weichaluminiumstab von bekannter Härte gepreßt wird. Aus der entstehenden Eindruckfläche und Härteziffer läßt sich rückwirkend die Auflagerkraft, die gleich der halben auf den Stab wirkenden Höchstlast sein muß, berechnen. Man kann unter der freilich rohen Annahme, daß sich beim dynamischen Schlagbiegeversuch ähnliche Spannungen einstellen wie beim statischen Biegeversuch, und der weiteren — wie wir bereits sahen: nicht zutreffenden — Voraussetzung, daß diese Spannungen geradlinig verlaufen, die dynamischen Biegebruchspannungen mit der Navierschen Gleichung ermitteln. Es leuchtet ein, daß diese dynamischen Biegebruchspannungen größer sein müssen als die statischen (um etwa 25...30%), da beim Schlagversuch ein völliger Bruch zustande kommt, während bei der statischen Biegung unter der Höchstlast keineswegs eine restlose Trennung des Stabes erreicht wird. Das Verfahren wird damit etwas fragwürdig im Wert; zudem gibt es über den zeitlichen Verlauf der Auflagerkraft bis zum und nach dem Bruch keinerlei Aufschluß, und gerade dieser Verlauf ist, wie oben erwähnt, zur Beurteilung der Bruchmechanik ausschlaggebend.

Ich wählte deshalb als wesentlich feineres Prüfverfahren einen piezoelektrischen Indikator der Firma Zeiss-Ikon AG., Dresden. Ein Auflager des Pendelhammers wurde zu diesem Zwecke umgebaut, so daß der Auflagerdruck auf einen Quarzkristall wirkt. Die in dem Kristall unter dem Einfluß der Druckkräfte entstehenden elektrischen Ladungen steuern nach genügender Verstärkung einen Kathodenstrahl-Oszillographen. Da bewegte Teile fehlen, treten keinerlei Trägheitserscheinungen auf. Die Druckschwankungen werden mit Hilfe einer Lichtbildkammer und eines Vorsatztubus auf einem rasch ablaufenden lichtempfindlichen Papierstreifen aufgezeichnet, gleichzeitig werden Zeitmarken von 0,001 s aufgenommen[1]. Bei Auswertung der Bilder wurden außerordentlich wertvolle, neuartige Ergebnisse gewonnen; die zuerst entwickelte, oben mitgeteilte Theorie des Bruchvorgangs wurde in allen Teilen bestätigt.

[1] Eine ausführliche Darstellung von Aufbau und Wirkungsweise des Geräts sowie der damit aufgenommenen Schaubilder bei der Schlagprüfung verschiedenster Hölzer wird an anderer Stelle erfolgen (vgl. auch bei F. Kollmann 1940). Für die Bereitstellung der Mittel zur Beschaffung des Piezoindikators habe ich der Deutschen Forschungsgemeinschaft sehr zu danken.

Ausgegangen wurde dabei von der Prüfung eines verhältnismäßig spröden Holzes, und zwar von gut trockenem Kiefernholz. Das Kraft-Zeit-Schaubild zeigt Abb. 106. Man ersieht daraus folgendes: Der auftreffende Pendelhammer federt tatsächlich selbst beim spröden Holz

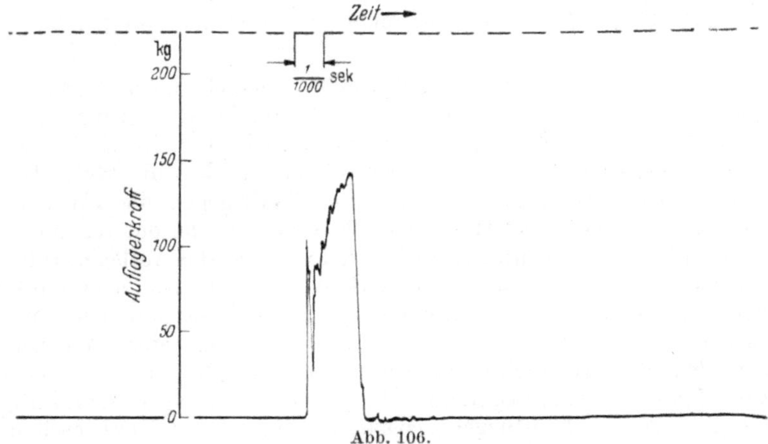

Abb. 106.

kurz zurück. Die erste scharfe Diagrammspitze liefert dafür den klaren Beweis. In der Folge wird mit nur geringen Schwingungen die Höchstlast erreicht. Dieser ganze Vorgang nimmt etwa 0,0016 s Zeit in An-

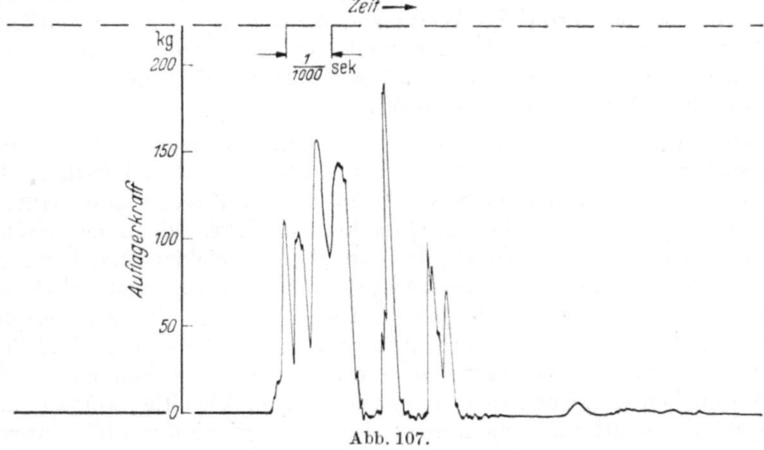

Abb. 107.

spruch. Unter der Höchstlast (sie betrug unter dem einen Auflager 141 kg, läßt sich also für den ganzen Stab etwa verdoppelt zu rd. 280 kg annehmen, entsprechend einer dynamischen Biegefestigkeit von 1260 kg/cm²) bricht der Stab fast augenblicklich; da keinerlei Restwiderstände mehr zu überwinden sind, fallen alle weiteren Schwingungen fort. Es wurde nun ein Eschenholzstab geprüft, der gemäß den vorhergegangenen Vergleichsversuchen als mittelmäßig in seinem dynamischen

Verhalten gelten konnte (Abb. 107). Der auftreffende Hammer schwang hier mehrmals hin und her, so daß anfangs 4 sehr deutliche Kraftspitzen aufgezeichnet wurden. Dabei kam es zu einem offenbar tiefgehenden Bruch, der eine sofortige Entlastung des Auflagers mit sich

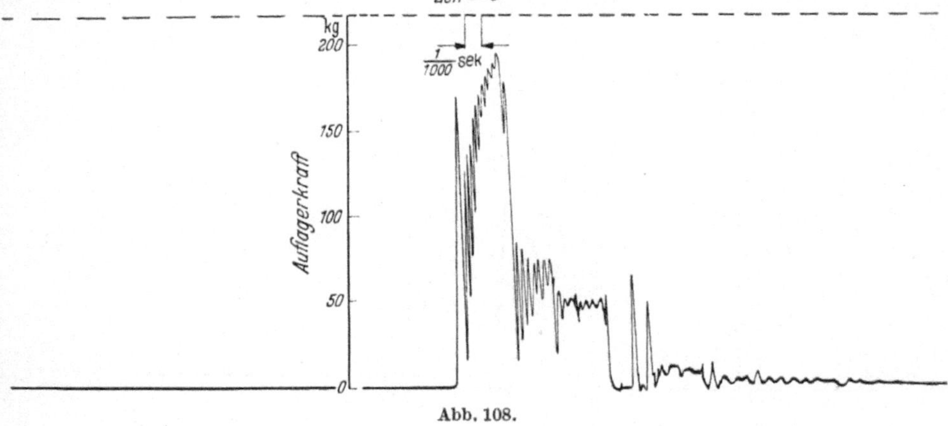

Abb. 108.

brachte. Die besondere Art des Bruchgefüges bei Eschenholz bewirkte aber bei den weitergehenden Formänderungen starke Verkeilungen der Fasern, hierdurch übte der bereits gebrochene Stab nochmals einen

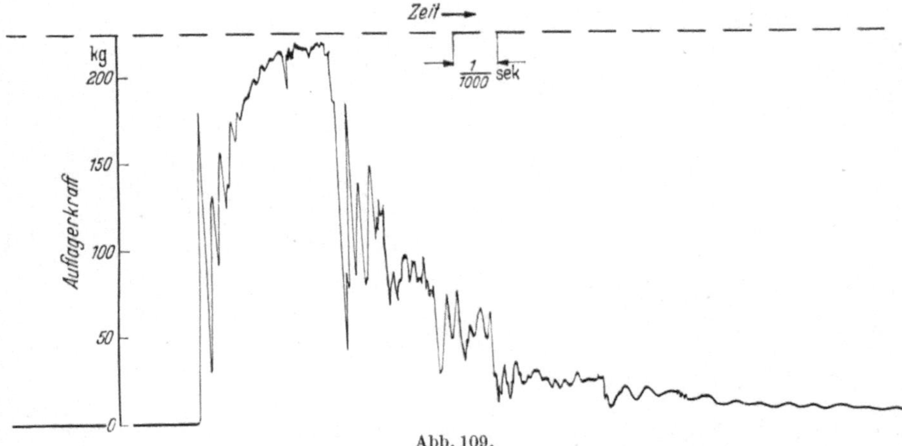

Abb. 109.

kräftigen Widerstand gegen den Pendelhammer aus, und es konnte in diesem Zustand auf das Auflager eine Reaktion übertragen werden, die sogar höher lag als beim Bruch selbst. Nach Überwindung dieser ersten Faserverkeilungen machten sich weitere Restwiderstände geltend, die wahrscheinlich auf ähnliche Weise erklärt werden können. Zeitlich betrachtet dauerte der erste Schwingungsvorgang bis zum Hauptbruch wie beim Kiefernholz 0,0016 s. Für den etwas langsameren Abfall der

Druckkraft und die folgenden Druckperioden aber waren noch etwa
0,0036 s erforderlich. Weiter wurde nun ein besonders zäher, dynamisch

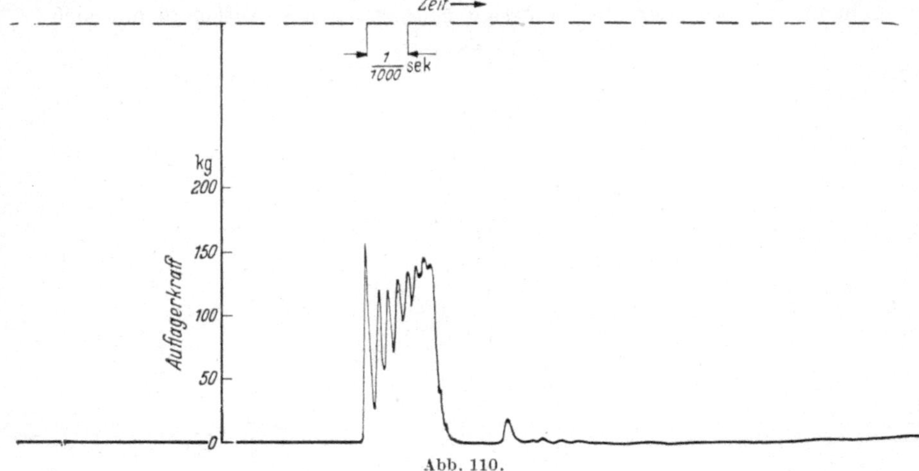

Abb. 110.

hochwertiger Eschenstab zerschlagen. Abb. 108 zeigt die Ergebnisse; sie
spricht ohne viel Worte für sich. Der erste Schwingungsvorgang während

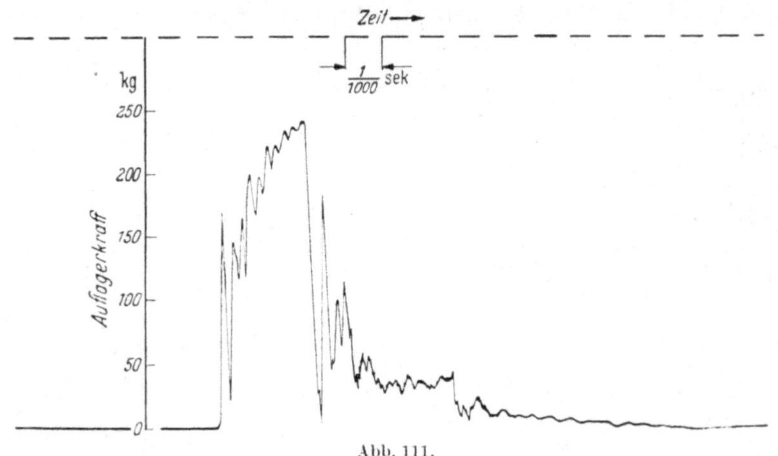

Abb. 111.

Abb. 106 ... 111. Zeitlicher Verlauf der Auflagerkraft während des Bruchschlagversuchs an Holzstäben 2 · 2 · 30 cm, Stützwerte 24 cm, Hammerenergie 15 mkg.

Abb. 106. Kiefer, $a = 0{,}55$ mkg/cm².
,, 107. Esche, $a = 0{,}59$ mkg/cm².
,, 108.   ,, $a = 1{,}51$ mkg/cm².
,, 109.   ,, $a = 1{,}84$ mkg/cm².
,, 110.   ,, $a = 0{,}54$ mkg/cm².
,, 111. Hickory $a = 1{,}40$ mkg/cm².

der Energieaufladung des Holzes bis zum Bruch verrät mit seinen
12 Spitzen schon die außerordentliche Zähigkeit und Festigkeit des

Holzes. Der Vorgang dauert mit etwa 0,0026 s auch entsprechend lange. Noch länger dauert es aber, bis der Bruchvorgang völlig beendet ist. Nach der Höchstlast stellt sich eine richtige gedämpfte Schwingung im bereits teilweise gebrochenen Stab ein, und selbst nachdem das Auflager schon völlig entlastet war, kommt es offenbar nochmals zu irgendwelchen Verkeilungen und Abstützungen der Fasern, so daß weitere nicht unerhebliche Kraftspitzen auftreten. Von der Höchstlast bis zur letzten solchen größeren Kraftspitze verflossen rd. 0,0075 s. Die völlige Beruhigung ist erst nach weiteren 0,008 s erreicht. Auch bei dem in Abb. 109 dargestellten Versuch dauerte der ganze Schlagvorgang etwa 0,016 s. Viele Schaubilder, die bisher auf diese Weise bei Schlagversuchen mit Hölzern und holzartigen Werkstoffen aufgezeichnet wurden, zeigten gleiche oder ähnliche Zusammenhänge und erhellen das Wesen der Sprödigkeit und Zähigkeit mit einem neuen Licht. Es sei davon abgesehen, sie im einzelnen in diesem Buch zu erörtern; lediglich zwei Beispiele seien noch ausgewählt (der andere Kraftmaßstab bei diesen Bildern ist zu beachten!): ein Schlagversuch an Eschenholz minderer Güte (Abb. 110) und an Hickory (Abb. 111). Erläuterungen sind entbehrlich, jedoch sei auf die Ähnlichkeit der Diagramme für Hickory und für zähes Eschenholz hingewiesen. Die physikalische Ähnlichkeit bedeutet mechanische und damit auch technologische Gleichwertigkeit.

i) Dauerfestigkeit.

Hölzerne Bauteile von Flugzeugen, Fahrzeugen und Maschinen werden ebenso wie Sportgeräte vornehmlich schwingend beansprucht. Da Eschenholz für die genannten Zwecke weitgehend verwendet wird, ist seine Schwingungsfestigkeit von größter praktischer Bedeutung. Zu unterscheiden hat man dabei die Wechselfestigkeit σ_w, das ist die größte Spannung, die ein Werkstoff bei stetem Wechsel zwischen Zug und Druck gleicher Größe beliebig oft ertragen kann, von der Ursprungfestigkeit σ_u, das ist jene größte Spannung, die im Wechsel mit dem spannungslosen Zustand beliebig oft ertragen wird. Die Wechselfestigkeit ist geringer als die Ursprungfestigkeit und demnach den Festigkeitsberechnungen von Bauteilen zugrunde zu legen. Sie läßt sich beim Biegeschwingungsversuch nach Wöhler auf verhältnismäßig einfache Weise, wenngleich zeitraubend, ermitteln, indem in einem umlaufenden Probestab Kreis-Biegebeanspruchungen hervorgerufen werden. Das Ziel solcher Versuche ist es, die sog. Dauerfestigkeit herauszufinden; man versteht darunter allgemein jene Spannungsgrenze, an der oder unterhalb der ein gegebener Werkstoff eine unbeschränkte Anzahl von Lastwechseln erträgt, ohne zu brechen.

Die ersten Untersuchungen über die Wechselfestigkeit von Holz wurden 1916 im englischen National Physical Laboratory durchgeführt. Dauerbiegeversuche an Eschenholz teilte aber erst Kraemer (1930) mit. Da er nicht nur auf gleiche Holzfeuchtigkeit, sondern auch auf gleiche Rohwichte, gleiche Jahrringbreite und gleichen Spätholzanteil der zu prüfenden Hölzer achtete, erhielt er überraschend geringe Streuungen und fand für Holz ähnlich klare Beziehungen zwischen Lastwechselzahl

und Beanspruchung, wie sie für nichtorganische Werkstoffe bekannt
waren. Abb. 112 zeigt die Ergebnisse in der üblichen Aufzeichnung in
einem halblogarithmischen Netz; der absteigende Ast der Kurve der
Biegeschwingungsfestigkeit wird dabei zu einer Geraden gestreckt, die
mit scharfem Knick in die waagerechte Linie der Dauerfestigkeit übergeht.
Die geklammerten Punkte stammen von Stäben, die auf einer bestimmten
Laststufe 10...12 Mill. Schwingungen ausgehalten hatten, und die dann
mit einer höheren Beanspruchung bis zum Bruch weiter geprüft wurden.
Die Punkte fallen nicht aus den anderen Meßzahlen heraus und beweisen
damit, daß bei Holz ein nennenswerter Einfluß der dynamischen Vorbe-

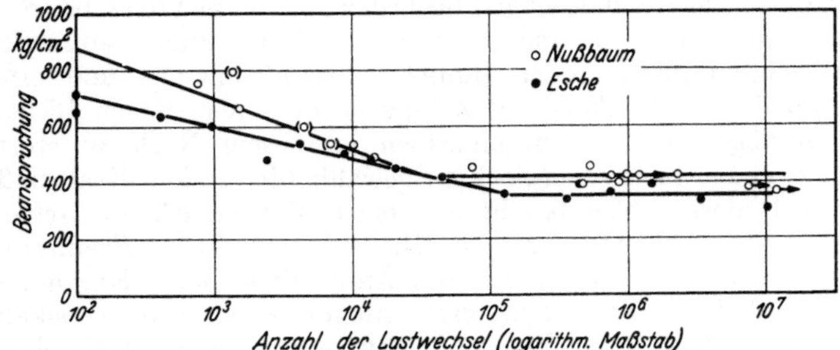

Abb. 112. Abhängigkeit der Lastwechselzahl von der Beanspruchung.

anspruchung auf die Schwingungsfestigkeit im Sinne des bei vielen Metallen
beobachteten „Hochtrainierens" nicht besteht.

Die Dauerfestigkeit des von Kraemer untersuchten Eschenholzes
betrug 360 kg/cm². Zahlentafel 29 gibt die zugehörigen statischen
Festigkeitswerte (auch für das zum Vergleich herangezogene Walnußholz)
wieder. Das Verhältnis der Biegeschwingungsfestigkeit zur statischen
Biegefestigkeit ist 0,30. Ähnliche Zahlen wurden nicht nur für andere
Hölzer, sondern auch für anorganische Werkstoffe gefunden.

Zahlentafel 29. Biegeschwingungsfestigkeit und statische Festigkeitseigenschaften von Eschen- und Walnußholz.

Holzart	Roh-wichte r_u g/cm³	Feuch-tigkeit u %	Festigkeitswerte kg/cm²					Verhältniszahlen		
			Biege-schwin-gung σ_w	Druck σ_{dB}	Zug σ_{zB}	Bie-gung σ_{bB}	Schub τ_d	$\dfrac{\sigma_w}{\sigma_{dB}}$	$\dfrac{\sigma_w}{\sigma_{zB}}$	$\dfrac{\sigma_w}{\sigma_{bB}}$
Esche	0,65	9,5								
längs			360	600	1330	1220	259	0,60	0,27	0,30
quer				100			165			
Walnuß	0,60	8,1								
längs			420	681	1260	1400	299	0,61	0,33	0,30
quer				120			150			

Die Ergebnisse von eigenen Biegeschwingungsversuchen sind in
Abb. 113 zusammengefaßt. Sie bestätigen und runden die ersten Versuche
von Kraemer. Zu erwähnen ist, daß sich die Eschenholzstäbe bei Kreis-

biegeversuchen in der Nähe der Bruchstelle sehr beträchtlich, und zwar auf $40\ldots50^{0}$ erwärmen können. Dies führt zu einer Abnahme des Feuchtigkeitsgehaltes bei der Prüfung um $1\ldots2\%$.

Kennzeichnend ist bei den Dauerversuchen auch das verhältnismäßig kurzfaserige Bruchgefüge (vgl. Abb. 114 und 115), das sich sehr deutlich von den faserigen statischen Brüchen unterscheidet. O. Kraemer

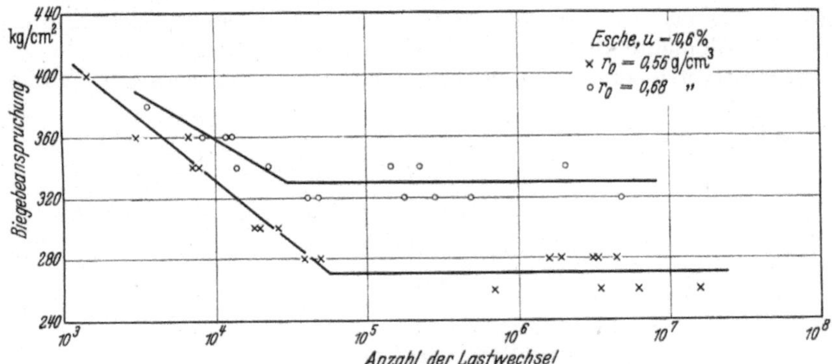

Abb. 113. Dauerbiegeversuche an verschieden schwerem Eschenholz.

gab hierfür die wahrscheinliche Erklärung, daß beim Kreisbiegeversuch zunächst eine Knickung der Fasern über den ganzen Stabquerschnitt eintritt, da die Druckfestigkeit kleiner ist als die Zugfestigkeit. Der dauernde Wechsel zwischen Druck- und Zugbeanspruchung zermürbt

Abb. 114. Statischer Biegebruch von Esche.

Abb. 115. Dauerbiegebruch von Esche.

dann die Fasern allmählich, und sie brechen im gezogenen Zustand glatt an den bereits gestauchten Stellen ab.

Bemerkenswerte Einblicke in das Verhalten von Eschenholz unter schwingender Beanspruchung lassen sich auch auf Flachbiegemaschinen gewinnen (Kollmann 1937). Sie sind dadurch gekennzeichnet, daß nicht das verformende Moment, sondern der Schwingungswinkel gleichbleibt.

Bei dieser Art der Prüfung ergaben sich zunächst große Überraschungen. Unterhalb einer gewissen Anfangsbeanspruchung, die aber weit unter der Dauerfestigkeit lag, kam es zu keinem klaren Bruch der Probekörper mehr; obwohl Einrisse am gefährdeten Querschnitt deutlich erkennbar waren, schaltete die Maschine nicht mehr selbsttätig aus. Um die Brauchbarkeit der Versuchsart grundsätzlich zu klären, wurden nun die Veränderungen der während des Versuchs vom Holz auf den Drehkraftmesser übertragenen Momente gemessen. Hierbei stellte sich heraus, daß diese Momente abnahmen. Die Ursache dürfte hauptsächlich in der Querschnittverringerung durch Einreißen, zu einem geringen Teil in

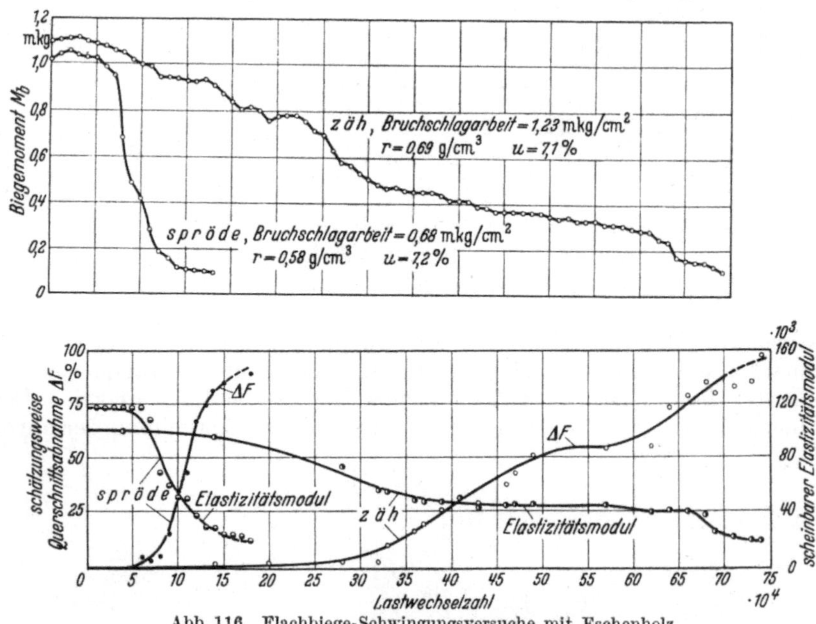

Abb. 116. Flachbiege-Schwingungsversuche mit Eschenholz.

einer Abnahme des Elastizitätsmoduls durch Lockerung des Faserverbandes liegen. Planmäßige Messungen ergaben, daß zähes und sprödes Eschenholz sich in der Geschwindigkeit des Momentenabfalls wesentlich unterscheiden, und zwar erfolgt er bei sprödem Holz sehr rasch, während er bei zähem Holz außerordentlich langsam vor sich geht (Abb. 116). Der Vergleich der Punkt für Punkt bestimmten Momentenkurven eröffnet bemerkenswerte Einblicke in die innere Mechanik der durch Schwingungen beanspruchten Hölzer; beispielsweise wurden besonders beim zähen Holz auch Wiedererhöhungen der Momente im Laufe der Beanspruchung festgestellt. Es ist wahrscheinlich, daß hierbei zufällige Richtwirkungen der Holzfasern infolge der Schwingungen sowie Verkeilungen von Bruchsplittern eine Rolle spielen. Zur Ergänzung des Bildes kann man den Elastizitätsmodul der Proben nach jeweils 10000 Lastwechseln durch statische Durchbiegung ermitteln. Diese Meßpunkte wurden zusammen mit den Abständen der erhaltenen Hookeschen Geraden auf der Abszisse vom Nullpunkt des Achsenkreuzes für das noch nicht dauerbeanspruchte Holz aufgetragen. Die so entworfenen, etwa spiegelbildlichen Kurven lassen sich als der Verlauf des scheinbaren E-Moduls und der schätzungsweisen Abnahme des Stabquerschnitts deuten.

Zusammengefaßt läßt sich sagen, daß sämtliche Versuchsergebnisse ein günstiges Licht auf die Dauerfestigkeit von Eschenholz werfen. Es steht damit im Einklang, daß sich beim Kreisbiegeversuch als Verhältnis der Wechselfestigkeit zur Rohwichte von Eschenholz 5,5 ergibt, während man bei vergüteten Aluminiumlegierungen 5, bei C-Stählen nur 2,3 erreicht.

9. Verwertung und Verarbeitung von Eschenholz.

a) Chemische Verwertung von Eschenholz.

Die Verarbeitung von Eschenholz in der Zellstoffindustrie ist hauptsächlich wegen seines beschränkten Vorkommens und seines hohen Wertes für mechanische Zwecke nicht üblich (Mathey 1906). Dazu kommt, daß die Ausbeute an Zellulose verhältnismäßig niedrig ist. Ziegelmeyer (zit. nach Schwalbe 1911) teilt mit, daß die Ausbeute an völlig trockenem Stoff, bezogen auf das Darrgewicht des Holzes, nur 26% beträgt.

Günstiger sind die Ergebnisse bei der Verkohlung von Eschenholz, jedoch kommt es auch dafür wegen der starken Nachfrage für die mechanische Verarbeitung praktisch kaum oder nicht in Frage. Amerikanischen Arbeiten seien aber zur Rundung des Bildes einige Zahlen für Esche (Hawley und Palmer 1914) entnommen und mit den Werten für Buche und Hickory (Bunbury 1925) verglichen (Zahlentafel 30).

Zahlentafel 30. Ausbeuten bei der Verkohlung von Eschen-, Hickory- und Buchenholz.

Holzart	Ausbeuten in % des Darrgewichtes			
	Methylalkohol	Essigsäure	Teer	Holzkohle
Fraxinus pennsylvanica var. lanceolata Sarg. (Green Ash)	1,91	4,64	11,3	41,0
Fraxinus nigra Marsh. (Black Ash) .	1,22	4,88	10,2	39,6
Hickory	2,08		13,0	37,7
Fagus silvatica L. (Rotbuche) . . .	2,07	6,04	8,11	34,97

b) Fahrzeugbau.

Der größte Teil des Eschennutzholzes dürfte im Fahrzeug- und Waggonbau verarbeitet werden. Dies erhärtete auch eine statistische Umfrage meines Instituts, bei der stichprobenartig eine größere Zahl von Eschenholz verarbeitenden Betrieben erfaßt wurde. Von diesen Betrieben wurden insgesamt jährlich (1938) rd. 32000 fm Eschenholz bezogen; etwa 42% dieses Holzes ging in den Fahrzeug- und Karosseriebau. Die Verarbeitungsmöglichkeiten sind hier auch ganz besonders vielseitige;

gleichzeitig kommen die mechanischen Vorzüge des Eschenholzes:
Steifheit verbunden mit großer Federung, hohe statische und dynamische

Abb. 117. Abteil eines Personenwagens der
Deutschen Reichsbahn mit Sitzbanklatten
aus Eschenholz.

Abb. 118. Anrichte eines Salonwagens
in Eschenholz.

Abb. 119. Inneneinrichtung eines Bahnpostwagens in Eschenholz.

Festigkeit, bedeutender Abnützungswiderstand in hervorragendem Maße
zur Geltung. Hieraus erklärt es sich auch, daß die Deutsche Reichsbahn

ebenso wie die Heeresverwaltung in weitem Umfang die Verwendung von
Eschenholz vorschrieb. Im einzelnen lassen sich im Fahrzeugbau etwa
folgende Verwendungszwecke für Eschenholz angeben, wobei häufig
vorkommende Abmessungen zur Ergänzung vermerkt seien:

Abb. 120. Omnibusaufbau in Eschenholz.

Eisenbahn-Fahrzeuge (einschließlich Straßenbahn- und Hochbahnwagen).

Sitzbanklatten 2000…2600 × 45…80 × 20…55 mm (Abb. 117).
Sitzbankkopfstücke.
Armlehnen.
Verkleidungsleisten in Personenwagen 5000 × 40…90 × 20 mm.
Fingerschutzleisten.
Fensterdruckrahmen (2000 × 50 × 30 mm).
Rahmen für Schilder aller Art.
Schränke und Küchenausstattungen für Speisewagen (Abb. 118).
Verteilerspinde und Wertschränke in Bahnpostwagen (Abb. 119).
Spriegel für Güterwagendecken 3000 × 50 × 30 mm.

Kraftfahrzeuge.

Längsträger und Seitenwände für Pritschenaufbauten (4000…6000 ×
100…150 × 60…65 mm).
Querträger (2200 × 300 × 45 mm).
Sitze und Lehnen.
Last- und Lieferwagenaufbauten, Gerippe, Rahmen und Futterhölzer,
Holme und Bügel der Planeindeckungen (Abb. 120).

Sonstige Fahrzeuge.

Feldwagen (besonders für das Heer), Ackerwagen, Plattformwagen, Bootswagen, Lade- und Gepäckkarren, fahrbare Laderampen, Handwagen. Bei den aufgeführten Fahrzeugen werden folgende Teile aus Eschenholz hergestellt: Deichseln ($3000\ldots4800 \times 70\ldots100$), Ober- und Unterzüge, Geripppe, Dachrahmen, Rücklehnen und Fußbretter, Biegeteile und Aufbauten, Radfelgen ($800\ldots1500 \times 80\ldots150 \times 70 \times 80$ mm), Speichen, Schneekufen.

Mit Rücksicht auf das beschränkte Vorkommen wird von verschiedenen Behörden Eschenholz nach Möglichkeit nicht mehr vorgeschrieben. In vielen Fällen läßt sich auch in anderen Holzarten ein vollwertiger Ersatz finden. Beispielsweise kann für den Innenausbau von Eisenbahnwagen in weitem Umfange Eiche und Ulme, teilweise z. B. für Banklatten und Brieffächer auch Rotbuche herangezogen werden. Als zweckmäßigste Feuchtigkeit können für Fahrzeugteile, die der Witterung ausgesetzt sind, z. B. Felgen und Speichen $15\ldots20\%$, für Holzteile in geschlossenen und im Winter beheizten Personenwagen $8\ldots12\%$ angesprochen werden. Die Bearbeitung des Eschenholzes erfolgt mit den üblichen Holzbearbeitungsmaschinen wie Kreis- und Bandsägen, Abricht- und Dicktenhobelmaschinen, Fräs- und Kehlmaschinen. Beim Hobeln lassen sich Vorschübe bis 20 m/min erreichen. Von der Oberflächenbehandlung war bereits früher die Rede (s. S. 61).

c) Schiff- und Bootsbau, Ruder.

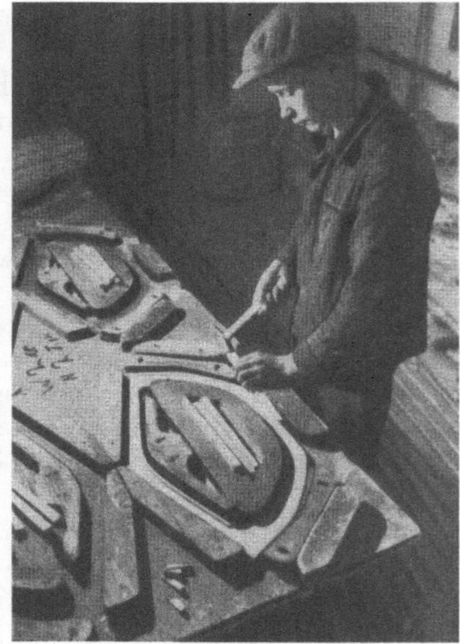

Abb. 121. Herstellung von Spanten.

Im Großschiffbau wird Eschenholz nur selten und an untergeordneten Stellen verbraucht, so zu Spillspaken, Blockgehäusen, Möbeln. Bei der

Herstellung von Kleinschiffen und Booten (Abb. 121 und 122) dient das Holz in beschränktem Umfange auch zu Rahmen, Kielen, Spanten, Bänken sowie für die Innenausstattung. Der weitaus wichtigste Verwendungszweck sind aber Ruder. In den Vereinigten Staaten werden beispielsweise über 80% der gesamten von Schiffs- und Bootswerften verbrauchten Eschenholzmengen zu Rudern und Paddeln verarbeitet; nahezu alle langen (4...6 m) und ein sehr großer Teil der kurzen Ruder bestehen aus Eschenholz. Die Vereinigten Staaten führten vor dem

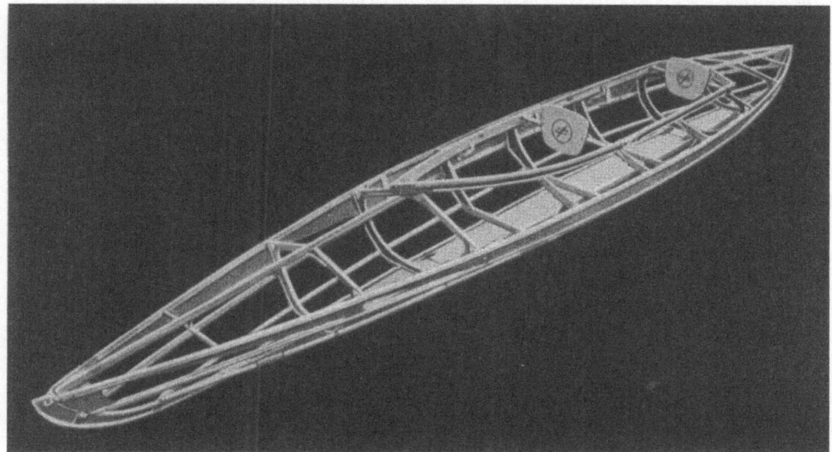

Abb. 122. Eschenholzgerüst eines Klepper-Wander-Zweiers.

Weltkriege Eschenholzruder sowohl in rohem als auch in fertigem Zustand in bedeutenden Mengen aus (Sterrett 1917). Tatsächlich ist Eschenholz durch das Zusammenwirken seiner mechanischen und gewerblichen Eigenschaften in hohem Maße für diesen Zweck geeignet: es ist besonders elastisch, fest, zäh und verhältnismäßig leicht; weiter ist es leicht zu bearbeiten, gut polierfähig, bleibt im Gebrauch glatt und ist dauerhaft. Zu erwähnen sind ferner Gerüste für Faltboote aus Eschenholz, die nach der Bearbeitung zwecks Feuchtigkeitsschutz in Bootslack getaucht werden.

d) Flugzeugbau.

Die Verwendung von Eschenholz im Flugzeugbau ist in Deutschland sehr stark zurückgegangen und spielt heute mengenmäßig kaum mehr eine Rolle. Neben der Knappheit dieses Holzes und seinem verhältnismäßig hohen Preis sind dafür folgende Ursachen anzugeben: Deutschland ist nicht nur das klassische Land des Metallflugzeugbaus, sondern es entwickelte auch im Schichtholz- und Kunstharzpreßholz neuzeitliche Leichtbaustoffe, in denen wohl die Vorzüge des Holzes, nicht mehr aber seine Nachteile vorhanden sind. Bei der erwähnten Erhebung meines Institutes, die kein schlechtes Bild vom verhältnismäßigen Verbrauch an Eschenholz in der deutschen Industrie geben dürfte, stellte sich heraus, daß nur etwa 0,3% des jährlich verarbeiteten Eschenholzes auf Flugzeugwerke treffen. Anderseits ist die Flugzeugindustrie in technisch wissenschaftlicher Hinsicht besonders hoch entwickelt, so daß die Auswahl und Verarbeitung des Eschenholzes nach ganz neuzeitlichen Gesichtspunkten erfolgt, die für andere Industrien in mehr als einer Hinsicht sehr lehrreich werden können und deshalb eine breitere Darstellung unbedingt verlangen. Im deutschen Flugzeugbau sind für Eschenholz folgende Anwendungsgebiete noch üblich: Gebogene Rippengurte (z. B. $1200 \times 10 \times 20$ mm), Druckgurte und Druckklötze in Holmen, Füllklötze, wenn besondere Festigkeit verlangt wird, Verstärkungsklötze an Stellen, wo Beschläge befestigt werden sollen und im Betrieb große Beanspruchungen auftreten, Schwimmerholme und Spanten (aus Lamellen verleimt), Fußbodenleisten, Roste, Schutzgitter, Einfaßleisten, gelegentlich Flugzeug- und Schneekufen (aus 4 Lamellen verleimt $2000\ldots2800 \times 430\ldots$ $460 \times 40\ldots70$ mm). Für das Curtis Condor-Flugzeug der Antarktis-Expedition von Admiral Byrd wurden besonders große Kufen aus gefirnister amerikanischer Esche erzeugt. Die Kufen bestehen aus 3 Lagen und sind unten mit einem besonders behandelten Aluminiumblech beschlagen. Die Länge der Kufen beträgt 4,27 m, die Breite 91 cm. Das Gewicht beläuft sich auf ungefähr 181 kg. Die Eschenkufen sind die größten, die je in den Vereinigten Staaten zur Verwendung gelangten. Das Ladegewicht des Flugzeugs beträgt 9000 kg. Markwardt (1930) zählt für die Vereinigten Staaten folgende Liste von Verwendungsmöglichkeiten auf: Holme, Luftschrauben, Fahrgestelle, Streben, Schwimmerspanten, Verstärkungen für Bauglieder, gebogene Teile an Flügeln und Rumpf, Gleitflossen, Schwanzsporn, Spannturmstreben, Lagerböcke, Flügelstirnleisten, falsche Kiele, Steuerknüppelgriffe. Daneben wird Eschenholz (auch ästiges) zur Herstellung von Vorrichtungen zum Treiben von Elektron- und Aluminiumblechen sowie von Verleimvorrichtungen für den Holzflugzeugbau verwendet. Die deutschen Bauvorschriften für Flugzeuge (Ausg. Nov. 1939) fordern bei 12% Feuchtigkeit (verarbeitet wird in den Flugzeugwerken künstlich getrocknetes Eschenholz mit $8\ldots14\%$, und zwar etwa $8\ldots14\%$ für Teile in der Zelle und im Innern des Rumpfes, $12\ldots14\%$ für Schwimmerteile) folgende mechanische Mindestwerte:

$$
\begin{array}{llrl}
\text{Rohwichte} & r_{12}\sim & 0,7 & \text{g/cm}^3 \\
\text{Druckfestigkeit} & \sigma_{dB12}\geq & 450 & \text{kg/cm}^2 \\
\text{Zugfestigkeit} & \sigma_{zB12}\geq & 1000 & \text{kg/cm}^2 \\
E\text{-Modul} & E_{12}\geq & 110000 & \text{kg/cm}^2
\end{array}
$$

Bei Verarbeitung zu Bauteilen werden weiter verlangt: Gerader Wuchs, lufttrockener Zustand, möglichst wenig Äste und Risse, keinerlei Fäulnis. Bemerkenswert ist, daß die Flugzeugfirmen selbst über diese amtlichen Forderungen hinausgehen. Sie schließen ästiges Holz sowie Splint und Herz völlig aus. Nach den Ausführungen über den Einfluß der Lage im Stamm auf die Festigkeit ist letzteres ohne weiteres berechtigt, denn wir sahen, daß in unmittelbarer Nähe des Markes ebenso häufig Zonen leichten und damit wenig festen Holzes anzutreffen sind, wie in den äußersten Splintschichten, wo infolge von Wuchshemmungen meist nur mehr sehr feine, massearme Jahrringe erzeugt werden. Es überrascht deshalb nicht, daß im deutschen Flugzeugbau hinsichtlich der Jahrringbreite sogar zahlenmäßige Vorschriften gemacht werden, und zwar fordert eine Firma mindestens 7 Ringe je 1″ (also mindestens 3,7 mm Jahrringbreite), während ein anderes führendes Werk nicht unter 3 Ringe je Zentimeter (also 3,3 mm Jahrringbreite) zuläßt. Wir sehen hier somit die Jahrringbreite in ihrer richtigen Bedeutung eingeschätzt, zum Unterschied gegenüber anderen Industrie- und Gewerbezweigen, wo selbst für Sportgeräte noch gelegentlich Feinringigkeit des Eschenholzes angestrebt wird.

Auch bezüglich der Geradfaserigkeit liegen im Flugzeugbau Zahlenangaben vor, und zwar läßt ein Werk höchstens eine Neigung von 1 : 15, das andere (ein auf Holzflugzeuge besonders ausgerichtetesUnternehmen) höchstens 1 : 20 zu. Dem entsprechen als Winkel zwischen der Längsachse des Bauteils, in die die Hauptbeanspruchung fällt, und der Faserrichtung 2°50′ bis 3°50′. Die Berechtigung einer so scharfen Auslese gerade hinsichtlich der Geradfaserigkeit bedarf nach den früheren Ausführungen im Abschnitt „Elastizität und Festigkeit" keines besonderen

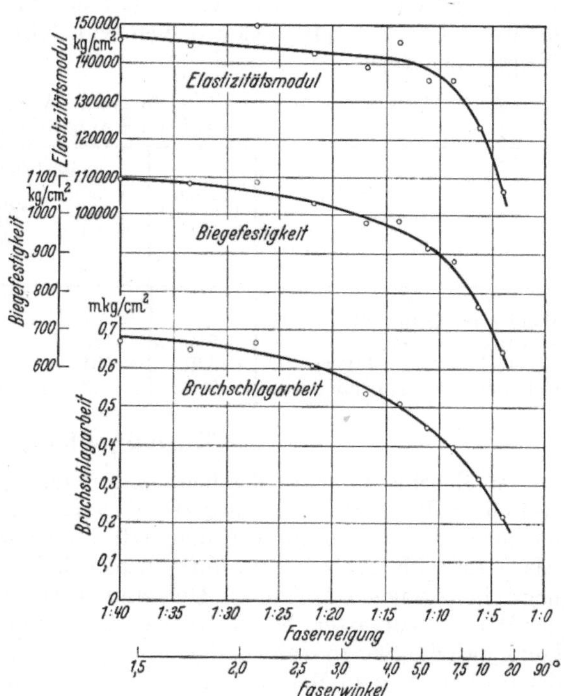

Abb. 123. Abhängigkeit des Elastizitätsmoduls, der Biegefestigkeit und der Bruchschlagarbeit vom Faserwinkel bei Weißesche. (Nach L. J. Markwardt.)

Beweises mehr, jedoch sei ein auf die Belange der Flugzeugbaus zugeschnittenes Bild wiedergegeben, das den Einfluß von Schräg- und Spiralfaser auf E-Modul, Biegefestigkeit und Bruchschlagarbeit bei kleinen fehlerfreien Proben von amerikanischer Weißesche ($R \approx 575$ kg/fm, bezogen auf lufttrockenes Volumen, Feuchtigkeit rd. 7%) anschaulich macht (Abb. 123).

Schließlich liegen über die Zerspanung des Eschenholzes in der Luftfahrzeugindustrie wertvolle Angaben vor. Beim Kreissägen empfehlen sich 4000 U/min Drehzahl bei 300 mm Blattdurchmesser, also eine Schnittgeschwindigkeit von rd. 63 m/s. Der mögliche Vorschub beträgt beim Auftrennen von 30 mm dicken Bohlen 12 m/min, von 70 mm dicken Bohlen 6 m/min; Hobelmaschinen für Eschenholz laufen mit 3600 U/min, bei einem Wellendurchmesser von 120 mm; der Holzvorschub ist 30 m/min.

Auch Oberfräsen mit 18000 U/min werden in größerem Umfang zur feineren Formung eingesetzt.

Eschenholz läßt sich ausgezeichnet verleimen. Da die Scherfestigkeit in der Leimfuge etwa verhältnisgleich der Rohwichte anwächst, ist im Vorhinein auch hohe Fugenfestigkeit zu erwarten. Einige Zahlenangaben und Vergleichsmöglichkeiten über die Festigkeit und das Verhältnis des Holzbruches zur gesamten Leimfläche bringt Zahlentafel 31 nach Truax (1929). Für Kunstharzleime liegen entsprechende Untersuchungen nicht vor, jedoch ist anzunehmen, daß sich die für andere, etwa gleich dichte Harthölzer gefundenen Zahlen (vgl. Kollmann 1936) sinngemäß übertragen lassen.

Zahlentafel 31. Verleimeigenschaften von Weißesche, Gelbbirke und Gelbkiefer (Kernholz).

Holzart	Raum-dichtezahl	Hautleim		Kaseinleim	
		Scher-festigkeit	Anteil des Holz-bruches	Scher-festigkeit	Anteil des Holz-bruches
	kg/fm	kg/cm²	%	kg/cm²	%
Weißesche (Fraxinus americana)	545	165	89	149	59
Gelbbirke (Betula lutea) . .	530	191	73	163	32
Gelbkiefer (Pinus ponderosa)	395	113 ·	68	112	80

e) Maschinenbau.

Im Maschinenbau ist Eschenholz auf einigen Sondergebieten anzutreffen, z. B. bei Waagerechtgattern zu Schubstangen. Das Holz muß hierfür unbedingt geradfaserig und astfrei sowie sorgfältig getrocknet sein. Als Ersatz für Esche wird häufig Kiefernholz verwendet. Die Vorzüge liegen im geringen Gewicht, ein Umstand, der bei den hohen Massenkräften des Waagerechtgatters besonders wichtig ist und praktisch darauf hinaus läuft, daß die Sägengeschwindigkeit erhöht werden kann. Dazu kommen der im Vergleich zu Metall niedrige Preis und die Möglichkeit der Selbstherstellung im Sägewerk. Ähnliche Gesichtspunkte gelten auch für den Einsatz des Eschenholzes in der Landmaschinenindustrie (bei meiner Erhebung wurden von ihr 2,3% des Eschennutzholzes verbraucht). Im einzelnen dient Eschenholz zu folgenden Teilen (Abb. 124...127, 130...131):

Zugstangen, Leit-, Hänge- und Stützfedern für die Schüttelvorrichtungen in Drehmaschinen, Haspellatten, Haspelarme, Spurstöcke, Kurbelstangen, Bindertischleisten, Tellerstöcke, Handgriffe usw. für Erntemaschinen. Bei Querschnitten von $10 \times 20...45 \times 95$ mm liegen die Längen zwischen 640 und 2250 mm. Für alle aufgeführten Zwecke wird seit vielen Jahren Eschenholz mit Erfolg verwendet. Allerdings werden an das Holz hinsichtlich seiner Beschaffenheit die größten Anforderungen gestellt. Die Feuchtigkeit bei der Verarbeitung beträgt etwa 14...16%. Selbst in Großbetrieben wird häufig nur natürlich getrocknet, wobei das Rundholz sofort nach dem Einschlag auf dem Gatter eingeschnitten, von Rinde befreit und luftig in Schuppen gestapelt wird. Es besteht aber kein

Abb. 124.

Abb. 125.

Abb. 124 und 125. Eschenholzfedern an Dreschmaschinen, die Feder auf dem rechten Bild ist durch einen Transportstoß ausgeknickt, ohne zu brechen.

Abb. 126.

Abb. 127.

Abb. 126 und 127. Eschenholzzugstangen in einer Dreschmaschine.

Zweifel, daß trotz oder gerade wegen der ziemlich hohen Endfeuchtigkeit auch hier die künstliche Trocknung wirtschaftlich ist. Als bewährte Arbeitsbedingungen für das Eschenholz mit der genannten Feuchtigkeit werden beim vierseitigen Hobeln genannt: 40 m/s Schnittgeschwindigkeit, 18 m/min Vorschub. Die verschiedenen Ausfräsungen an Federn und Zugstangen werden an Oberfräsen mit $n = 18000$ U/min ausgeführt; bei zweiflügeligen Fräsern mit 70 mm Durchmesser (möglichst kleiner Spanwinkel, ziehender Schnitt) errechnet sich eine Schnittgeschwindigkeit von 66 m/s, wobei der Handvorschub ebenfalls etwa 18 m/min beträgt. Eschenfedern haben sich wegen ihrer großen Elastizität, leichten Aus-

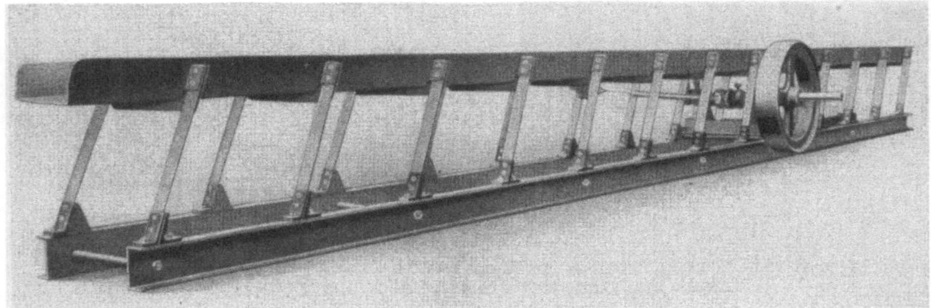

Abb. 128. Schwingförderrinne mit Eschenholzfedern.

wechselbarkeit, der Geräuschlosigkeit und des geringen Preises auch bei Schwingförderrinnen (Abb. 128) zur Förderung stückiger und körniger Massengüter auf kurze Entfernung gut bewährt (Kollmann 1936). Die einzige Oberflächenbehandlung für solche Maschinenteile aus Eschenholz besteht in einer Tauchung in reinem, etwas angewärmtem Leinöl. Örtlich wird Eschenholz endlich zu Schlagstöcken für Webmaschinen, Preßrosten von Mostpressen, zu Teilen von Mühlen, Straßenbaumaschinen, Pumpen, zu Filterpressen und photochemischen Geräten (s. S. 60) verarbeitet.

f) Stiele und Griffe.

Hochwertige Stiele und Griffe werden in sehr großem Umfang aus Eschenholz angefertigt. Dies geht beispielsweise auch daraus hervor, daß bei meiner statistischen Rundfrage 18,0% des Eschenholzes in Deutschland diesem Zweck dienten. Dabei ist diese Zahl sogar noch zu niedrig, da vielfach die Griff- und Stielherstellung lohnender Nebenbetrieb von Sportwarenfabriken ist. Insbesondere die Abfälle bei der Schneeschuherzeugung lassen sich hierzu sehr gut verwenden. Erzeugt werden Stiele aller Art und Größen für Hämmer, Beile, Äxte, Schaufeln, Spaten, Hacken, Pickel, Rechen, Sensen, andere Gartengeräte usw. (Abb. 129). Bei Heugabeln werden Längen bis zu 2,40 m und 4 cm Durchmesser erreicht. Für sehr stark beanspruchte Stiele, z. B. von Gabeln und Schaufeln zu Erdaushub, für Vorschlaghämmer u. ä. hat sich neben Hickory bisher nur Eschenholz bewährt. Auch bei kleineren Hämmern, Äxten und Beilen steht die Esche hinsichtlich der Eignung weitaus an erster Stelle, wenngleich für Hämmer Ulme und Weißbuche, für Axt-

und Beilstiele Weißbuche, Robinie und Elsbeere gut brauchbar sind. Bei Griffen für Werkzeuge, Peitschen, Reinigungsgeräte, Handkarren usw. können auch Rotbuche, Birke, Weißdorn, Kirschbaum benutzt werden. Man kann annehmen, daß gegenwärtig etwa 20% aller Werkzeuggriffe aus Rotbuchenholz erzeugt werden. In Griffen und Stielen müssen die Fasern gerade verlaufen; der Feuchtigkeitsgehalt darf keinesfalls mehr als 25% betragen, Äste, Risse und sonstige Fehler (z. B. Wurmlöcher)

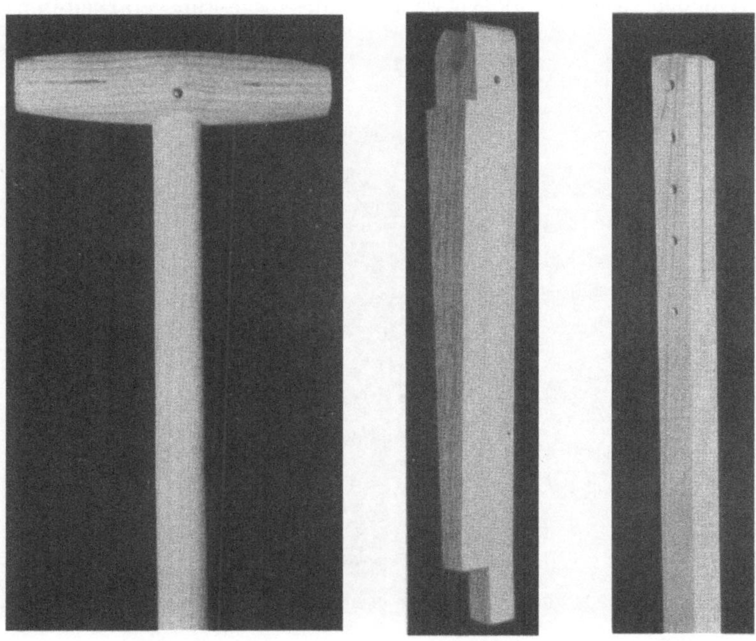

Abb. 129.   Abb. 130.   Abb. 131.

Abb. 129...131. Griff und Stiel eines Rechens, Elevatorholz und Kurbelstange einer Dreschmaschine.

sind auszuschließen. Falsch ist die Forderung des Erfahrungsaustauschblattes Erfa 7288 (Febr. 1937), daß das Holz feinjährig sein muß.

Zur Herstellung der Griffe und Stiele — soweit es sich nicht um gewachsene Stiele handelt — dienen selbsttätige Rundstabhobelmaschinen und Rundfräsmaschinen (Drehzahlen 1500...2800 U/min) sowie Stabdrehbänke; letztere besitzen zwei Messerwellen, von denen eine in einem schwingenden Rahmen gelagert ist, wodurch sich auch kantige und ovale Querschnitte erzeugen lassen. Die Stiele und Griffe werden häufig noch geschliffen. Soweit ein Biegen erforderlich ist, genügt halbstündiges Dämpfen bei 0,5 atü Druck. Die allseits glatten Stiele werden entweder roh abgeliefert oder mit heißem El-Firnis oder einem gleichwertigen Überzug versehen (s. RAL 848 B). Der zweite Anstrich darf frühestens 24 Stunden nach dem ersten aufgebracht werden. Teilweise ist auch Lackieren und Polieren üblich.

g) Sportgeräte, Leitern.

Unersetzbar ist Eschenholz bei der Herstellung von Sportgeräten, wie Tennisschlägern, Hockeyschlägern, Polostöcken, Ballschlägern, Speeren, Disken, Sportbögen, Schneeschuhen (Skis), Rodelschlitten sowie von Turngeräten (Barrenholmen 3...3,50 m, 50...60 mm im Durchmesser), Sprossen für Sprossenwände und Leitern, Ribstolsprossen, Trapeze, Sprungtische und Rutschbahnen (letztere bis 8 m Länge), Beine und Auszieher für Böcke und Pferde). Auf die einschlägigen Industrien entfielen nach meiner Erhebung 1938 etwa 36,9% des insgesamt verarbeiteten

Abb. 132. Skibiegemaschine.

Eschennutzholzes. Die Anforderungen an das Holz sind naturgemäß sehr hohe: Es muß im Stamm mindestens zu 80% astrein und unbedingt geradfaserig sein. Zu bevorzugen sind mittlere bis breite Jahrringe. An der Vorschrift weißer Farbe sollte nicht festgehalten werden, da gerade dunkel verkerntes Eschenholz oft besonders zäh und fest ist. Die Verarbeitung sei an zwei Beispielen erläutert: der Herstellung von Skis und von Tennisschlägern.

Von den Schneeschuhherstellern werden gewöhnlich die im Sommer gefällten Eschenstämme zunächst mittels Kreissägen auf die richtige Länge abgelängt und dann mittels Vollgatter, Blockband- oder Waagerechtgattersäge eingeschnitten. Die Schnitte sind so zu führen, daß man Blätter mit aufrechtstehenden Jahrringen erhält; hierzu gibt es verschiedene Möglichkeiten (Lanorville 1937). Die Trocknung des Holzes erfolgt fast ausschließlich natürlich, wobei das Schnittholz, oft an den Hirnflächen durch Anstriche oder Paraffinieren vor Rissen geschützt, in Schuppen während 2...4 Jahren gestapelt wird. Selbstverständlich

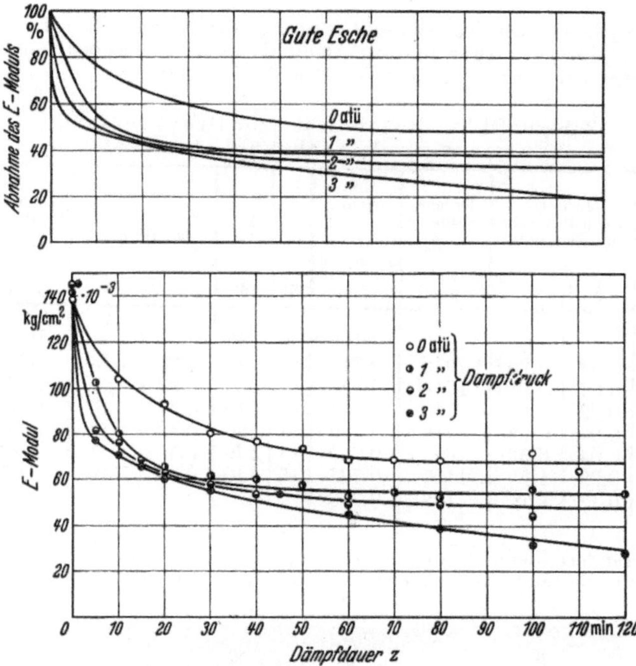

Abb. 133. Abnahme des E-Moduls von gutem Eschenholz mit der Dämpfdauer
bei verschiedenem Dampfdruck.

kann diese zeitraubende Trocknungsform mit bestem Erfolg durch künstliche Trocknung ersetzt werden. Die getrockneten Schneeschuhhölzer werden dann auf Band- oder Kreissägen roh zugeschnitten. Anschließend erfolgt das Hobeln auf einer sehr genau arbeitenden Dicktenhobelmaschine. Die Lauffläche wird auf einer Abrichte bearbeitet und dann die erforderliche Fräs- und Bohrarbeit geleistet. Gedämpft wird meist in einem Revolverdämpfkessel mit Sattdampf etwa 1,5 Std., mit Dampf von 0,5 atü 0,5 Std.

Gespannter Dampf ist stets wesentlich wirksamer als strömender, jedoch sind etwa 2 atü mit Rücksicht auf die sonst unvermeidliche Zersetzung die obere zulässige Grenze. Entgegen vielfachen Anschauungen ist die Anwesenheit von etwas Kondensat beim Dämpfen nicht schädlich und läßt die Dämpfzeiten verringern, ohne daß die Feuchtigkeit bis zum Erreichen gleicher Erweichung nennenswert erhöht wird. Beim Beginn des Dämpfens wächst die „Erweichungsgeschwindigkeit" von gutem Holz verhältnisgleich der 3. Potenz des

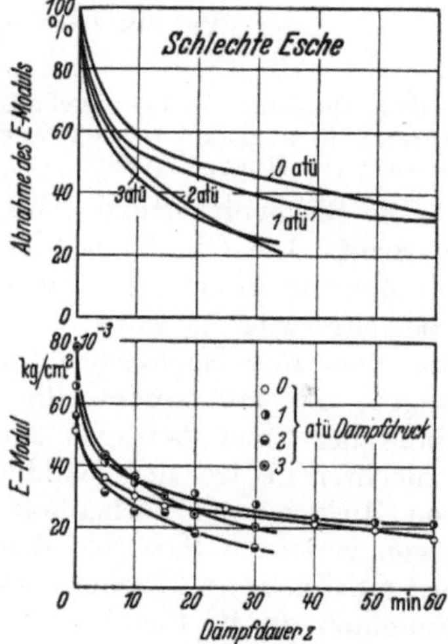

Abb. 134. Abnahme des E-Moduls beim Dämpfen von schlechtem Eschenholz.

absoluten Dampfdruckes, bei schlechtem, von Anfang an nachgiebigem Holz verwischen sich die Unterschiede. Die absolute Abnahme des E-Moduls beim Dämpfen beruht nur auf der Wirkung der Feuchtigkeitszufuhr.

Die Druckfestigkeit des gedämpften und wieder getrockneten Holzes sinkt bei hohen Dampfdrücken zwar mit der Dämpfdauer etwas, jedoch kann praktisch davon abgesehen werden (Zahlentafel 32 und Abb. 135).

Zahlentafel 32. Ergebnisse von Druckversuchen
an gedämpftem Eschenholz ($p = 3$ atü).

Probe	Dämpf-d.uer	Gewichts-verlust durch das Dämpfen		Druck-festigkeit σ_{dB_0}	Roh-wichte r_u vor dem Dämpfen	Probe	Dämpf-dauer	Gewichts-verlust durch das Dämpfen		Druck-festigkeit σ_{dB}	Roh-wichte r_u vor dem Dämpfen
Nr.	min	g	%	kg/cm²	g/cm³	Nr.	min	g	%	kg/cm²	g/cm³
1	0	—	—	1063	0,746	9	80	0,21	2,82	1092	0,793
2	10	0,02	0,28	1072	0,719	10	90	0,28	3,94	1008	0,748
3	20	0,04	0,54	1040	0,751	11	100	0,32	4,27	1116	0,802
4	30	0,02	0,27	1160	0,754	12	110	0,37	4,97	1065	0,799
5	40	0,04	0,53	1116	0,759	13	120	0,39	5,08	1046	0,781
6	50	0,04	0,53	1097	0,752	14	130	0,45	6,20	940	0,786
7	60	0,09	1,20	1107	0,765	15	140	0,54	7,61	993	0,794
8	70	0,12	1,58	1132	0,786						

Unverändert bleibt während des Dämpfens die Bruchschlagbarkeit. Von den chemischen Bestandteilen bleiben Zellulose und Pentosan völlig erhalten; eine

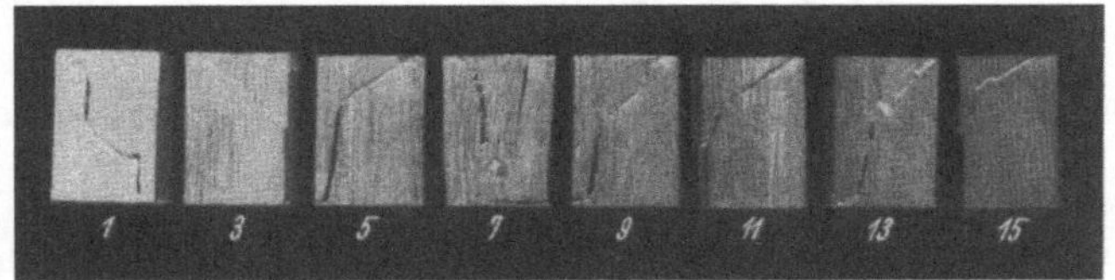

Abb. 135. Druckproben von gedämpftem Eschenholz.

geringe Abnahme des Ligningehaltes ist wahrscheinlich. Daneben dürften weitere Bestandteile abgebaut werden, worauf auch die Säurebildung im Dampfkondensat hinweist (Kollmann 1939).

Die Biegevorrichtung (Abb. 132) wird zweckmäßig auf etwa 100° angewärmt. Die Oberfläche der Skis wird geschliffen, Zierlinien werden mit Zierrillenmaschinen angebracht. Die Laufflächen werden geölt, die Oberseite wird gewässert, gebeizt, geschliffen und mattiert, wobei Spritvor- und Nachbeizen (braun oder schwarz) zur Verwendung gelangen. Zuletzt werden die Ober- und Seitenflächen lackiert. Die Maße der Skier betragen $2200 \ldots 2400 \times 100 \ldots 104 \times 35$ mm. Nur für schlechtere Ware und Kinderskis läßt sich Rotbuchenholz als Ersatz von Hickory und Eschenholz heranziehen. Bewährt haben sich hingegen verleimte Skis, bei denen nur die obere und untere Schicht mit je 4 mm Dicke aus Eschen- oder Hickoryholz, die Mittelschicht aber aus Nadelholz (z. B. Fichtenholz mit seitlicher Verblendung durch Rotbuchenleisten) besteht. Diesen Schneeschuhen wird sogar nachgerühmt, daß sie besonders leicht sind und sich fast nicht mehr verziehen.

Auch bei der Herstellung von Tennisschlägern wird heute die Unterteilung in Holzlamellen angewendet. Das Rohholz in Form von Stamm-

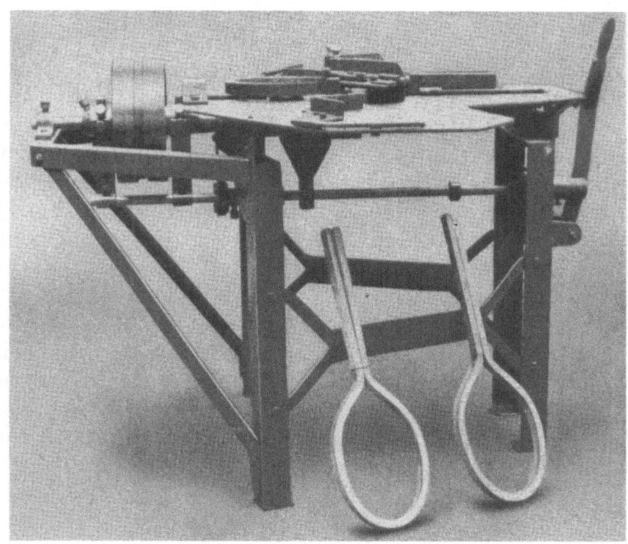

Abb. 136. Biegevorrichtung für Tennisschläger.

abschnitten, mit etwa 1,7 m Länge wird mittels Bandsäge so aufgeschnitten, daß Bretter mit stehenden Jahrringen anfallen. Aus diesen werden nach sorgfältiger künstlicher Trocknung mittels Feinkreissägen Leisten (1700 × 30 × 1,5…3,5 mm) geschnitten. Derartige Leisten lassen sich kalt über Formen biegen, wobei gleichzeitig die Verleimung erfolgt. Die fertigen Rahmen werden geschliffen, mit Porenfüller grundiert, mit Nitrozelluloselack gespritzt und geschwabbelt. Versuche an Stelle von Eschenholz, Birken- und Ahornholz zu Tennisschlägern zu verarbeiten, liegen vor. Eine Biegemaschine für Tennisschläger zeigt Abb. 136, eine solche für Hockeyschläger Abb. 137.

Abb. 137. Biegemaschine für Hockeyschläger. Von den gebogenen 65 mm dicken Eschenholzkanteln werden die schwarzen Bügel der Hockeyschläger nachträglich abgetrennt.

Nicht abgehen aber kann man von der Vorschrift, zu Sprossen bei Feuerwehrleitern (Querschnitt 30 × 50…70 × 80) ausschließlich Eschenholz zu verwenden. Auch andere Leitersprossen werden in großem Umfang aus Eschenholz hergestellt (bis 22…45 mm und 300… 1000 mm Länge); als Austauschholz kommt Buche in Frage. Für Leiterwangen kann statt Eschenholz auch astreines Fichten-, Tannen-

und Kiefernholz verwendet werden. Weiter dient Eschenholz zu Plattformen für Sicherheitsbrücken (nach DIN-RAL 429 B2).

h) Sonstige Verwendungszwecke von Eschenholz.

Hochwertiges, insbesondere auch gemasertes Eschenholz wird zu wertvollen Möbeln verarbeitet. Vereinzelt kann auch die Verwendung für Treppenkrümmungen, Treppenlaufpfosten und Wandbekleidungen in Frage kommen. In den Vereinigten Staaten wird das Holz vielfach für den Bau von Kühlschränken und Kücheneinrichtungen benutzt, da es nicht nur wenig quillt oder schwindet, fest und dauerhaft, sondern auch völlig geruchfrei ist. Kurzes Eschenschnittholz wird dort in sehr bedeutendem Ausmaße [nämlich nach Sterrett (1917) zu 20,4% des gesamten Eschenholzverbrauchs] zu Butterfaßdauben verarbeitet. Es sei darauf verzichtet, weitere untergeordnete Verwendungszwecke anzuführen und lediglich noch darauf hingewiesen, daß Eschenholzabfälle und besonders schlecht geformtes Eschenholz, wie schon dargelegt (s. S. 77), einen sehr hochwertigen Brennstoff darstellen.

Schrifttum.

Altum, B.: Zoologische Miscellen. 4. Hylesinus crenatus Fabr. Z. Forst- u. Jagd-
wes. Bd. 8 (1876) S. 496.
— Der große schwarze Eschenbastkäfer (Hylesinus crenatus Fabr.). Z. Forst- u.
Jagdwes. Bd. 10 (1879) S. 397.
— Forst- und jagdzoologische bemerkenswerte Erscheinungen während des Jahres
1888. 1. Die Eschenzwieselmotte Prays curtisellus. Z. Forst- u. Jagdwes. Bd. 20
(1888) S. 754.
Badoux, H.: Große Eschen (Übersetzung). Schweiz. Z. Forstwes. Bd. 61 (1910)
S. 164.
Bailey, J. W.: Cambium and its derivative tissues. Amer. J. Bot. Bd. 7 (1920)
S. 385.
Bamford, R. F. u. W. G. Campbell: The determination of lignin in the analysis
of woods. Biochemic. J. Bd. 30 (1936) S. 419.
Bateson, R. G. u. R. E. Hodge: Kiln-drying schedules. Dept. Scient Ind. Res.,
For. Prod. Res. Rec., Lond. 1938, No 26.
Baumann, R.: Die bisherigen Ergebnisse der Holzprüfungen in der Material-
prüfungsanstalt an der Technischen Hochschule Stuttgart. VDI-Forsch.-Ing.-
Wes. 231. Berlin: VDI-Verlag 1922.
Bedingungen (Usanzen) für den Handel mit Hölzern aller Art an der Wiener Börse.
Wien: Verlag der Handelskammer 1926.
Benedikt, R. u. M. Bamberger: Methylgruppen in verholzten Membranen.
Mh. Chem. Bd. 11 (1890) S. 260.
Bertog, H.: Verhalten der Eiche und anderer Laubhölzer in Buchenbeständen.
Z. Forst- u. Jagdwes. Bd. 32 (1900) S. 187.
Boas, J. E. V.: Et Angreb af Snudebillen Cionus fraxini. Tidskrift for Skov-
vaesen Bd. 9 (1897) S. 144. Ref. Entomologische Notizen. Ein Angriff des
Rüsselkäfers (Cionus Fraxini). Zbl. ges. Forstwes. Bd. 26 (1900) S. 86.
Boise, A. T. u. J. A. Newlin: The commercial hickories, Washington D. C., U.S.
Dept. Agricult. For. Serv. Bull. 80 (1910).
Borgmann, H.: Die Zwieselbildung der Esche, verursacht durch Prays curti-
sellus Don. Z. Forst- u. Jagdwes. Bd. 19 (1887) S. 689.
— Über die zweite Generation der Eschenzwieselmotte, Prays curtisellus Don.
Z. Forst- u. Jagdwes. Bd. 23 (1891) S. 201.
— Neuere Beobachtungen über die Eschenzwieselmotte Prays curtisellus Don. und
einige andere an der Esche lebende Kleinfalter. Forstl. naturwiss. Z. Bd. 2 (1893)
S. 24.
Boysen-Jensen, P.: Studier over Skovtraeernes Forhold til Lyset. Tidskrift
for Skovvaesen Bd. 22 (1910) S. 1.
— u. D. Müller: Undersøgelser over Stofproduktionen i yngre Beroksninger af
Ask og Bøg. Det forstlige Forsøgsvaesen i Danmark IX (1925—1928) S. 221
u. X (1928—1930) S. 365.
Bryan, J. u. L. S. Doman: Fire resistance, the comparative resistance to fire
of various species of timber. Wood Bd. 5 (1940) S. 19.
Bühler, A.: Der Waldbau nach wissenschaftlicher Forschung und praktischer Er-
fahrung. Bd. 1, S. 521f. Stuttgart: Eugen Ulmer 1918.
Büsgen, M.: Bau und Leben unserer Waldbäume, 3. Aufl., S. 13. Neubearbeitet
von E. Münch. Jena: Gustav Fischer 1927.
— Blütenentwicklung und Zweigwachstum der Rotbuche (Fagus silvatica). Z.
Forst- u. Jagdwes. Bd. 48 (1916) S. 289.
Bunbury, H. M.: Die Trockendestillation des Holzes, übersetzt von W. Elsner.
S. 36. Berlin: Julius Springer 1925.

Burger, H.: Holz-, Laub- und Nadeluntersuchungen. Schweiz. Z. Forstwes. Bd. 76 (1925) S. 266, 310.
— Holzarten auf verschiedenen Bodenarten. Eigenschaften einiger Bodenarten, chemische Zusammensetzung, Phänologie und Wachstum der darauf erzogenen Holzarten. Mitt. Schweiz. Anst. forstl. Versuchswes. Bd. 16 (1930) Heft 1.
Buston, H. W. u. H. St. Hopf: Über gewisse Kohlenhydratbestandteile der Rinde der Esche. Biochemic. J. Bd. 32 (1938) S. 44.
Chalk, L.: The formation of spring- and summerwood in ash and douglas fir, Oxford Forestry Memoirs, Nr 10 Oxford; Clarendon Press 1930, dortselbst auch 41 Schrifttumsangaben.
Chalmot, G. de: Pentosans in plants. Amer. Chem. J. Bd. 16 (1894) S. 218.
Chaplin, C. J. u. T. M. Mooney: Tests of some home-grown timbers in their green and seasoned conditions, Princes Risborough, Dept. Sci. Ind. Res. For. Prod. Res. Lab. Proj. 1, Progr. Rep. 1, 1930.
Cieslar, A.: Über die Erntezeit der Früchte der gemeinen Esche (Fraxinus excelsior L.). Zbl. ges. Forstwes. Bd. 46 (1920) S. 90.
Clarke, S. H.: The structure of the wood of ash (Fraxinus excelsior L.), Princes Risborough, Dept. Sci. Ind. Res. For. Prod. Res. Labor. Proj. 9, Progr. Rep. 1, Nov. 1932.
— On estimating the mechanical strength of the wood of ash (Fraxinus excelsior L.). Forestry Great Britain Bd. 7 (1933) Nr. 1, S. 26.
— The structure of the wood of ash (Fraxinus excelsior L.), wie oben, Proj. 18, Progr. Rep. 1, Teil II, Sept. 1933.
— The structure of the wood of ash (Fraxinus excelsior L.), wie oben, Proj. 9, Progr. Rep. 1, Teil III, Sept. 1934.
— Recent work on the relation between anatomical structure and mechanical strength in english ash (Fraxinus excelsior L.). Forestry Great Britain Bd. 9 (1935) Nr. 2 S. 132.
— The structure of the wood of ash (Fraxinus excelsior), wie oben, Proj. 9, Progr. Rep. 1, Teil IV, Juni 1935.
— Recent work on the growth, structure and properties of wood, wie oben, Special Report No 5, 1939.
— Ash, wie oben, Proj. 18, Progr. Rep. 3, Teil III, 1935.
— Ash, wie oben, Proj. 18, Progr. Rep. 3, Teil IV, Sept. 1936.
— C. J. Chaplin u. F. H. Armstrong: Ash; wie oben, Proj. 18, Progr. Rep. 3, Mai 1933.
— — — Ash; wie oben, Proj. 18, Progr. Rep. 3, Teil II, Juni 1934.
— u. G. L. Franklin: The occurrence of tension wood in ash (Fraxinus excelsior), wie oben, Proj. 18, Progr. Rep. 3, Teil V, Nov. 1938.
Dengler, A.: Waldbau auf ökologischer Grundlage. 2. Aufl., S. 70 u. 309. Berlin: Julius Springer 1935.
Detwiler, S. B.: The hickories. J. Forestry, San Francisco. Bd. 22 (1916) S. 481.
Dunlap, F.: The specific heat of wood. Washington D. C., U. S. Dept. Agricult., For. Serv. Bull. 110, Sept. 1912.
Endres, M.: Über den Einfluß der Freihiebe auf die Höhen- und Formentwicklung der Bäume im Mittelwalde. Allg. Forst- u. Jagd-Ztg Bd. 65 (1889) S. 257.
Fabricius, L. u. H. Fr. Groß: Heizwert und Wärmepreis der Brennhölzer. Forstwiss. Zbl. Bd. 67 (1923) S. 83.
Fankhauser, F.: Große Eschen. Schweiz. Z. Forstwes. Bd. 60 (1909) S. 276.
Fischer: Eschensterben durch den Eschenbastkäfer. Mitt. Dtsch. Dendrolog. Ges., Jb. 1930, Nr 42, S. 379.
Flury, Ph.: Untersuchungen über die Entwicklung der Pflanzen in der frühesten Jugendperiode. Mitt. Schweiz. Zentralanstalt forstl. Versuchswes. Bd. 4 (1895) S. 189.
French, G. E.: Unpublished thesis in der Bücherei des N.Y. College of Forestry 1923, zit. nach C. C. Forsaith: The technology of New York state timbers, Techn. Publ. Nr 18 of New York State College of Forestry at Syracuse Univ., Sept. 1926.
Gayer-Fabricius: Die Forstbenutzung. 13. Aufl., S. 41. Berlin: Paul Parey 1935.
Geyr, H. v.: Eschenrindenrosen. Allg. Forst- u. Jagdztg Bd. 100 (1924) S. 64.
— Eschenrindenrosen. Festschrift Hann.-Münden 1923 (1924). S. 16.

Geyr, H. v.: Eschenrindenrosen (Nachtrag). Allg. Forst- u. Jagdztg Bd. 101 (1925) S. 220.

Gottlieb, E.: Untersuchungen über die elementare Zusammensetzung einiger Holzarten in Verbindung mit calorimetrischen Versuchen über ihre Verbrennungsfähigkeit. J. prakt. Chem. Bd. 28 (1883) S. 391, 396.

Graf, O.: Versuche über die Eigenschaften inländischer und ausländischer Hölzer. Mitt. Fachaussch. Holzfragen, Heft 4. Berlin: VDI-Verlag 1932.

Greyerz, W. v.: Ertrag einer 14jährigen Eschen- und Erlenpflanzung. Schweiz. Ž. Forstwes. Bd. 25 (1874) S. 82.

Griffiths, E. u. G. W. C. Kaye: The measurement of thermal conductivity. London Proc. roy. Soc. Ser. A Bd. 104 (1923) S. 71.

Hähnle: Ertragsuntersuchungen in Eschenbeständen. Allg. Forst- u. Jagdztg Bd. 76 (1900) S. 290.

Halden, B.: Asken (Fraxinus excelsior L.) vid sin nordgräns. Svenska Skogsvårdsföreningens tidskrift Bd. 26 (1928) S. 846 (mit ausführlichem Schrifttumverzeichnis).

Hanson, H. C. u. B. Brenke: Seasonal development of growth layers in Fraxinus campestris and Acer saccharinum. Bot. Gaz. Bd. 82 (1926) S. 286.

Hartig, R.: Untersuchungen über die Entstehung und die Eigenschaften des Eichenholzes. Forstl. naturwiss. Z. Bd. 3 (1894) S. I 49, 172, 193.

— Untersuchungen des Baues und der technischen Eigenschaften des Eichenholzes. Forstl. naturwiss. Z. Bd. 4 (1895) S. 49.

Hatch, C. F.: Manufacture and utilization of hickory. Washington D. C., U.S. Dept. Agricult. For. Serv. Bull. 187 (1911).

Hawley, L. F. u. R. C. Palmer: Yields from the destructive destillation of certain hardwoods. Washington D. C., U.S. Dept. Agricult Bull. 129 (1914).

Heck, C. R.: Freie Durchforstung. Berlin: Julius Springer 1904.

Hendershot, O. P.: Thermal expansion of wood. Science (N. Y.) Bd. 60 (1924) S. 456.

Henderson, H. L.: The air seasoning and kiln drying of wood. Albany, N.Y. J. B. Lyon Company 1936.

Henry, E.: Sur les exigences des diverses essences forestières. Étude chimique sur les essences principales de la forêt de Haye et sur leurs cendres. Ann. Station agronomique de L'Est 1878 S. 117f.

Henschel, G.: Die Rindenrosen der Esche und Hylesinus fraxini. Zbl. ges. Forstwes. Bd. 6 (1880) S. 514.

— Entomologische Notizen. 2. Hylesinus fraxini. Zbl. ges. Forstwes. Bd. 12 (1886) S. 344.

Heß, R.: Über den Eschenkrebs. Zbl. ges. Forstwes. Bd. 21 (1895) S. 287.

Heß-Beck: Forstschutz. 5. Aufl. 1. Band: Schutz gegen Tiere. Neudamm: J. Neumann 1927. 2. Band: Schutz gegen Menschen, Pflanzen, atmosphärische Einflüsse und Flugsand. Neudamm: J. Neumann 1930.

Höhnel, v.: Über das Wasserbedürfnis der Wälder. Zbl. ges. Forstwes. Bd. 10 (1884) S. 387.

— Über die Transpirationsgrößen der forstlichen Holzgewächse mit Beziehung auf die forstlich-meteorologischen Verhältnisse. Mitt. forstl. Versuchswes. Österreichs Bd. 2 (1881) S. 47.

— Weitere Untersuchungen über die Transpirationsgrößen der forstlichen Holzgewächse. Mitt. forstl. Versuchswes. Österreichs Bd. 2 (1881) S. 275.

Huber, B. u. G. Prütz: Über den Anteil von Fasern, Gefäßen und Parenchym am Aufbau verschiedener Hölzer. Holz als Roh- u. Werkstoff. Bd. 1 (1938) S. 377f.

— K.: Die Prüfung der Hölzer auf Kugeldruckhärte. Holz als Roh- u. Werkstoff. Bd. 1 (1938) S. 254.

— Verdrehungselastizität und -festigkeit von Hölzern. Z. VDI Bd. 72 (1928) S. 501.

Hufnagl, L.: Handbuch der kaufmännischen Holzverwertung und des Holzhandels. 19. Aufl., S. 337. Berlin: Paul Parey 1922.

Hunziker, W.: Ein Bewohner der Esche (bunter Eschenbastkäfer). Prakt. Forstwirt Schweiz. Bd. 48 (1912) S. 142.

Hunziker, W.: Zur Frage der Höhenverbreitung der Esche, Wallis. Schweiz. Z. Forstwes. Bd. 63 (1912) S. 309.
- — Natürliche Eschenverjüngung unter Fichten. Prakt. Forstwirt Schweiz. Bd. 49 (1913) S. 57.
Jaccard, Paul: Sur le géotropisme du frêne pleureur. J. forest. Suisse 76 1925, S. 1.
— Géotropisme, poids specifique et structure anatomique des branches d'un frêne-pleureur (Fraxinus excelsior var. pendula). Festschr. Carl Schröter, Veröff. Geobot. Inst. Rübel. 3. Heft. Zürich 1925.
Janka, G.: Eschenholz zu Ski. Zbl. ges. Forstwes. Bd. 37 (1911) S. 558.
— Die Härte der Hölzer. Mitt. forstl. Versuchswes. Österreichs, Heft 39. Wien: Wilhelm Frick 1915.
Judeich, F.: Zur Theorie des forstlichen Reinertrags 3. Cionus fraxini De Geer (Eschenrüsselkäfer). Tharandter forstl. Jb. Bd. 19 (1869) S. 37.
Keller, C.: Beobachtungen auf dem Gebiete der Forstentomologie. IV. Ein abnormer Fraß von Hylesinus fraxini Fabr. Schweiz. Z. Forstwes. Bd. 36 (1885) S. 25 (10).
— Beobachtungen über abnorm frühes Brüten des Eschen-Bastkäfers (Hylesinus fraxini). Schweiz. Z. Forstwes. Bd. 67 (1916) S. 144.
Klein, L.: Forstbotanik in Lorey-Weber: Handbuch der Forstwissenschaft. 4. Aufl., Bd. I. S. 635. Tübingen: Lauppsche Buchhandlung 1926.
Knoche, E.: Beiträge zur Generationsfrage der Borkenkäfer. Forstwiss. Zbl. Bd. 44 (1900) S. 387; Bd. 48 (1904) S. 324, 371, 536, 606.
— Zur Generationsfrage der Borkenkäfer. Naturwiss. Z. Land- u. Forstwiss. Bd. 3 (1905) S. 353, 401.
— Zur Generationsfrage der Borkenkäfer. Z. Forst- u. Jagdwes. Bd. 39 (1907) S. 49.
— Fortpflanzungsverhältnisse bei Borkenkäfern. Forstwiss. Zbl. Bd. 51 (1907) S. 474.
— Über Borkenkäfer. Z. Forst- u. Jagdwes. Bd. 40 (1908) S. 43.
— Über Borkenkäferbiologie und Borkenkäfervertilgung. Forstwiss. Zbl. Bd. 52 (1908) S. 141, 200, 245.
Koehler, A.: The longitudinal shrinkage of wood. Trans. Amer. Soc. mech. Engrs. Bd. 53 (1931) W.D.I. 53—2, S. 17.
— Causes of brashness in wood, Washington D.C., U.S. Dept. Agricult., For. Prod. Lab., Branch of Res., For. Serv. Techn. Bull. Nr 342, 1933.
Koerber: Hylesinus crenatus. Z. Forst- u. Jagdwes. Bd. 7 (1875) S. 234.
König, J. u. E. Becker: Die Bestandteile des Holzes und ihre wirtschaftliche Verwertung. Papierfabrikant. Bd. 17 (1919) S. 981.
— Bestandteile des Holzes und ihre wirtschaftliche Verwertung. Z. angew. Chem. Bd. 32 (1919) S. 155.
Kohh, E.: Untersuchungen über das Durchmesser- und Höhenwachstum einiger Bäume im Lehr- und Versuchsrevier der Universität Tartu im Jahre 1930. Mitt. Forstw. Abt. der Universität Tartu Nr 23 (1932). Estn. mit dtsch. Zusammenfassung.
Kollmann, F.: Holzgewicht und Feuchtigkeit. Z. VDI Bd. 78 (1934) S. 1399.
— Technologie des Holzes. Berlin: Julius Springer 1936.
— Holz im Maschinenbau. Mitt. Fachaussch. Holzfragen Heft 16. Berlin: VDI-Verlag 1936.
— Über die Schlag- und Dauerfestigkeit der Hölzer. Mitt. Fachaussch. Holzfragen, Heft 17, S. 17. Berlin: VDI-Verlag 1937.
— Vorgänge und Änderungen von Holzeigenschaften beim Dämpfen. Holz als Roh- u. Werkstoff Bd. 2 (1939) S. 1.
— Mechanische Eigenschaften verschieden feuchter Hölzer im Temperaturbereich von —200° bis +200° C. VDI-Forsch.-Heft 403. Berlin: VDI-Verlag 1940.
Kottmeier: in Hütte: Des Ingenieurs Taschenbuch, Bd. IV, 25. Aufl., S. 452. Berlin: Ernst u. Sohn 1927.
Kraemer, O.: Dauerbiegeversuche mit Hölzern, 190. Ber. dtsch. Versuchsanst. Luftfahrt, DVL-Jb. 1930, S. 411.
Krzysik, F. u. R. Zielinski: Über die Prüfungen von Eschen- und Eichenholz. Doswiadszalnictwo Leśne. Bd. 4 (1938) S. 206.

Krzysik, F. u. R. Zielinski: Das Eschenholz als Rohstoff in der Holzindustrie. Las Polski. Bd. 18 (1938) Nr. 7/8. S. 111.
— Versuch einer Bilanz des Eschenholzes in Polen. Las Polski. Bd. 19 (1939) S. 210.
Küch, W.: Untersuchungen an Holz, Sperrholz und Schichthölzern im Hinblick auf ihre Verwendung im Flugzeugbau, Holz als Roh- und Werkstoff. Bd. 2 (1939) S. 257.
Lakon, G.: Beiträge zur forstlichen Samenkunde. II. Anatomie und Keimungsphysiologie des Eschensamens. Naturwiss. Z. Landwirtsch. u. Forstwirtsch. Bd. 9 (1911) S. 285.
Landolt-Börnstein: Physikalisch-chemische Tabellen. Bd. 2, 5. Aufl., S. 1220 u. 1630. Berlin: Julius Springer 1923.
Lang, R.: Forstliche Standortslehre in Lorey-Weber. Handbuch der Forstwissenschaft, 4. Aufl., Bd. 1, S. 456. Tübingen: Lauppsche Buchhandlung 1926.
Lanorville, G.: La fabrication des Skis. Nature (Paris) 1937 Nr 3015 S. 568.
Lodewick, J. E.: Growth studies in forest trees. III. Experiments with the dendrograph on Fraxinus americana. Bot. Gaz. Bd. 79 (1925) S. 311.
Lothigius, W.: Produktion av lövträdsvirke. 1. Ask. Skogsägaren Bd. 25 (1927) S. 227.
Mantel, J.: Der Holzmarkt in Bayern. Bayerland Bd. 46 (1935) S. 24.
Markwardt, L. J.: Aircraft woods, their properties, selection, and characteristics. Washington D.C., National Advisory Comittee for Aeronautics, Rep. Nr 354, 1930.
— u. T. R. C. Wilson: Strength and related properties of woods grown in the United States. Washington D.C., U.S. Dept. Agricult. techn. Bull. 479, Sept. 1935.
Mathey, A.: Traité d'exploitation commerciale des bois. Paris. Lucen Laveur 1906.
Metz, L.: Herabsetzung der Brennbarkeit des Holzes. Mitt. Fachaussch. Holzfragen, Heft 13. Berlin: VDI-Verlag 1936.
— Holzschutz gegen Feuer und seine Bedeutung im Luftschutz. Berlin: VDI-Verlag 1939.
Miura, I. u. T. Nakatsuka: Untersuchungen von mandschurischen Hölzern auf ihre Verwendbarkeit für die Zellstoffherstellung. 2. Mitt. Chemische Zusammensetzung mandschurischer Harthölzer. J. Cell. Inst. Tokyo Bd. 14 (1938) S. 21.
Moldenhauer, K.: Om asken i Sydsverige. Skogsägaren Bd. 30 (1932) S. 154.
Monnin, M.: Essais physiques, statiques et dynamiques des bois. Bulletin de la Section Technique de L'aéronautique Militaire. Heft 29 u. 30. Paris: Frèrbeau & Cie. 1919.
— L'essai des bois. Kongreßbuch Zürich Internat. Verb. Mat.-Prüf., S. 85f. Zürich: A. I.E.M. 1932.
Mörath, E.: Die Widerstandsfähigkeit der wichtigsten einheimischen Holzarten gegen chemische Angriffe in „Holzschutz in der Landwirtschaft". Mitt. Fachausschuß Holzfragen, H. 5. Berlin: VDI-Verlag 1933.
— Studien über die hygroskopischen Eigenschaften und die Härte der Hölzer. Darmstadt 1932. Mitt. Holzforschungsstelle der Techn. Hochschule Darmstadt, Heft 1.
Müller, U.: Lehrbuch der Holzmeßkunde, 3. Aufl. S. 122. Berlin: Paul Parey 1923.
Münch, E. u. V. Dieterich: Kalkeschen und Wassereschen. Silva Bd. 13 (1925) S. 129.
Nagasawa, T.: X-ray studies of wood. J. Dept. of Agricult, Kyushu Imp. Univ. Bd. 5 (1937) S. 237.
Ney, Ed. C.: Die Lehre vom Waldbau, S. 53. Berlin: Paul Parey 1885.
Nitsche, H.: Mitteilungen aus dem Zoologischen Institute der kgl. Sächs. Forstakademie Tharandt. 2. Über den Fraß von Hylesinus crenatus Fabr. Tharandter forstl. Jb. Bd. 31 (1881) S. 172.
Noack, Fr.: Der Eschenkrebs, eine Bakterienkrankheit. Z. f. Pflanzenkrkh. Bd. 3 (1893) S. 193.
Oberli: Einige Untersuchungen über den braunen Kern der Esche. Schweiz. Z. Forstwes. Bd. 88 (1937) S. 274.

Pachmajer, O.: Verheerungen durch Hylesinus fraxini. Zbl. ges. Forstwes. Bd. 17 (1891) S. 239.
Palmer, R. C.: Yields from the destructive distillation of certain hardwoods. Washington D.C., U.S. Dept. Agric. Bull. 508 (1917).
Paul, B. H.: The application of silviculture in controlling the specific gravity of wood, Washington D.C., U.S. Dept. Agricult. techn. Bull. No 168, 1930.
— u. R. O. Marts: Growth, specific gravity, and shrinkage of twelve Delta hardwoods. J. Forestry, San Francisco Bd. 32 (1934) S. 861.
Petre, A.: Asken ett värdefullt träd Skogen 23 (1936) S. 239.
Pieńkowski, S.: Über die Strukturen von Zellulosefasern des Holzes. Z. Physik. Bd. 63 (1930) S. 610.
Pillow, M. Y.: Characteristics of ash from southern bottomlands. Southern Lumberman Bd. 159 (1939) Nr 2009 S. 131.
Powell, W. J. u. H. Whittaker: The chemistry of lignin I. Flax lignin and some derivatives. J. Soc. chem. Bd. 127 (1925); Bd. 125 (1924) S. 357. — The chemistry of Lignin II. A comparison of lignins derivated from various woods. J. Soc. chem. 127 (1925) S. 35.
Preston, R. D.: Wall structure and growth. I. Spring vessels in some ring-porous dicotyledons. Ann. Bot. Bd. 3 (1939) S. 507.
Ramann, E. u. B. Gossner: Aschenanalysen der Esche (Fraxinus excelsior L.), Landw. Versuchsstat. Bd. 76 (1912) S. 117.
Ramstetter, H.: Deutsches Holz als Baustoff in der Chemischen Industrie. Dechema-Monographien Bd. 8, S. 37. Berlin 1936.
Rancken, T.: Erfarenheter om asken som skogsträd i Finland. Forstlig tidskrift Bd. 32 (1934) S. 18.
Record, J. S.: Identification of the timbers of temperate North America, S. 161. New York: John Wiley & Sons 1934.
Ritter, G. J. u. L. C. Fleck: Chemistry of wood. VI. The results of analysis of heartwood and sapwood of some American woods. J. Ind. Engng. Chem. Bd. 15 (1923) S. 1055.
— W.: Beiträge zur Diagnose kleinster Mengen berindeter Hölzer in zerkleinertem und pulverisiertem Zustand. Diss. Hamburg 1934.
Rochester, G. H.: The mechanical properties of Canadian woods together with their related physical properties. Ottawa, Dept. Int., For. Serv. Bull. 82 (1933).
Rowley, F. B.: The heat conductivity of wood at climate temperature differences. Heating Piping Bd. 7 (1933) S. 313.
Sarauw, G. F. L.: Askefrøets Spiring. Tidsskr. f. Skovväsen VI A (1894) S. 61.
Schäfer: Entzündlichkeit der Bau- und Isolierstoffe auf Schiffen. Schiffsbau Bd. 32 (1931) S. 9.
Schmidt, Alex.: Zoologische Beobachtungen im Revier Gauleden (Ostpreußen). 3. Cionus fraxini. Z. Forst- u. Jagdwes. Bd. 17 (1885) S. 504.
— Barbara: Über die Kristallstruktur des Holzes. Z. Physik. Bd. 71 (1931) S. 696.
Schneider, F.: Untersuchungen über den Zuwachsgang und den anatomischen Bau der Esche. Forstl. naturwiss. Z. Bd. 5 (1896) S. 395f.
Schoenichen, W.: Deutsche Waldbäume und Waldtypen, S. 184f. Jena: Gustav Fischer 1933.
Schorger, A. W.: Chemistry of cellulose and wood. New York: McGraw-Hill 1926.
Schreiber, M.: in L. Wappes: Wald und Holz, Bd. 1, S. 338. Neudamm: J. Neumann 1931.
Schuberg, K.: Untersuchungen über den Wuchs der Esche im Mittelwalde. Forstwiss. Zbl. 10 (1888) S. 1.
Schwalbe, C. G.: Die Chemie der Cellulose, 1. Aufl., S. 517. Berlin: Gebr. Borntraeger 1911.
Schwankl, A.: Untersuchungen beim Spalten des Holzes. Diss. T. H. Dresden 1939.
Schwappach, A.: Das Wachstum der wichtigsten Waldbäume in Ostpreußen. Z. Forst- u. Jagdwes. Bd. 21 (1889) S. 22.
Schwarz, H.: Die Esche in der Ostmark. Der dtsch. Forstwirt Bd. 53 (1939) S. 680.
Seifert, A.: Eschensterben. Mitt. Dtsch. Dendrolog. Ges. Jb. 1932, Nr 44, S. 292.
Stamer, J.: Elastizitätsuntersuchungen an Hölzern. Ing. Arch. Bd. 6 (1935) S. 1.

Sterrett, W. D.: Utilization of ash. Washington D. C., U. S. Dept. Agricult. Bull. Nr 253. Juni 1917.

Stoy, W. Spaltversuche an Holz. Z. VDI Bd. 79 (1935) S. 1443.

Swart: Die waldbauliche Behandlung der Esche. Z. Forst- u. Jagdwes. Bd. 61 (1929) S. 385.

Thomson, Th.: Chemische Untersuchungen über die Zusammensetzung des Holzes. J. prakt. Chem. Bd. 19 (1879) S. 146.

Trendelenburg, R.: Das Holz als Rohstoff, S. 160. München: J. F. Lehmann 1939.

Truax, T. R.: The gluing of wood. Washington D. C., U. S. Dept. Agricult. Bull. Nr. 1500. Juni 1929.

Vorreiter, L.: Patentbiegeholz. Tharandter Forstl. Jb. Bd. 88 (1937) S. 573.

Weber, H.: Über die Waldverhältnisse Litauens. Allgem. Forst- u. Jagd-Ztg Bd. 94 (1918) S. 1 u. 25.

White, H. C.: Georgia agricult. Exp. Bull. Bd. 2 (1889) S. 17.
— Bd. 3 (1890) S. 50.

Wiesner, J. v.: Die Rohstoffe des Pflanzenreichs, 4. Aufl., Bd. 2. S. 1570. Leipzig 1928.

Wilson, T. C. R.: Strength-moisture relations for wood. Washington D.C., U.S. Dept. Agricult. techn. Bull. No 282 (1932).

Wimmenauer, K.: Wachstum und Ertrag der Esche. Allg. Forst- u. Jagdztg Bd. 95 (1919) S. 9f.

Wolff, E.: Aschen-Analysen von land- und forstwirtschaftlichen Producten, Teil 2, S. 81f. Berlin: Wiegandt, Hempel & Parey 1880.

Zielinski, R.: Die Variation der technischen Eigenschaften des Holzes und ihre Abhängigkeit von den Stellen der entnommenen Proben in den einzelnen Versuchsklötzen. Las Polski Bd. 18 (1938) S. 214.

Quellenverzeichnis der Werkbilder.

Abb. 117, 118, 119	Gebrüder Credé & Co., Kassel.
Abb. 120	BVG., Berlin.
Abb. 121, 122	Klepperwerke, Rosenheim.
Abb. 124, 125, 126, 127	Heinrich Lanz A.-G., Mannheim.
Abb. 128	Främbs & Freudenberg, Schweidnitz.
Abb. 129, 130, 131	Heinrich Lanz A.-G., Mannheim.
Abb. 132, 133, 134	Holzbiegemaschinenfabrik, Kitzingen a. M.

Additional material from *Die Esche und ihr Holz*
ISBN 978-3-642-89059-8, is available at http://extras.springer.com